図解 即 戦力

カラー図解と丁寧な解説で、
知識0でもわかりやすい！

IoT開発がしっかりわかる教科書

坂東大輔
Daisuke Bando

技術評論社

ご注意：ご購入・ご利用の前に必ずお読みください

はじめに

本書の前書き

本書は「IoT」(Internet of Things) の開発に関する基本的な事項を解説しています。インターネットはWeb中心からすべての"モノ"がつながるIoT時代を迎えようとしています。そのような時代に対応した製品づくりに必要な知識を製品開発の流れを通して重要キーワードを中心に解説します。IoTに関する本は多いですが、内容が「広く浅く」と「狭く深く」で二極化しており、「広く深く」かつ「分かりやすく」という本は少ないままです。本書は「ビッチリ詰まった重箱のおせち料理」のごとく、ページ数の許す限り、技術の動作原理 (How) や存在意義 (Why) を深掘りしています。

本書の構成は第1章 (IoTの基礎)、第2章 (デバイスとセンサ)、第3章 (通信技術とネットワーク環境)、第4章 (ビッグデータ)、第5章 (クラウド)、第6章 (まとめ) になっています。第1章で紹介した基礎的な話を第2章~第5章の各論で深掘りして、第6章では発展的 (応用的) な話をするという流れです。本書は「情報密度」が濃いため、本書一冊でIoTの基礎を効率的に学べます。

本書の出版元である技術評論社の矢野俊博様には大変お世話になりました。矢野様のご尽力があればこそ、コロナウイルス騒ぎの真っ只中でも本書を無事に出版することができました。誠にありがとうございました。勿論、多数の類書の中から本書を手にとって頂いた読者の皆様方にも心より御礼申し上げます。なお、本書の内容に関して、もし不明点やリクエストなどがありましたら、お気軽に筆者までご連絡ください (連絡先は巻末の「筆者略歴」の項に記しています)。

2020年11月　坂東 大輔

目次　Contents

1章
IoT開発とは

2章 IoTデバイスとセンサ

3章

通信技術とネットワーク環境

4章 IoTデータの処理と活用

5章 クラウドの活用

6章
IoT開発の事例

1章

IoT開発とは

IoTは「ITの総合格闘技」と言えるジャンルです。単なるソフトウェア開発に留まらず、必要な知識・スキル・経験は山ほどあります。「デバイス」、「センサ」、「ネットワーク」、「ビッグデータ」、「人工知能（AI）」、「クラウドサービス」、「情報セキュリティ」、「コンプライアンス」などなど……。IoT開発を行うためには、文字通りの「フルスタックエンジニア」（万能技術者）を目指す必要があります。

01 IoT開発とは
～現実味を帯びてきたあらゆるものがつながる世界～

「IoT」は、よく知られているわりに定義や対象範囲が曖昧で、単なるバズワード（流行言葉）として捉えられていることもあります。IoT開発の具体的な話を進める前に、まずはその概要をしっかりと抑えましょう。

IoTの概要

「IoT（Internet of Things）」は直訳すると「モノのインターネット」です。ここでの“モノ”とは「インターネット接続されうるモノ全般」というニュアンスの言葉です。たとえば、炊飯器や冷蔵庫といった家電から、ゴミ箱やサッカーボール、ビジネス靴に至るまで、思い付くものならば何でもIoTになりえます。IoTの定義が曖昧になってしまう原因の1つに、このような対象範囲の広さがあると言えるでしょう。

■IoT（Internet of Things）とは

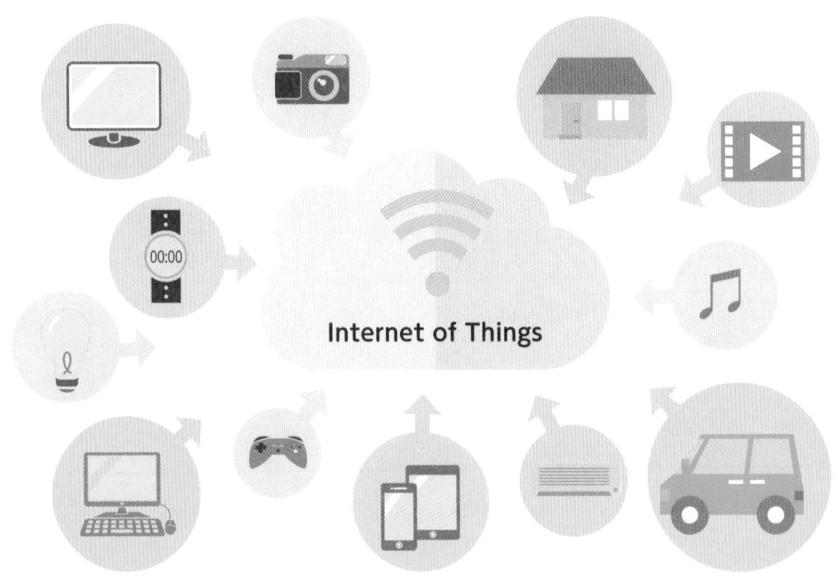

IoTの流れ

IoTの全体像を大雑把に述べると、①世界中の至る場所にセンサをばらまいて、②計測データを無線ネットワーク経由でアップロードして、③インターネット上のクラウドサーバで一元処理する、という流れです。必要に応じて、④人工知能（AI。Artificial Intelligenceの略語）による分析を行うことや、⑤デバイスを遠隔操作することもあります。また、収集したデータの分析結果に応じて、デバイスを遠隔操作するという「フィードバック制御」もできます。

■ IoTの概観図

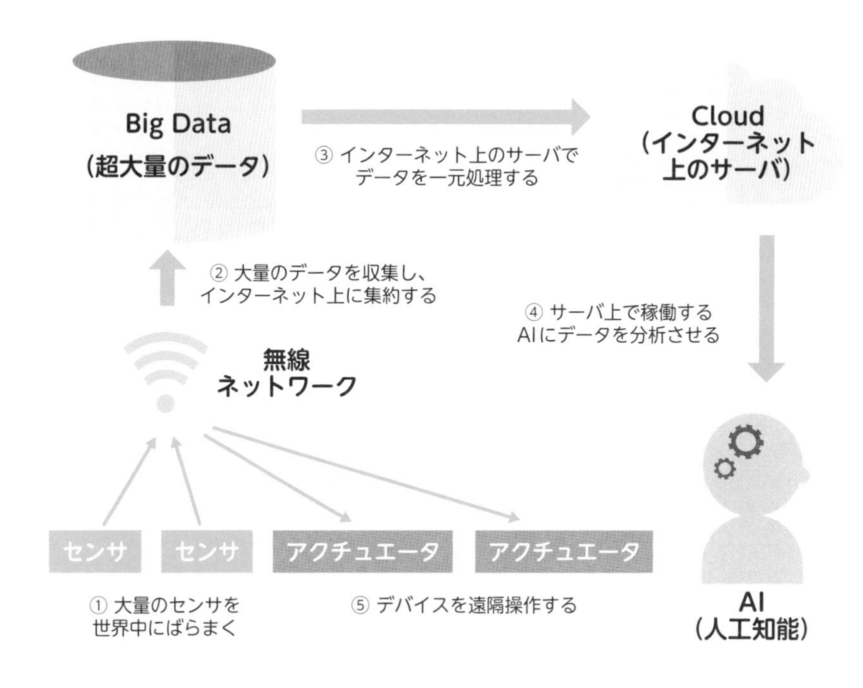

IoTの重要性

IoTの重要性を一言で述べると「莫大なビジネスチャンスが広がっている」ということに尽きます。現在、世界に存在するデバイス（機械製品）の大部分がインターネットに未接続と言われています。

もし、これら未接続デバイスすべてがインターネットに接続したら、センサ、通信デバイス、組込型マイコンといったハードウェア製品の需要は一気に増大します。

当然、そういった製品を扱う企業は成長していくでしょう。さらには、IoT以前は未収集（ブラックボックス）だったデータを活用して、既存事業の付加価値を向上させたり新規事業を立ち上げたりする企業も出てくるはずです。

2019年時点で、日本国内IoTインフラ市場の支出額は約998億円にのぼりました。現段階でも大きな規模ですが、上述した「未開の地」が開拓されれば、IoT市場はさらに大きく成長する可能性があります。IT専門調査会社であるIDC Japan株式会社によれば、2018年には228億台だった全世界のIoTデバイスの普及台数は、2025年には416億台に達すると予測されています。

■ IoT市場の成長（世界IoT機器インストールベース予測）

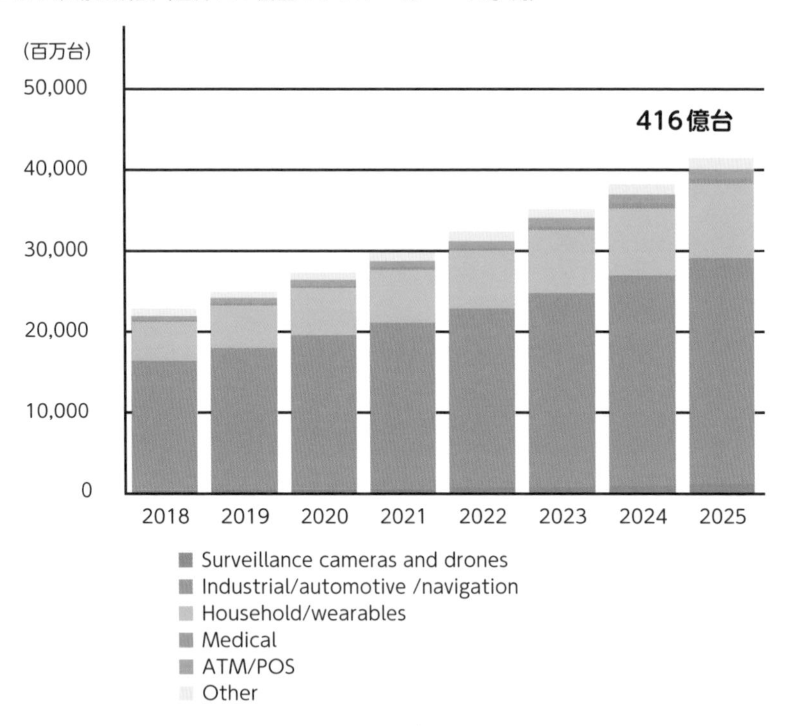

出典：https://www.idc.com/getdoc.jsp?containerId=prJPJ45371219

Industrie 4.0（第4次産業革命）

IoTと関係性が深いキーワードとして「**Industrie 4.0**」（ドイツ発祥につきドイツ語表記）があります。「Industrie 4.0」は「世界で"4回目"の産業革命」を意味しており、IoTは「Industrie 4.0」の構成要素になっています。換言すれば、IoTは産業革命級のインパクトなのです。

■ Industrie 4.0

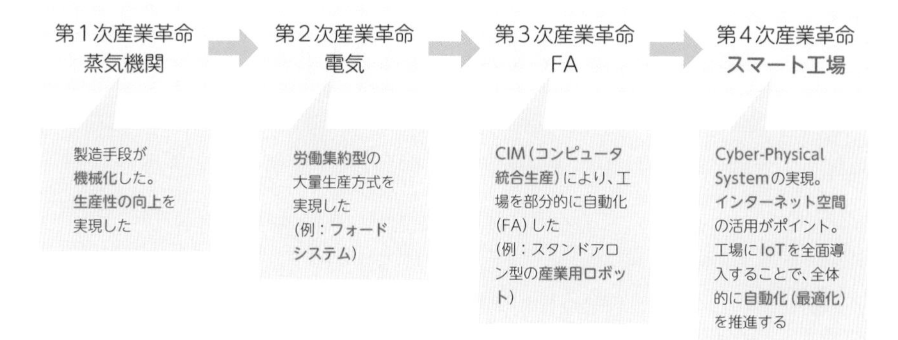

前回（第3次）と今回（第4次）の違いは「生産効率を最適化できる範囲」です。第3次は工場の自動化や効率化がある程度進みましたが、局所的な範囲に留まりました。その理由は、デバイス同士が連携しない「スタンドアロン」運用だったからです。連携なしでは効率性向上が頭打ちとなります。一方、第4次はインターネットをフル活用し、全体的な最適化を試みています。

まとめ

- IoTは「モノのインターネット」を指し、その対象は無限に想定しうる
- IoTの市場規模は非常に大きく、将来の成長余地も大きい
- IoTは「第4次産業革命」の一環として位置づけられている

02 IoT開発の特徴 〜多種多様なスキルセット〜

IoT開発を進めるには、ソフトウェアに加えてハードウェアにも精通する必要があります。加えて、IoT特有の情報セキュリティや、コンプライアンスも求められます。

IoT開発のポイントと求められるスキルセット

IoT開発を行うには、一般的なソフトウェア開発に必要とされる知識や技能に加えて、IoTならではの知識や技能が要求されます。

・電気電子

「**電気電子**」の具体例としては、電子工作が身近でしょう。電子工作には、オームの法則やキルヒホッフの法則といった理論のほか、回路図の読解、抵抗やコンデンサといった電子部品の知識、さらに、オシロスコープなどの計測デバイスを使いこなす技能が求められます。

・無線通信

IoTのI（Internet）は有線ではなく「**無線通信**」のネットワークを前提としています。その無線通信は電波により実現しており、無線通信方式によって用いられる電波の性質が異なってきます。IoTを実現するために無線通信は避けて通れぬ道ですので、電波の性質に関する基本的な知識を学ぶ必要があります。

・情報セキュリティ

IoTシステムの「**情報セキュリティ**」は、一般的な情報システムに比べて脆弱な傾向があります。その理由は、IoTデバイスの特性上、不特定多数の前に晒されたり広範囲にばらまかれたりするケースが多いためです。端的に言うと、IoTシステムは「攻められやすく、守りにくい」状況です。よって、IoTシステム特有の脆弱性に配慮した情報セキュリティ対策が必須となります。

・コンプライアンス

「**コンプライアンス**」とは、法令遵守を意味します。通常のシステム開発にはあまり関係しないような法律や規制、基準であっても、IoT開発には影響が大きいことがあります。

IoTにおいては「広く、深い」スキルが求められます。理想的には、情報処理技術者試験の高度区分（ITSSレベル4相当）である「エンベデッドシステムスペシャリスト」相当の実力が備わっていることが望ましいでしょう。

以下、IoTの分野別に習得すべきスキルの具体例（キーワード）を示します。

■ IoTの分野別に習得すべきスキルの具体例

分野	キーワード
IoTデバイス	シングルボードコンピュータ（Raspberry Pi、Arduino）、IoTゲートウェイ
センサ	センサ（温湿度、超音波等）、インタフェース（I^2C、SPI、UART）
電子回路	マイクロコントローラー（PIC、ARM）、ASIC、FPGA、協調設計
通信プロトコル	MQTT、WebSocket
無線通信	Wi-Fi、5G、LTE（LTE-M）、LPWA、LoRaWAN、NB-IoT、Sigfox、Bluetooth（BLE）
ビッグデータ	構造化データと非構造化データ、JSON、XML、NoSQL、分散キーバリューストア、ドキュメント指向型データベース
情報セキュリティ	サイバー攻撃への対策、暗号化技術、認証技術、IoTセキュリティガイドライン
人工知能（AI）	機械学習、ディープラーニング
プログラミング	プログラミング言語（アセンブリ言語、C、Java、Python等）
クラウド・コンピューティング	API、PaaS、AWS IoT Core、Google Cloud IoT Core、Microsoft Azure IoT
コンプライアンス	PSE、電波法と「技適」、個人情報保護法
開発技法	UX、アジャイル、PoC、プロトタイピング、エッジコンピューティング、リアルタイム処理

まとめ

- **一般的なIT知識だけでなくIoT特有の知識の習得が必須である**
- **エンベデッドシステムスペシャリスト相当の実力が望ましい**

03 IoT開発の流れ ～企画から製品のリリースまで～

IoTは多種多様な技術が活用されるため、技術論こそが重要であると思われがちです。しかし、実際には「IoTは企画がすべて」です。個別の技術ばかり見ていると「木を見て森を見ず」になってしまいます。

IoTは「試行錯誤」の世界

IT業界のスピード感は、犬の成長の早さになぞらえて「ドッグイヤー」(dog year)と呼ばれています。その中でも、IoTは特に変化が激しい分野です。

IT以外のエンジニアリング業界(いわゆる重厚長大型の産業)は「**PDCAサイクル**」(Plan-Do-Check-Action)を重視してきました。しかし、そのような企業が企画(Plan)段階でモタモタしているうちに、小回りの利くベンチャー企業に先を越されてしまうことが増えてきました。そんな中、新たに脚光を浴びてきたのが「**OODAループ**」(Observe-Orient-Decide-Act)です。OODAループはIoTビジネスにおいても採用されており、「考え込むより、まずやってみる」という姿勢がよくあらわれた流れであると言えます。

■IoTは試行錯誤の世界

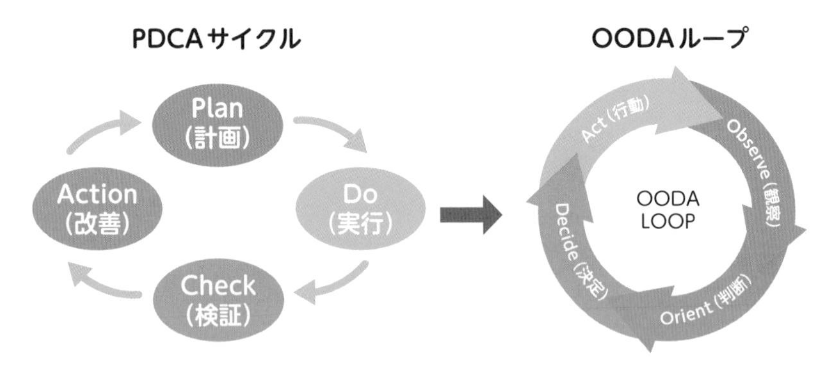

OODAループがPDCAサイクルと決定的に異なるのは「やってみてから、次を考える」という姿勢です。

IoTビジネスは「千三つ（千のうちヒットするのは三つのみ）」の世界なので、とにかく「下手な鉄砲も数打ちゃ当たる」くらいの気構えで試行錯誤をくり返す必要があります。

IoTは「企画が命」

世間一般では、IoT＝技術論と思われている節がありますが、どちらかと言えばむしろ、「どんな理念を掲げるか」という精神論に近いのです。つまり、IoTビジネスの最初に行う企画（＝IoTビジネスの目的、思想、理念といった精神）でつまずいてしまうと、すべてが台なしになるということです。

そんなIoTビジネスを企画立案する際のアプローチとして「**ボトムアップ的アプローチ**」と「**トップダウン的アプローチ**」があります。

■ 2つの企画アプローチ

トップダウン的アプローチ

ラズパイとxxxセンサと
yyyカメラとIoTゲートウェイを
組み合わせたらできることは
何だろうか？

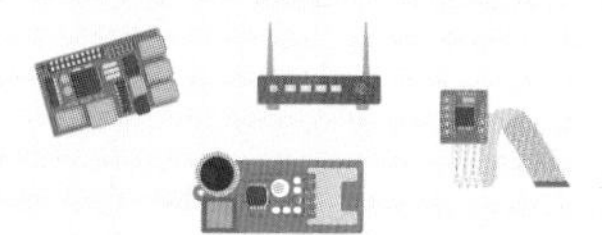

単身者の孤独死が問題になって
いるので、安否確認ができる
IoTシステムを作りたい。
どのような技術があれば、こういった
システムを実現できるのだろうか？

手段から
目的を考える

目的から
手段を考える

ボトムアップ的アプローチでは、“有りモノ”の技術を寄せ集め、そこからできることを考えます。それに対して、トップダウン的アプローチでは、まず自分がしたいこと（要件）が掲げられており、そのために必要な技術は何かを考えます。

往々にして、理工系のエンジニアは技術にばかり注目してしまい、ボトムアップ的アプローチに偏りがちです。

しかし、IoTシステムの構成要素を寄せ集めるだけでIoTビジネスが成功するわけではありません。IoTビジネスの企画立案には、トップダウン的アプローチが必須です。「IoTでできること」を考えるのも重要ですが、「IoTで実現したいこと」を考えるようにしましょう。

テストマーケティングの重要性

試行錯誤が大事であるとはいえ、企業には人員、資金、時間といったリソースの制約があります。

そこで、正式な新商品を製造販売（量産化）する前に、試作品（プロトタイプ）をいろいろと出してみて、βユーザー（試作品の評価に協力してくれる顧客）の反応を伺うという「テストマーケティング」が必須です。一般的に、テストマーケティングは下記の段階を踏みます。

■ テストマーケティングの段階

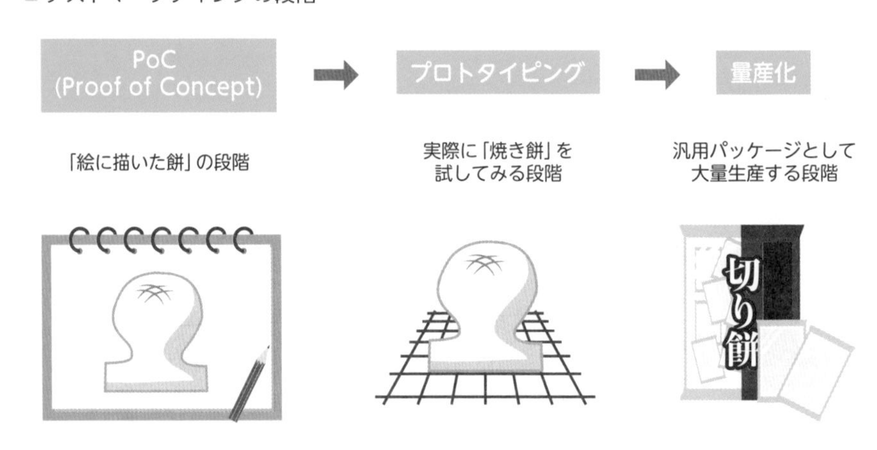

・PoC (Proof of Concept)

「**PoC**」(Proof of Concept) は、新しいアイデアの実現可能性を検証することです。

ハードウェアの試作品を製造するには、資金、時間、労力といった相応のコストを要します。それらが無駄にならないよう、アイデアが的外れでないことを確認し、関係者間で合意に至ることが望ましいと言えます。

・プロトタイピング

製品の量産化に入る前の試作品 (プロトタイプ) を製造することを「**プロトタイピング**」(prototyping) と呼びます。

この段階では、不完全ながらも実際に操作できる製品ができます。よって、試作品はβユーザーによる評価(フィードバック)を受けるのが望ましいでしょう。量産開始後は設計変更が困難となるため、プロトタイピングの段階で設計の改善を進めるのが現実的です。

・量産化

βユーザーによる評価が満足のいくものとなった段階で、正式な製品としての**量産化** (mass production) に踏み切ります。一般的に、量産に移行する前に試作品の設計上の問題点を解消することになるため、量産品の方が試作品よりも高品質となります。

まとめ

- 「千三つ」のIoTビジネスは「OODAループ」的試行錯誤が必須である
- IoTビジネスの企画は「トップダウン的アプローチ」で行うべき
- 「テストマーケティング」は「PoC」→「プロトタイピング」→「量産化」の段階を踏む

04 IoT開発の企画
〜ユーザー体験から考える製品開発〜

IoTと密接に関係している概念が「UX」(User Experience)です。IoTは日常生活に深く入り込んでいるがゆえに、人間はIoTと完全には無縁でいられず、同様にそのUXからも逃れられません。だからこそ、IoTのUX向上が至上命題なのです。

UXの概要

IoT開発の企画に際しては、トップダウン的アプローチが重要であると述べました。

その際のヒントとなるのが「**UX**」(User Experience)というキーワードです。「UX」とは、顧客(User)が製品やサービスを使用した結果として得られる体験(Experience)すべてを指す概念です。

ここで言う「体験」は快適や満足といったポジティブな反応だけに限らず、不快感や不満といったネガティブな反応も含まれます。UXの定義はさまざまなものが提唱されていますが、その代表例を紹介します。

■「UX」の定義

ISO9241-210による定義

Person' s perceptions and responses resulting from the use and/or anticipated use of a product, system or service.

→製品、システム、サービスを使用した、および/または、使用を予期したことに起因する人の知覚や反応

UX概念の提唱者であるD.A.ノーマン博士による定義

"User experience" encompasses all aspects of the end-user's interaction with the company, its services, and its products.

→UXは、エンドユーザーと企業及びそのサービスや製品との相互作用のすべての側面を包括している

端的には、これらは製品の「使い勝手」や「満足度」を指します。営業職に馴染みがある用語で言い換えると「顧客満足」（Customer Satisfaction: CS）に近い概念とも言えます。

IoTにおけるUXの重要性

一般的な情報システム以上に、IoTはUXが重要だと言われています。その理由は、IoTシステムが日常生活に深く溶け込んでいるからです。換言すれば、ITに縁遠いはずの一般人も無自覚的に接することになるのがIoTシステムであり、だからこそ、そのUXは人々の日常生活に多大な影響を及ぼします。特に、IoTのUXが人の感情面に及ぼす影響は甚大なものがあります。

■ UXの概念図

なお、UXはその語感もあり「UI」（User Interface）と混同されがちですが、両者は微妙に異なっています。上図に示す通り、UXはUIを包含する幅広い概念であり、人の「感情」を含んでいる点に留意してください。

・「スマートロック」のUX

IoTのUXに関する具体例を挙げると「スマートロック」(smart lock)のUXが挙げられます。スマートロックとはIoT化した錠前のことです。スマートロックをドアに取り付けることで、スマートフォンによるカギの解錠と施錠を行えます。これが正常動作している限りは、両手がふさがっている時でも解錠できるなど、UXのプラス面が大きいでしょう。しかし、何らかの理由でスマートロックに問題が生じ、家から閉め出されて野外で一夜を過ごす羽目になったら、UXのマイナス面が一気に顕在化します。この場合、ユーザーの不安さ(ネガティブな感情)は当然、増加します。このように、IoT化におけるUXには、光と影の側面があるのです。

UX向上のコツ

結論から申し上げると、UX向上のための絶対解はありません。ただし、UX向上を図る際に参考になるアイデアとして「**ユースケース**」(use case)があります。ユースケースとは、「ユーザーの使用事例」のことです。ユーザーが製品やサービスを使って実現したいことを指します。

■「ユースケース」と「機能」

ユースケース

システム停止を避けたいので、
バッテリー駆動のIoTデバイスは電池が
切れる前に充電するようにしたい

機能1

バッテリー残量を定期的に
「通知」するだけだと、
問題が起きる場合がある
(たとえば「毎時0分に通知」など)

バッテリーが完全に切れてしまった
場合には通知が来ないんだよな……。
あるいは、通知が来ているのに、
うっかり見逃してしまい、
システムを停止させてしまった

たとえば前ページの図の事例の場合、ユーザーが満足できる形でユースケースを実現するには、「機能1＝定期的な通知」だけでは不十分です。そのため、バッテリー残量が逼迫しそうな時点で随時発動できるよう、以下の「機能2」や「機能3」も実装することが望ましいと言えます。

■ ユースケース実現のために実装すべき機能の例

機能	内容
機能2	電池切れまで時間を稼げるように「省エネモード（縮退運転）」に自動的に移行する
機能3	見逃さないくらいに派手な「緊急アラート」を速やかに通知する

さまざまな局面に応じたユースケースを実現できないようなIoTのUXは失敗です。IoTのUXを向上するには、ユースケースをしっかりと想定した上で、IoTシステムの設計開発を行う必要があります。

まとめ

- **UX（User Experience）は製品やサービスの使い勝手や満足度を指す概念である**
- **IoTは「すごく身近に存在する」がゆえに、とりわけUXが重大となる**
- **UX向上のコツは、設計時に「ユースケース」を考慮に入れること**

05 IoTデバイスとセンサの選択 ～製品化と量産のための製品～

IoTシステム開発は「試作」と「量産」の2段階で行います。多くのIoTデバイスは過酷な環境で使用されることが想定されるため、量産後に致命的な問題が出てこないよう、試作段階で検証を入念に行う必要があります。

IoTデバイスのポイント

開発における2段階を抑える前に、IoTデバイスのポイントについて理解しておきましょう。

IoTデバイスの稼働環境は、基本的に野外です。たとえば、人間の出入りが危険な場所を監視する目的でIoTシステムを構築するケースなどが考えられます。

一般的に、屋内よりも野外の方が厳しい環境である場合が多いので、IoTデバイスを野外向けに設計開発しておけば、屋内向けの用途にもそのまま耐えうるとも言えます。

■ IoTデバイスに特有のポイント

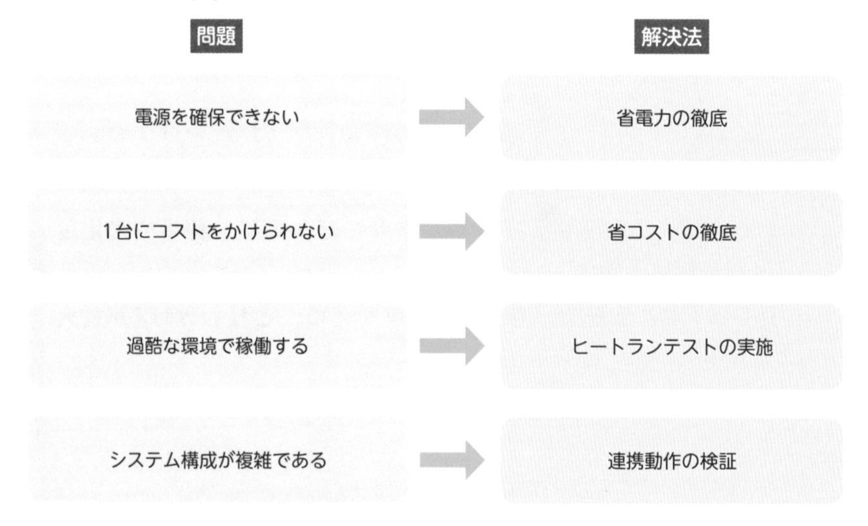

IoTに用いられるセンサの概要

IoTの必需品と言えるのが「センサ」(sensor)です。センサは、人間の五感に相当する装置です。実際には、センサは人間の五感の範囲を超えた情報も検知できるため、「五感＋α」と表現するのがより正確かもしれません。

■ IoTに用いられるセンサの概要

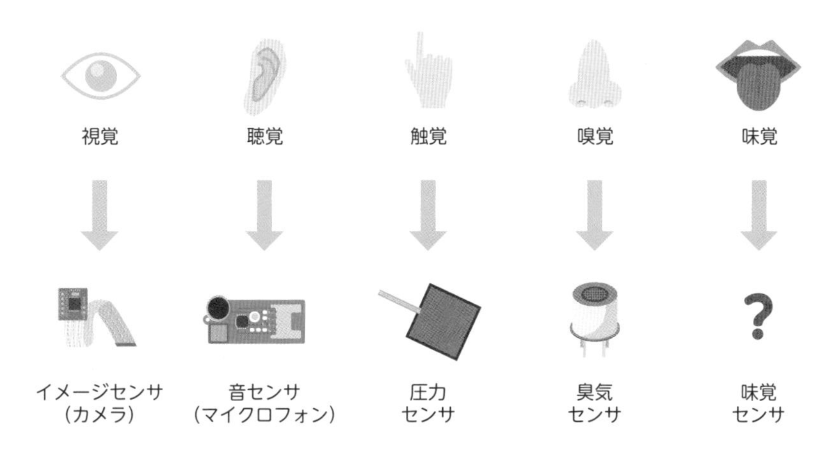

「五感」以外の感覚

- 温度
- 湿度
- 気圧
- 超音波
- 加速度
- 傾き
- 位置情報(GPS) など

現在の科学技術の水準においては、人間の五感のうち「視覚」「聴覚」「触覚」に関しては、一般的な用途で使えるようなセンサがすでにあります。「嗅覚」については、臭いを正確に嗅ぎ分けるセンサを実現するのがまだ難しいようです。また、「味覚」に関してもやはりまだ研究途上です。

そのほか、人間の五感の範囲外として、温度、湿度、気圧、超音波などを検知できるセンサがあります。

試作品から量産品への移行

IoTデバイスのポイントについて確認したところで、開発のプロセスを学んでいきましょう。

一般的なプロセスでは、「試作品」を入念に検証してから、「量産品」の大量製造に移行します。試作品段階では、多大なコストや労力をかけられないため、でき合いの安価な電子基板である「シングルボードコンピュータ」、「FPGAボード」、「ブレッドボード」を活用することが多くあります。

■ 試作品から量産品への移行と、そこで用いられるボード類

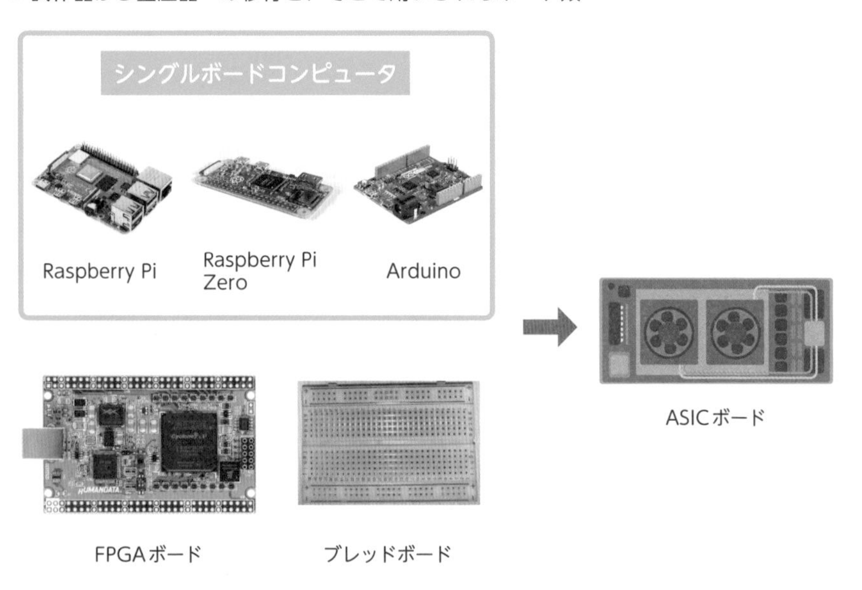

・シングルボードコンピュータ

「**シングルボードコンピュータ**」(single board computer)は、1枚の基板のみで完結しているコンピュータです。

代表例として「**Raspberry Pi**」や「**Arduino**」が挙げられます。「Raspberry Pi」はOSを搭載しているため、事実上のパソコンであると言ってよいでしょう。「Arduino」はOSを搭載していませんが、動作が軽く開発作業がしやすいという利点があります。

・FPGAボード

「**FPGAボード**」は、ロジックを動的に書き換えることができる電子回路（FPGA）を搭載した基板です。電子回路を思うままに上書き更新できるため、ハードウェア処理をいろいろと改変できます。

特に、暗号化処理や画像処理などの負荷が高い処理は、ソフトウェアよりもハードウェアで処理する方が性能的に有利であるため、そのような処理を試したい場合に活用されます。ただし、書き換え可能という特性を実現するために回路の無駄が生じてしまい、下記の「ASICボード」と比較すると割高であるというデメリットもあります。

・ブレッドボード

「**ブレッドボード**」(breadboard)は、手組みの電子工作用のボードです。ICチップ、抵抗、コンデンサなどをボード上に配置します。

当然、自分の手で部品や配線を組むことになるため、最低限の電子工学の知識が必須です。

・ASICボード

量産品製造の際は「**ASICボード**」が主に使われます。ASICボードは、ロジックが書き換え不可の電子回路（ASIC）を搭載したボードです。ロジックが固定なので回路に無駄がなく、同一基板の大量生産に向きます。

量産品はASICボードを採用し、規模の経済性（スケールメリット）により、基板の低コスト化を図ることが多くあります。

まとめ

- **IoTデバイスの稼働環境は「野外」が基本である**
- **「センサ」の守備範囲は「人間の五感＋α」である**
- **試作品の「シングルボードコンピュータ」、「FPGAボード」、「ブレッドボード」から量産品の「ASICボード」に移行する**

06 IoTネットワークの選択 ～電力消費量と耐障害性～

IoTシステムはクラウドサーバとの連携が必須であり、それだけに前提要件となるIoTネットワークの選択は重要な課題です。IoTネットワークに関する技術は過渡期であるため、状況に応じて適切な技術を選択する必要があります。

IoTネットワークのポイント

一般的な情報システムで用いられるネットワーク環境と比べて、IoTネットワークは過酷な環境に晒されることが多くあります。IoTデバイスは野外での運用が多いので、環境が安定している室内よりも厳しい野外での通信をクリアしなければなりません。IoTネットワークのポイントを4つ示します。

■ IoTネットワークのポイント

- 無線通信
- WAN/LAN/PAN
- 耐障害性
- ネットワークトポロジ

・無線通信

野外で稼働するIoTデバイスの場合、有線通信は使えないので「**無線通信**」が前提となります。無線通信には、回線の輻輳やノイズといった問題が常につきまといます。かつ、一口に「野外」と言っても実際の環境は多種多様であるため、運用環境に応じて最適な無線通信方式を吟味する必要があります。

・WAN/LAN/PAN

IoTネットワークの通信技術は「**WAN/LAN/PAN**」に大別されます。「WAN/LAN/PAN」とは、通信距離の違いによる分類です。おおむね、次の表のように分類されます。

■ WAN/LAN/PANの分類

名称	内容
WAN (Wide Area Network)	世界規模の通信ネットワーク（いわゆる「インターネット」）
LAN (Local Area Network)	建屋（オフィスや家屋など）の内部のネットワーク（通信距離は数百m）
PAN (Personal Area Network)	近く（おおむね視界内）の機器同士を無線接続するネットワーク（通信距離は数十m）

・耐障害性

屋外の過酷な環境で稼働するIoTデバイスの無線通信は、不安定になりがちです。たとえば、無線の輻輳（ふくそう）やバッテリー残量低下などの原因で無線通信が正常にできなくなる可能性があります。そのような無線通信の障害に備えて、「**耐障害性**」を高めなければなりません。

無線の「輻輳」はネットワーク上のデータ通信が渋滞している状況です。周囲の音がうるさいと会話を邪魔されてしまうようなイメージです。

具体策として、通信経路の冗長化や再送制御を試みるといった方法が挙げられます。

・ネットワークトポロジ

「**ネットワークトポロジ**」（network topology）とは「ネットワーク接続の構成」を指します。ネットワークトポロジとして「**P2P**」（Peer to Peer）、「**スター型**」、「**ツリー型**」（木構造）、「**メッシュ型**」（網目構造）が挙げられます。

「スター型」や「ツリー型」の構成をとるネットワークは、結節点となる「ハブ」が故障すると通信不能となります。その点、「メッシュ型」のネットワークは1つの経路が通信不能となっても、通信の迂回路を探すことで通信を継続することができます。

IoTネットワークは、耐障害性を高めるためにメッシュ型のネットワークトポロジを採用しているケースが多く見られます。そのため、どこか1つの端末が故障しても、ネットワーク全体は通信不能にならないのです。

■ネットワークトポロジの種類

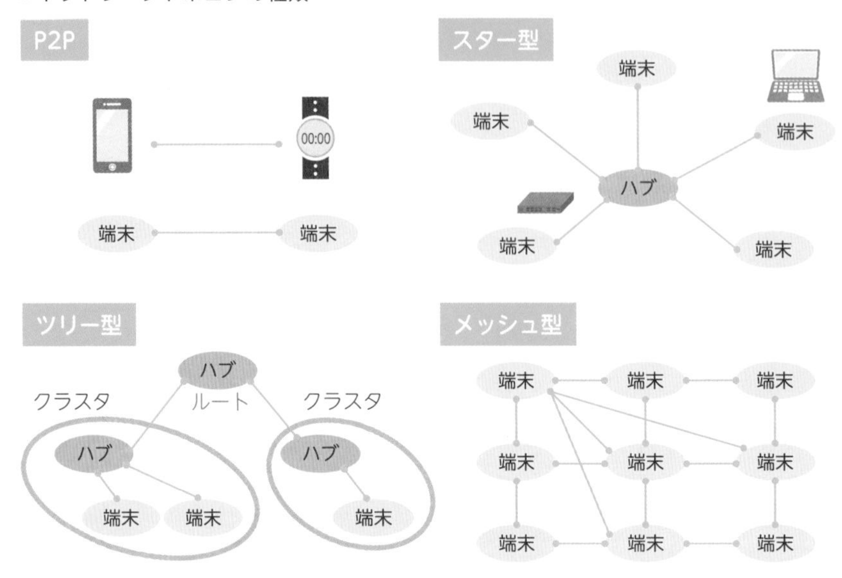

IoTに特化したネットワーク「LPWA」

IoTネットワークに関連する技術は発展途上であり、さまざまな新技術が出てきています。しかし結局のところ、IoTネットワークで実現したいことは以下に集約されるでしょう。

・野外で稼働するIoTデバイスがバッテリー駆動となることを考えると、無線通信に要する消費電力をできるだけ切り詰めたい。
・インターネット上のクラウドサーバとの連携を考えると、ルーターや光回線のような通信設備が存在しない野外から、IoTデバイスがインターネットに接続できるようにしたい。
・大量の台数のIoTデバイスが稼働しても通信料金は最小限に抑えるようにしたい。

上記の切実な要望を実現すべく考案されたのが、次ページで紹介する「**LPWA**」（Low Power Wide Area）です。

■ IoTに特化したネットワーク「LPWA」

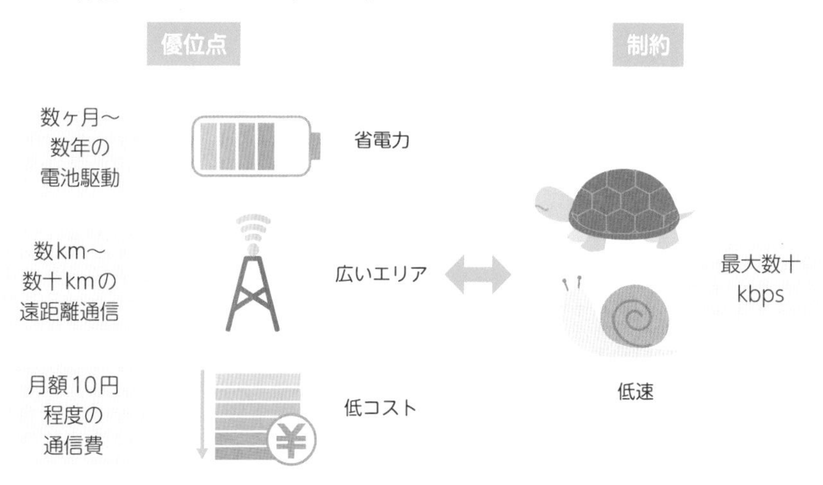

「LPWA」は、IoT向けネットワーク技術の分類の1つです。具体的な技術としては「LoRaWAN」「Sigfox」「NB-IoT」などが挙げられます。これらに共通するのは「通信速度を犠牲にするかわりに、省電力+遠距離通信+低コストは実現しよう」という思想です。というのも、IoTシステムが主に取り扱うセンサの計測データはデータサイズが小さいので、必ずしも高速通信を用いる必要はないのです。その代わり、IoTデバイスは人がアクセスし難い僻地でバッテリー駆動するようなユースケースが多いため、省電力と遠距離通信は必須です。同様に、ビッグデータを収集するため、大量の台数のIoTデバイスをばらまくようなユースケースも多いため、低コストであることも重要なのです。

まとめ

- **IoTネットワークは過酷な野外環境で稼働することが多いので「耐障害性」や「電力消費量」などに留意する必要がある**
- **IoTネットワークの要件を実現するための無線通信技術は「LPWA」と総称される**

07 アプリケーション開発 ～クラウドネイティブとAPIファースト～

IoTアプリケーションは、クラウドサービスの活用を前提としています。クラウドサービスを活用するためには、クラウドサーバが外部に公開しているAPIを使いこなすことが欠かせません。

IoTアプリケーションのポイント

自己完結型の一般的なアプリケーションとは異なり、IoTアプリケーションは複数の機械装置の連携動作を前提とします。具体的には、IoTデバイス、クラウドサーバ、クライアント端末（パソコン、タブレット、スマートフォンなど）が連携することで、IoTアプリケーションの動作は成り立っています。それゆえ、IoTアプリケーション特有のポイントがあります。

■IoTアプリケーションに特有のポイント

クラウド ネイティブ	API ファースト	レスポンシブ デザイン

・クラウドネイティブ

IoTアプリケーションの設計開発は「**クラウドネイティブ**」（cloud native）の思想に基づいています。クラウドネイティブとは、IoTアプリケーションがクラウドサービス（クラウドコンピューティング）をフル活用することです。クラウドネイティブを実現するため、IoTアプリケーションは「マイクロサービス」の設計手法に基づいて開発されます。

マイクロサービスとは、巨大な単一のアプリケーションで自己完結するのではなく、複数の小分けされたアプリケーション同士で連携して処理を行うことです。一般的には、IoTアプリケーションはスマートフォンなどのクライアント端末とクラウドサーバとで処理を分担することが多くあります。

・APIファースト

クラウドネイティブの前提となるのが「**APIファースト**」(API first) です。「他社が公開しているAPI (Application Programming Interface) をフル活用すること」、または「自社製品の内部処理をAPI経由で行うように設計開発すること」のどちらかを意味します。

・レスポンシブデザイン

ユーザーがIoTアプリケーションを操作するクライアント端末はパソコン、タブレット、スマートフォンと多岐にわたることから、「**レスポンシブデザイン**」(responsive design) も重要になってきます。レスポンシブデザインとは、クライアント端末によって異なる画面サイズであっても快適に利用できるよう、IoTアプリケーションのGUI (Graphical User Interface) の設計を行うことです。

クラウドネイティブの概要

クラウドネイティブとは、クラウドサービス (クラウドコンピューティング) をフル活用してシステムを構築することです。クラウドネイティブの構成要素として「コンテナ」、「動的オーケストレーション」、「マイクロサービス」が挙げられます。

■クラウドネイティブの概要

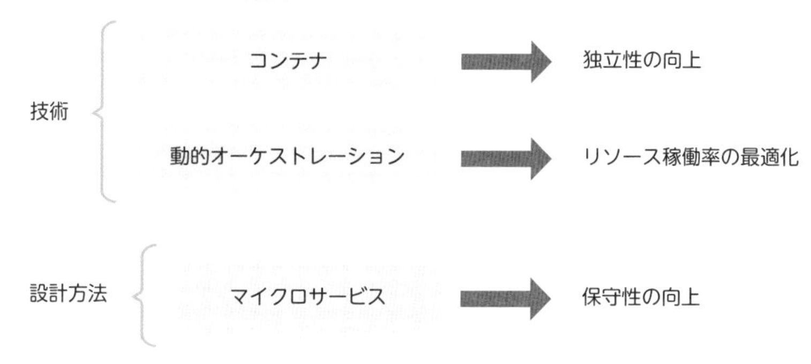

・**コンテナ**

「**コンテナ**」(container) とは、アプリケーションの構成要素一式 (ライブラリなど) をコンテナとしてパッケージ化することを指します。コンテナは仮想化技術の一種であり、「docker」というオープンソースソフトウェアがよく知られています。

ちなみに、仮想化技術として有名なものに「仮想マシン」(virtual machine) がありますが、仮想マシンはOS領域も含んで仮想化してしまうのに対して、コンテナはOS領域を含まずに、ライブラリなどのアプリケーション動作に必要な構成要素一式に絞って仮想化します。大雑把にまとめてしまうと、コンテナは仮想マシンの軽量版と言えるでしょう。コンテナの利点としては、「コンテナ」としてまとめたパッケージは独立性が向上するため、分離しやすくなる点が挙げられます。このような利点を生かし、さまざまな用途にコンテナを再利用しやすくなることが期待されています。

・**動的オーケストレーション**

複数のコンテナをまとめて一元管理することを「**動的オーケストレーション**」(dynamic orchestration) と呼びます。有名なものとしては「Kubernetes」(クバネティス)というオープンソースソフトウェアがあります。動的オーケストレーションは、複数のコンテナの一元管理に加えて、運用管理の自動化も担うことができます。利点は、リソース稼働率を最適化できることです。大規模なIoTシステムでは、扱うコンテナの数も膨大であるため、コンテナの運用管理が大変になってきます。その際、動的オーケストレーションによって、以下のような対策を検討することができます。

①システムの大規模化に備えて、複数のコンテナを複数サーバに分散して配置したい。
②システム全体の負荷が急激に高くなった場合には、コンテナを追加で自動起動できるようにしたい。
③システム負荷が低い場合は、マシンリソースの無駄な浪費を避けるため、コンテナ起動は必要最低限としたい (クラウドサーバ利用時はマシンリソースの消費量に応じて利用料が増加してくる)。

④コンテナの異常発生を迅速に突き止めたい。できれば、自動リカバリしたい。

・マイクロサービス

「**マイクロサービス**」(micro service) は、クラウドネイティブを実現するための設計技法の名称です。

アプリケーションをマイクロサービスに分割することで、アプリケーションの全体的な保守性が向上するという利点があります。すでに取り上げたコンテナや動的オーケストレーションは、マイクロサービスを実現するために用いる技術と言えます。

APIファーストの概要

「**APIファースト**」とは、APIをフル活用してシステムを構築することです。APIの設計開発は、設計原則「**REST**」(REpresentational State Transfer) に基づきます。設計原則「REST」の詳細は以下の通りです。

■ RESTの詳細

原則	説明
アドレス可能性	すべての情報を一意なURIで表現する
ステートレス性	すべてのHTTPリクエストが独立しており、セッションなどの状態管理を行わない
接続性	情報に別の情報や状態へのリンクを含めることで「別の情報に接続すること」ができるようにする
統一インタフェース	情報の操作はHTTPメソッド (GET, POST, PUT, DELETE) を利用する

たとえば次の図は、「ユーザ一覧」のデータを操作するケースです。ユーザ一覧のデータは、「example.com/api/v1/view/users_list」と呼ばれる、URI (Uniform Resource Identifier) で表現されます。URIはインターネット上のリソースを一意に特定するための「識別子」(identifier) です。

■「REST」に基づいたAPIファーストの概要

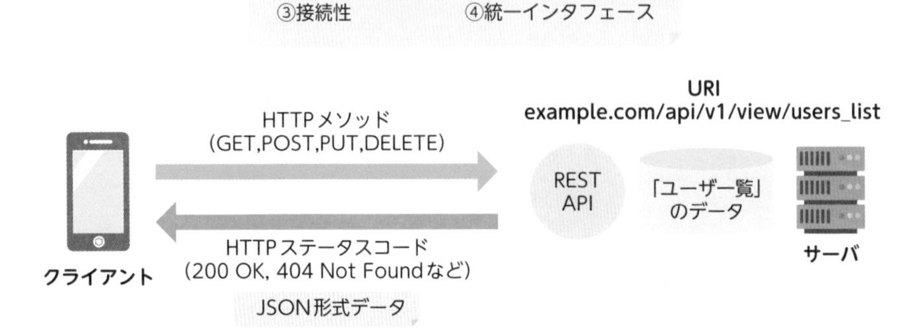

このURIのデータを閲覧したい場合は、アプリケーション側からサーバ側に対して「GET」というHTTPメソッドを発行します。すると、アプリケーション側からのリクエストに対して、サーバ側からのレスポンスとして「ユーザー覧」のデータが返却されます。この際の、サーバ側からのレスポンスは「JSON」形式であることが多くあります。クライアントとサーバのやり取りは、サーバが外部に公開している「RESTful API」(「REST API」とも称す)経由で行われます。このように、クライアントとサーバのやり取りが「API」で完結するようなしくみが「APIファースト」です。

・「URI」と「URL」の違い

「URI」(Uniform Resource Identifier)と似たような用語として「URL」(Uniform Resource Locator)があります。URLはインターネット上におけるリソースの場所(location)を指す用語であり、いわゆるWeb上のアドレスに該当します。「URI」はURLの上位概念であり、URLと「URN」(Uniform Resource Name)を包含します。つまり、「URI = URL + URN」です。

「URI」は「URL」を包含するため、「URL」を「URI」と呼ぶことは問題ありません。そういった意味では「URI」と「URL」はほぼ同じ意味と言えますが、リソースの“場所”として意識する場合は「URL」と呼び、リソースの“識別子”として意識する場合は「URI」と呼ぶことが多くあります。

■ URIとURLの違い

用語	内容
URI	URLやURNを包括した概念である
URL	インターネット上に存在するリソースの「場所」とアクセス方法を示す識別子である。たとえば、技術評論社のWebサイトのURLは"https://gihyo.jp/"である
URN	「場所」に依存せずに、インターネット上に存在するリソースの「名前」を示す識別子である。たとえば、書籍をURNで示す場合、全世界の書籍を一意に識別する「ISBN (International Standard Book Number) コード」を用いて「urn:isbn: (ISBNコードの値)」と表記する

一般的に、「example.com/api/v1/view/users_list」という表記は、APIの"開発者"の視点からは「URI」と呼ばれるのに対して、APIの"利用者"の視点からは「URL」と呼ばれます。その背景として、APIの"利用者"はリソースの"場所"を知らなければAPIを呼び出しようがないことが挙げられます。

まとめ

- IoTアプリケーション特有のポイントとして「クラウドネイティブ」や「APIファースト」などがある
- 「クラウドネイティブ」の構成要素は「コンテナ」、「動的オーケストレーション」、「マイクロサービス」である
- 「APIファースト」のAPIは「REST」原則に準拠する

08 システムの運用管理 ～フルマネージドサービスを利用したシステム～

IoTシステムは構成要素の複雑性や稼働環境の過酷さといった要因があり、一般的な情報システムよりも運用管理が困難になりがちです。そこで、そういった煩雑な運用管理の作業を代行する事業者が存在しています。

IoTシステムの運用管理のポイント

IoTシステムは構成要素が多岐にわたる上に、野外という過酷な環境で連続稼働することもあり、一般的な情報システム以上に運用管理が困難です。特に留意すべきポイントを示します。

■ IoTシステムに特有の運用管理のポイント

IoTデバイスの台数が多く拡散範囲が広い	→	一元管理
無人運用	→	リモートの運用保守
過酷な環境	→	堅牢性の確保
複雑なシステム構成	→	システム全体としての信頼性の確保
処理の連携が絡み合う	→	原因の切り分け
数少ない有識者	→	エンジニアの確保

・IoTデバイスの台数が多く拡散範囲が広い

IoTシステムでは「**IoTデバイスの台数が多く拡散範囲が広い**」という傾向にあります。よって、GPSを用いてデバイスの所在を把握するなど、極力、デバイスを一元管理すべきでしょう。いわゆる、"迷子デバイス"や"野良デバイス"を出さないようにする必要があります。

・無人運用

IoTデバイスは、近くに人がいない場合が多いので「**無人運用**」できることが前提となります。よって、クラウド経由で「パッチ」(patch)を適用してバグ修正を行うなどの遠隔メンテナンスができるしくみを構築し、リモートの運用管理をできるようにする必要があります。

・過酷な環境

IoTデバイスの主戦場と言える野外は、安定している屋内環境とは違い、猛烈な日差しや吹雪に晒されたり、激しい振動や衝撃を受けたりするような過酷な環境と言えます。そのため、デバイスの落下試験やヒートランテスト(過酷な環境下での運用試験)を行うことで「堅牢性の確保」に努める必要があります。

・複雑なシステム構成

IoTシステムはコンピュータ本体のみならず、センサ、無線装置、電源、クラウドといった複数の構成要素が絡む**複雑なシステム構成**をとります。システムの構成要素のうち1つがダウンしてもアウトであるため、システム全体としての信頼性の確保に努める必要があります。たとえば、エラー発生時の自動リカバリなどを検討すべきでしょう。

・処理の連携が絡み合う

IoTシステムは、複数の構成要素間でドミノ倒しのように処理が進んでいき「**処理の連携が絡み合う**」ようになります。そのため、処理の全体像を見通すのが困難になりがちです。障害が発生してしまった際に**原因の切り分け**ができるよう、エラーログの解析による原因の切り分けなど、トラブルシュート手順を確立しておきましょう。

・数少ない有識者

IoTシステムの運用管理には幅広い専門知識が必要です。IoTビジネスの成長度合いに比べると「数少ない有識者」がボトルネックとなっています。必要な知識をカバーできるエンジニアは数少ないのです。IoTシステムのメンテナンス要員となる「エンジニアの確保」を行うには「自社内での人材育成」または「他社への外注」のいずれかの手段をとる必要があります。

フルマネージドサービスの概要

IoTシステムの運用管理は困難であるため、運用管理に関する作業を代行してくれる事業者が存在します。そのような事業者は「MSP」(Managed Service Provider)と呼ばれます。一般的には、代行してもらう作業の範囲によって「マネージド」あるいは「フルマネージド」と区別されます。

■ フルマネージドサービスの概要

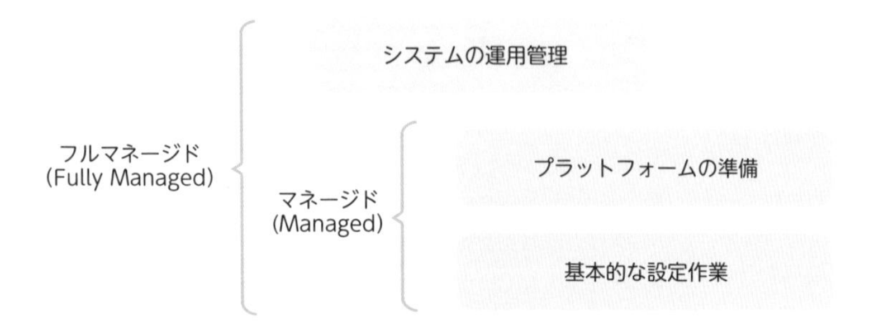

OS、ハードウェア、ネットワーク、回線といったプラットフォームの準備、あるいはOSのインストールやハードウェアの初期設定、インターネットに接続するための設定といった基本的な設定作業を代行してもらうのが「マネージド」の範疇です。マネージドの範疇に加えて、エラーログの監視、DB容量の監視、データ喪失時のリカバリ、24時間365日サポートといったシステムの運用管理までも代行してもらうのが「フルマネージド」の範疇です。

フルマネージドサービスの具体例

クラウドサービスの御三家とも言える「Amazon AWS」、「Microsoft Azure」、「Google Cloud」がそれぞれ提供しているフルマネージドサービスの具体例は以下の通りです。

・AWS Managed Services

「**AWS Managed Services**」は、Amazonが認定した「AWS Partner Network（APN）パートナー」がAWS運用管理のサポートを行うしくみです。AWSによると、APNパートナーとしてAccentureやDeloitteが挙げられています。

・Microsoft Azureの“Azure Expert MSP”

「**Microsoft Azureの“Azure Expert MSP”**」は、Microsoftが認定したMSPがMicrosoft Azure運用管理のサポートを行うしくみです。たとえば、ソフトバンク・テクノロジー株式会社「Microsoft Azureマネージドサービス」は「24時間365日のMicrosoft Azure運用監視サービス」を提供しています。

・Google Cloudの“MSP イニシアチブ”

「**Google Cloudの“MSP イニシアチブ”**」は、Googleが認定したMSPがGoogle Cloud運用管理のサポートを行います。たとえば、クラウドエース株式会社は「BRONZE、SILVER、GOLDのサポートプラン」を提供しています。

まとめ

- **IoTシステムの運用管理は一般的な情報システムより困難である**
- **IoTシステムの運用管理を代行する事業者は「MSP」（Managed Service Provider）と呼ばれる**
- **運用管理の代行を「フルマネージドサービス」と呼ぶ**

09 IoTセキュリティガイドライン ～IoT推進コンソーシアムによる5つの指針～

IoTにおいて「セキュリティ」は最重要課題です。セキュリティ上の脆弱性を克服しない限り、IoT社会の実現はあり得ません。100点満点ならずとも“合格最低点”のセキュリティ対策を目指す必要があります。

IoTシステムのセキュリティのポイント

IoTシステムには「悪意の第三者」が忍び込もうとする侵入口が多く開いています。特に要注意なのが「**構成要素間の連結部(インタフェース)**」です。IoTシステムの動作原理上、外部に口を開けておく必要があるため、サイバー攻撃に対して脆弱になりやすいのです。

■ IoTシステムに特有のセキュリティのポイント

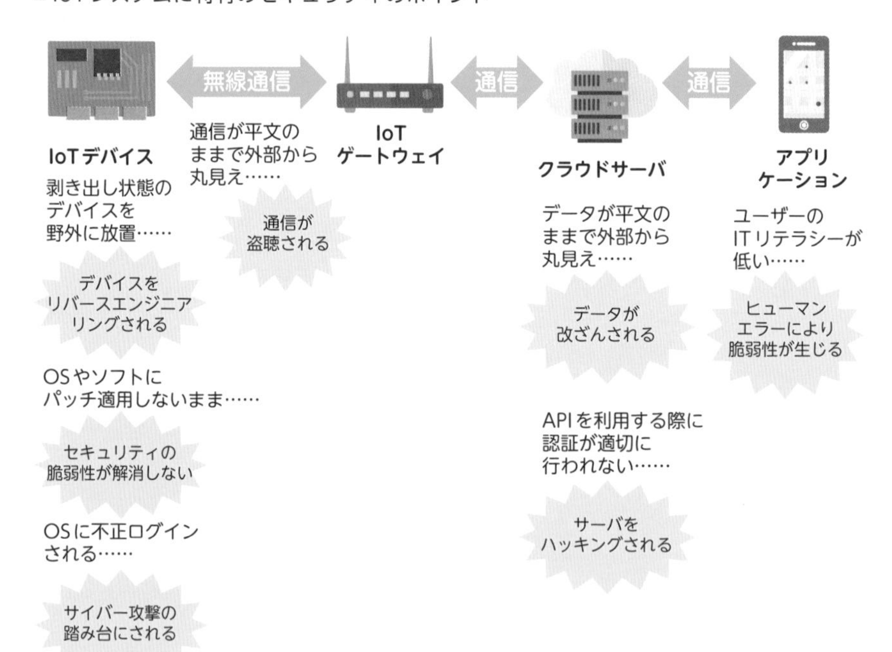

IoTデバイスとIoTゲートウェイの間の無線通信を例に挙げると、暗号化せずに平文のままで送信されたデータは盗聴される可能性があります。

あるいは、クラウドサーバを遠隔操作するAPIを利用する際に、しかるべき認証処理を行うようにしなければ、クラウドサーバをハッキングされる恐れがあります。IoTシステムは複数の構成要素が連携して動作するため、無線通信やAPIといった"口"を外部に対して開けることは不可避ですが、その無防備な"口"を真っ先に狙われることに注意しましょう。

IoT推進コンソーシアムの概要

IoTはデバイス、通信、センサ、クラウドサーバなどの多種多様な構成要素が複雑に絡み合う分野であるため、それらの構成要素を扱う事業者同士が協働する必要があります。

そこで、「日本のインターネットの父」と称される村井純氏が発起人となり、**「IoT推進コンソーシアム」**という業界団体が設立されています。法人会員の総数は3,823団体（2020年10月20日現在）です。

「IoT推進コンソーシアム」の目的と主な活動を示します。

■「IoT推進コンソーシアム」の目的と主な活動

項目	内容
目的	産学官が参画・連携し、IoT推進に関する技術の開発・実証や新たなビジネスモデルの創出を推進するための体制を構築する
主な活動	IoTに関する技術の開発・実証及び標準化等の推進 IoTに関する各種プロジェクトの創出及び当該プロジェクトの実施に必要となる規制改革等の提言

「IoT推進コンソーシアム」の組織図を見ると、その活動内容が具体的に見えてきます。

組織図の中で注目すべきは「IoTセキュリティ」のWG（ワーキンググループ）があることです。「IoT推進コンソーシアム」においても、「攻められやすく守りにくいIoT」の「セキュリティ」を重要視しています。

■ IoTコンソーシアムの組織図

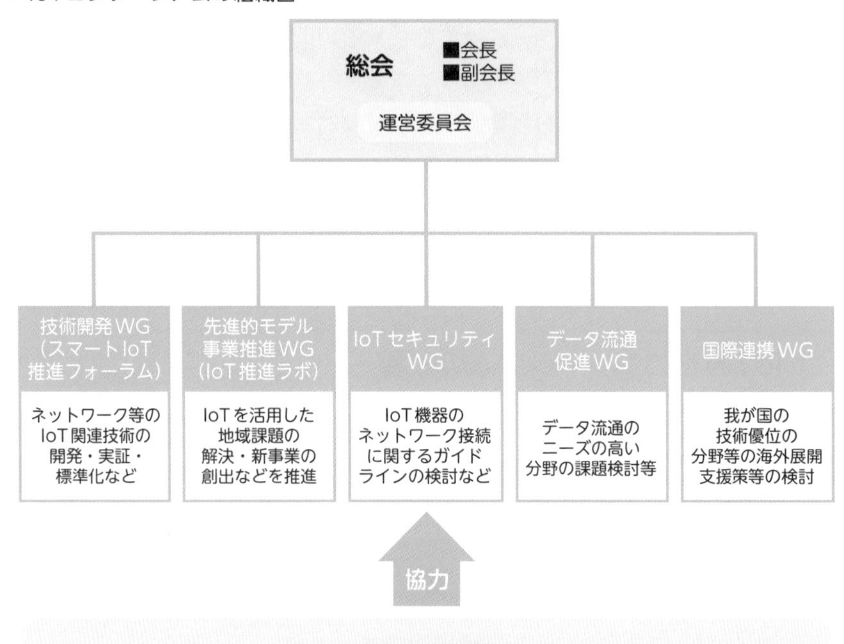

IoTセキュリティガイドラインの概要

IoT推進コンソーシアム配下のIoTセキュリティWGの成果物として「**IoTセキュリティガイドライン**」があります。本ガイドラインでは、IoTデバイスやシステム、サービスの提供にあたってのライフサイクルにおける指針を定めています。なお、ライフサイクルは「方針→分析→設計→構築・接続→運用・保守」というフェーズを踏むことを前提としています。

「IoTセキュリティガイドライン」はあくまでも「ガイドライン（指針）」であり、ISO（国際標準化機構）やJIS（日本工業規格）が定めるような強制力のある「スタンダード（規格）」ではありません。しかしながら、IoTの普及に伴いセキュリティリスクが急激に顕在化している現状を考えると、本ガイドラインを無視するわけにはいきません。

■IoTセキュリティガイドライン

フェーズ	指針	要点
方針	IoTの性質を考慮した基本方針を定める	・経営者がIoTセキュリティにコミットする ・内部不正やミスに備える
分析	IoTのリスクを認識する	・守るべきものを特定する ・つながることによるリスクを想定するよう伝える ・IoTシステム・サービスにおける関係者の役割を認識する ・脆弱なデバイスを把握し、適切に注意喚起を行う
設計	守るべきものを守る設計を考える	・つながる相手に迷惑をかけない設計をする ・不特定の相手とつなげられても安全安心を確保できる設計をする ・安全安心を実現する設計の評価・検証を行う
構築・接続	ネットワーク上での対策を考える	・機能及び用途に応じて適切にネットワーク接続する ・初期設定に留意する ・認証機能を導入する
運用・保守	安全安心な状態を維持し、情報発信・共有を行う	・出荷・リリース後も安全安心な状態を維持する ・出荷・リリース後もIoTリスクを把握し、関係者に守ってもらいたい

まとめ

- **IoTのセキュリティ上の弱点は「構成要素間の連結部（インタフェース）」である**
- **多数のIoT関連企業で構成される「IoT推進コンソーシアム」がある**
- **「IoTセキュリティガイドライン」を遵守すべき**

10 留意すべき法的環境 ～電波法と無線モジュールに関する認可～

IoTシステムで見落としがちな落とし穴となるのが「法令遵守」(コンプライアンス)です。実は、IoT特有の法規制を見落としてしまうケースが多い傾向にあります。悪意はなくとも、法律は「知らなかったでは済まされない」のです。

IoTシステムの法的環境のポイント

IoTシステムは一般的な情報システムと異なる下記の特徴があります。

・有線ではなくて無線(電波)で通信する。
・ソフトウェアがハードウェアに組み込まれる。
・デバイスは野外で不特定多数の前に晒されることになる。
・他システム(クラウドサーバ)との連携動作が前提となる。
・複数の構成要素が絡み合うため、おのおのの構成要素を担当する利害関係者の数が多い。

つまり、一般的な情報システムに関する法的環境に加えて、上記の特徴に起因する法的環境にも留意する必要が出てきます。

■ IoTシステムに特有の法的環境のポイント

通信装置の認証	SLA
プライバシー保護	PSEマークの表示
法的管轄	PL法
システム障害時の責任分担	リコール

・通信装置の認証

IoTシステムに関して真っ先に留意すべきは「**通信装置の認証**」です。IoTシステムで用いる通信装置は「電波法」を遵守する必要があります。

通信装置が「技術基準適合証明（技適）」の認証を受けていればOKです。加えて、通信手段としてBluetoothを使用する場合は「Bluetooth認証」も受ける必要があります。

・プライバシー保護

デバイスが不特定多数の眼前に晒されるということは、裏返しに見れば、デバイスが不特定多数の“プライバシー”を覗き見ているということです。

IoTシステムは不特定多数の人間から得られるビッグデータを扱います。そこから得られる知見は魅力的ですが、同時に、個人の「**プライバシー保護**」に留意する必要があります。

特に、個人を特定しうる情報は「個人情報保護法」の対象となることを理解しましょう。

・法的管轄

IoTデバイスとクラウドサーバとの連携を行う際に見落としがちなのが「**法的管轄**」（jurisdiction）です。

クラウドサーバ上にデータを格納する際には、そのサーバが物理的に所在している国を意識すべきです。仮に、日本国内ではなく海外のサーバだとすると、日本国内の法律ではなく、当該国の法律が適用されることになるからです。クラウドサーバの所在国によっては、輸出管理上の問題が生じるリスクも出てきます。

・システム障害時の責任分担

IoTシステムは構成要素（コンピュータ、センサ、通信装置、クラウドなど）が複雑に絡み合うがゆえに、利害関係者間における「**システム障害時の責任分担**」も重要です。システム障害に備えて、障害の原因別に関係者間の責任分担を明確にしておくべきです。障害復旧の責任を負うのは誰かを明確にして、障害発生時に早急に連絡できる体制を整えておくべきです。

・**SLA**

IoTデバイスは無線の輻輳や炎天下のオーバーヒートなどで性能低下のリスクがあります。その際に、最低限の性能の保証を顧客と合意すべきでしょう。その合意のことを「**SLA**」(Service Level Agreement) と呼びます。

・**PSEマークの表示**

IoTデバイスを含む電気用品 (例:コンセントにつなぐ家電製品) は「電気用品安全法」を遵守する必要があります。

規定の検査に合格すれば、「電気用品安全法」遵守の証である「**PSEマークの表示**」を行うことができます。

・**PL法**

IoTのソフトウェアはデバイスに組み込まれるため、ソフトウェア不良はデバイスの「設計上の欠陥」と見なされて「**PL法**」(Product Liability法:製造物責任法) の対象となる可能性があることにも留意しましょう。

・**リコール**

IoTシステムを構成する部材 (センサや通信装置など) の「**リコール**」(recall) が起きる可能性があります。その場合、自社のIoTシステムもリコールすべきか否かのポリシーを顧客と合意すべきです。

電波法の概要

IoTシステムは無線通信を前提とするがゆえに「電波」の利用が必要不可欠です。日本には「電波」に関する規制を司る「**電波法**」という法律があります。つまり、IoTシステムは「電波法」の規制から逃れることができません。

電波法の目的は「無線通信の混信や妨害を防ぎ、電波の効率的な利用を確保する」ことです。その目的のため、無線局の開設は原則として免許制となっています。

ただし、スマートフォンのような小規模な無線設備に関しては、所定の手続きを踏むことで免許不要となります。

■電波法の概要

免許不要の無線局

微弱無線局
リモコンなど

小電力の特定の用途に使用する無線局

特定小電力無線局
(315M帯、400M帯、900M帯、1200M帯など)
Sub-GHz無線、Wi-SUN通信など

小電力データ通信システムの無線局
(2.4G帯、5.2-5.4GHz帯)
無線LAN、Bluetooth、IEEE802.15.4 (ZigBee) など

基本的に、IoTシステムで用いられる無線LANやBluetoothなどの無線通信は免許不要で利用可能です。ただし、IoTシステムで用いる通信装置が「技適」を取得済みであることが前提要件となります。

無線モジュールに関する認可の概要

IoTシステムを構築するにあたって、「無線モジュールに関する認可」は見落としがちな観点です。IoTシステムに関する法令遵守（コンプライアンス）の鬼門と言っても過言ではないでしょう。IoTシステムの落とし穴となりがちなのが「**技術基準適合証明（技適）**」と「**Bluetooth認証**」です。

・技術基準適合証明（技適）

「**技術基準適合証明（技適）**」マークは、下記の公的認証を取得している無線機であることを証明するマークです。

・「電気通信事業法」に基づく「技術基準適合認定」
・「電波法」に基づく「技術基準適合証明」

基本的に、日本国内で製造販売されている通信装置は「技適」を取得済みです。注意すべきは、海外で製造販売されている通信装置を日本国内に輸入する場合に「技適」が未取得である可能性があるということです。悪意はなくとも、技適マークなしの通信装置をうっかり使用してしまった場合、「電波法」違反になってしまう恐れがあります。

・Bluetooth認証

Bluetooth通信を利用するIoTシステムの場合は「**Bluetooth認証**」を取得する必要があります。「Bluetooth認証」を取得すれば「Bluetoothロゴ」を表示できます。認証を取得するための方法は下記の通りです。

・自社でBluetooth認証試験を受ける。
・Bluetooth認証取得済みのBluetooth通信装置を自社製品に組み込む。

COLUMN

「IoT」は泣き顔？

日本語は英語（アルファベット）よりも文字の種類（ひらがな、カタカナ、漢字）が多いため、顔文字のバリエーションが豊富です。そんな日本人にとっては「IoT」という略語は、人の泣き顔に見えやすいようです。事実、SNSの書き込みなどで「(ToT)」や「(;。;)」といった泣き顔の顔文字が散見されます。泣いて涙を流すならば、悔し涙ではなくて嬉し涙でありたいものです。

まとめ

- **IoTであるがゆえの法規制は見落としがちなので要注意である**
- **IoTシステムの通信装置には「電波法」の法規制が適用される**
- **通信装置の「技術基準適合証明（技適）」と「Bluetooth認証」は取得必須である**

2章

IoTデバイスとセンサ

本章の主題である「デバイス」と「センサ」は「IoT (Internet of Things)」における「T (Things)」に相当します。「第4次産業革命」(Industrie 4.0) を引き起こすほどにIoTが革新的な理由は「T (Things)」の範囲がコンピュータだけでなく「森羅万象」(この世に存在する物理的なモノならば何でも) に拡大したからです。

11 IoTデバイスとは
～インターネットにつながる「モノ」～

IoTで使われている「Things（モノ）」という用語は「Big word（対象範囲が広すぎて意味が漠然としている用語）」です。端的に言うと「インターネットと連携すると、面白いアイデアを新たに実現できそうなモノ」という解釈で十分です。

「Things（モノ）」の定義

「IoT（Internet of Things）」で言うところの「**モノ（Things）**」とは、「ネットワーク（Internet）」によって新たな命を吹き込まれる「モノ」全般を指します。下の図を見ても、その範囲がいかに広いかがわかるでしょう。

■「Things（モノ）」の定義

イメージとして近いのは「デジタル・トランスフォーメーション」(DX) です。つまり、「従来はデジタル化していなかったモノがITによってデジタル化する」ことが、IoTの本質と言えます。

特に、IoT (Internet of Things) における「モノ (Things)」の代表例として挙げられるキーワードは「**ホームIoT**」、「**デジタル家電**」、「**装身具**」(ウェアラブル)、「**スマートスピーカー**」、「**医療器具 (ヘルスケア)**」、「**コネクティッド・カー**」(connected car) です。

これらのキーワードの共通点は「人間の身近にあるわりには、ITの活用が遅れていたモノ」です。換言すれば、「ITを活用すれば、新たな価値を生み出せるモノ」とも言えます。

■ IoTの活用例

種別	IT化の恩恵の具体例
ホームIoT	空調をIoT化することで、消費電力量を計測して省エネに役立てる
家電	人工知能 (機械学習) によって、炊飯器のお米の炊き具合を最適化する
装身具 (ウェアラブル)	ビジネス靴に歩数計機能を仕込むことで、運動不足解消に役立てる
スマートスピーカー	音楽を聴くだけでなく、人の音声で家電の操作を行う
医療器具 (ヘルスケア)	器具の計測値をクラウド上にアップロードして、健康管理に役立てる
コネクティッド・カー (connected car)	自動車の自動運転の実現に役立てる
アナログ的な物品	ゴミ箱が満杯になれば、清掃業者に自動通知する
スポーツ	個々の選手の動きを分析することで、チーム強化に役立てる

大雑把に言えば、IoTにおける「モノ」の候補は「**インターネット未接続のモノ**」であれば何でもアリということになるでしょう。

IoT＝I (Internet) ＋T (Things)

「IoT (Internet of Things)」は「モノ (Things)」だけでは未完成です。「モノ (Things)」が「**ネットワーク (Internet)**」と合体することで「IoT (Internet of Things)」が完成します。

過去のIT化で、すでに「デバイスのデジタル化」そのものは実現しました。機械装置に電子回路を組み込んで、ソフトウェア仕掛けで制御する段階までは到達していました。たとえば、道路工事の電光表示板などがその一例です。

しかし、デバイスをインターネットに接続するためのインフラ (通信装置や通信事業者など) に乏しかったため、「デバイスのインターネット化」は進みませんでした。インターネット接続がない状態だと、クラウドサーバや他のデバイス群と連携できないため、個々のデバイスは「スタンドアロン (孤立)」状態で動作することになります。当然、スタンドアロン状態では、個々のデバイスのみで自己完結した動作しか行うことができません。この場合、デバイスにあらかじめ設定されたワンパターンの動作をひたすらくり返すだけになるため、要件や環境の変化に応じて柔軟に動作を変えることは不可能になります。

「デバイスのインターネット化」を進めることで、デバイスがクラウドサーバや他のデバイス群との連係動作を行うことが可能になります。たとえば、下記のような連係動作が考えられます。

①ビッグデータの統計分析の結果をクラウドサーバからデバイスにフィードバックして、デバイスの動作の精度を向上させる。
②他のデバイスから伝達された情報に応じて、デバイスの動作を変える。

「デバイスのインターネット化」によって、デバイス単体の機能だけでは生み出せないような付加価値を実現できる可能性があります。

「IoT」から「IoE」へ

IoTをさらに進めた概念として「**IoE**」(Internet of Everything) が提唱されています。読んで字のごとく、直訳すると「すべてのインターネット」になります。

■「IoT」から「IoE」へ

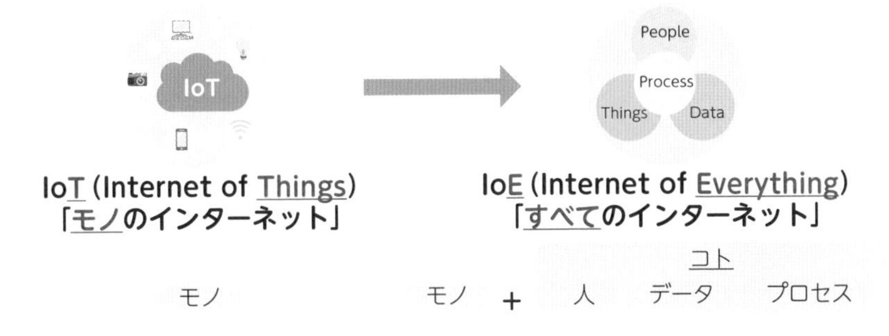

IoTが扱う範囲が「モノ（Things)」に限定されているのに対して、「IoE」の範囲は「モノ」に加えて**「コト」**（**「人」**、**「データ」**、**「プロセス」**）も含まれます。

■ IoEの範囲

コト	内容
人	デバイスでなくて人に紐付く情報。たとえば、履歴書相当のパーソナルデータなど
データ	「スマート」な処理を行うための「情報」として活用できるデータ。たとえば、テロリストの顔を識別するために活用できるデータ
プロセス	人、データ、モノが連携するための管理

IT化を突き詰めれば、物理的な実体を有する「モノ（Things)」のインターネット化だけでは不十分であり、「モノ＋コト」の「森羅万象（Everything)」のインターネット化が進むことになるでしょう。

まとめ

- **「Thing（モノ）」のインターネット化によって、「Thing（モノ）」単体では生み出せないような付加価値を実現できる**
- **「IoE（Internet of Everything)」は「Things（モノ）」に加えて「コト」（「人」、「データ」、「プロセス」）も含むインターネット化を指す概念である**

12 IoTのための センサモジュール ～センサの種類と取得できる情報～

センサの高性能化、小型化、低価格化、省電力化が急速に進んでいます。IoTデバイスの“五感”を担うセンサの革新は、IoTシステムが扱うビッグデータの量と質の革新を意味します。

センサの種類

IoTデバイスの“五感”を担う装置が「**センサ**」(sensor) です。IoTデバイスはセンサからの入力情報に基づいてしかるべき処理を行います。主たるセンサの種類を列挙します。

■ センサの種類

温湿度センサ (DHT-11)

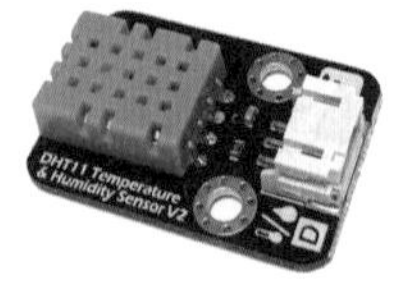

イメージセンサ (Raspberry Pi カメラモジュール V2)

圧力センサ (FSR406)

加速度＆ジャイロセンサ (MPU6050)

超音波センサ (HC-SR-04)

音センサ (マイクロフォン) (SEN02281P)

臭気センサ (TGS2450)

GPSセンサ (GYSFDMAXB)

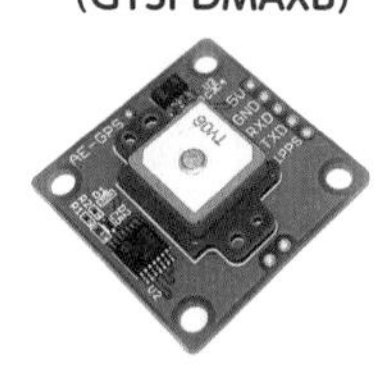

■ センサの種類と具体例

センサの種類	説明	具体例
温度センサ 湿度センサ	温度や湿度を測る。温度と湿度の両方を検知できる「温湿度センサ」もある	DHT-11
超音波センサ	超音波を対象物に当てて距離を測る	HC-SR-04
イメージセンサ (カメラ)	光の明暗に反応する ※人の「**視覚**」に相当	Raspberry Piカメラモジュール V2
音センサ (マイクロフォン)	音に反応する ※人の「**聴覚**」に相当	SEN02281P
圧力センサ	圧力に反応する ※人の「**触覚**」に相当	FSR406
臭気センサ	臭いに反応する ※人の「**嗅覚**」に相当	TGS2450
加速度&ジャイロセンサ	傾きや加速度に反応する	MPU6050
GPSセンサ	人工衛星からのGPS信号を受信する。日本の準天頂衛星システム (QZSS)「みちびき」に対応している	GYSFDMAXB

センサの種類は多種多様であり、本書だけではそのすべてを網羅しきれません。人の"五感"(視覚、聴覚、触覚、嗅覚、味覚)の認識能力の範囲を超えた情報を認識できるセンサも数多く存在しています。

センサとのインタフェースの具体例

IoTデバイスとセンサの間の通信を行うためのインタフェースの代表例として「**SPI**」、「**I²C**」、「**UART**」があります。

「SPI」、「I²C」、「UART」に共通する特徴は「シリアル通信」の規格であるということです。「シリアル通信」(serial communication) はデータを1bitずつ順に送受信する方式です(「パラレル通信」(parallel communication) という複数の信号線を用いて、複数bit分のデータを一度(同時)に送受信する方式もあります)。

「SPI」、「I²C」、「UART」の差異を比較してみましょう。

■ SPI/I²C/UARTの比較①

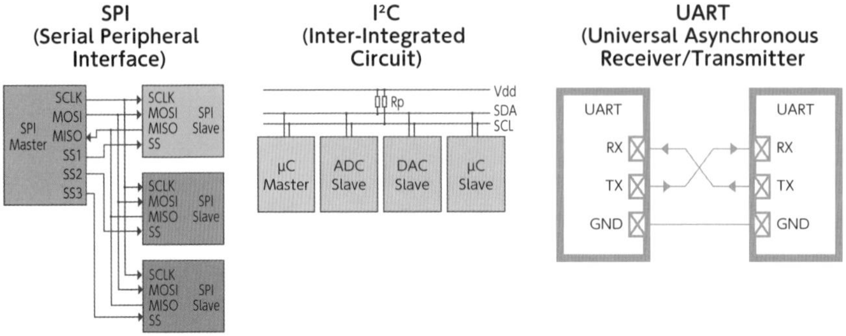
SPI
(Serial Peripheral
Interface)
I²C
(Inter-Integrated
Circuit)
UART
(Universal Asynchronous
Receiver/Transmitter
SPI Master
SCLK
MOSI
MISO
SS1
SS2
SS3
SCLK
MOSI
MISO
SS
SPI Slave
Vdd
SDA
SCL
Rp
μC Master
ADC Slave
DAC Slave
μC Slave
UART
RX
TX
GND

■ SPI/I²C/UARTの比較②

	SPI	I²C	UART
信号線の数	4本 (SCLK, MOSI, MISO, SS)	2本 (SDA, SCL)	2本 (RX, TX) ※全二重通信の場合
同期方式	同期式 (SCLK)	同期式 (SCL)	調歩同期式 (非同期式) (Start bit, Stop bit)
通信速度の目安	~数Mbps	~1Mbps	~115kbps

実務上は、自分が使いたいセンサが採用しているインタフェースに合わせて、ファームウェア（組込ソフトウェア）のプログラミングを行う必要があります。「SPI」、「I²C」、「UART」のような標準的なインタフェースに関しては、一般公開されているライブラリを活用して、センサにアクセスするためのシリアル通信処理を実装することが多くあります。

センサのユースケース

IoT開発は「トップダウン的アプローチ」（**Sec.03**参照）で挑むのが好ましいです。そのためには、IoTシステムで実現したい「ユースケース」（**Sec.04**参照）を起点にして、採用すべきセンサを選定するのがよいでしょう。

■ センサのユースケース

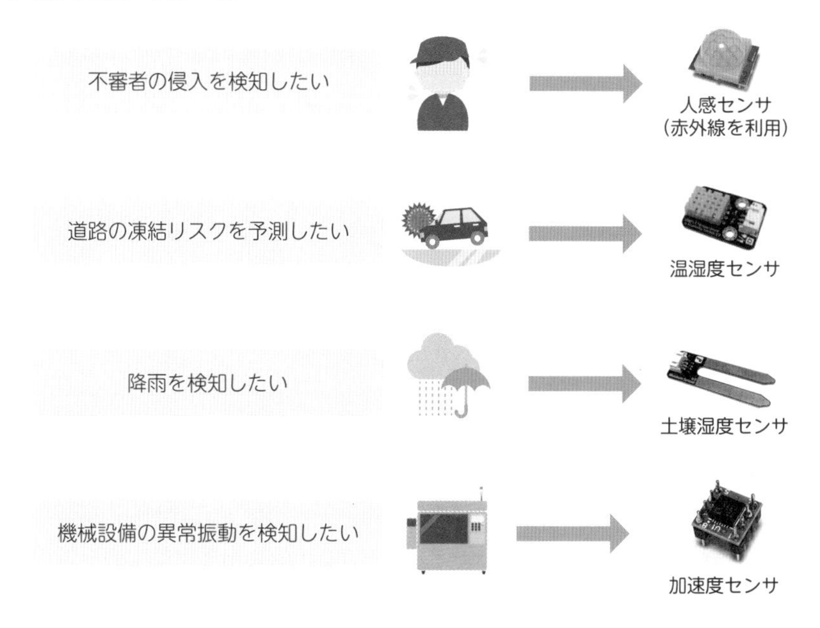

たとえば、「道路の凍結リスクを予測したい」場合は、「温度が低く、かつ、湿度が高い状況で凍結が生じやすい」ことを想定して、温度と湿度の両方を計測できる「温湿度センサ」を採用することが考えられます。

IoT開発は「センサ（技術）ありき」ではなくて「ユースケース（目的）ありき」で考えることが重要です。

まとめ

- **「センサ」はIoTデバイスの“五感”（+α）を担う装置である**
- **センサとのインタフェース（シリアル通信規格）の代表例は「SPI」、「I²C」、「UART」である**
- **センサ選定の際は、IoTシステムで実現したい「ユースケース」を考慮に入れる**

13 IoTのための マイクロコントローラー ～低電力化する集積回路～

マイクロコントローラー（マイコン）は我々の日常生活に深く入り込んでいます。あまりにも膨大な数のマイコンが至る所で用いられているため、「現代の文明社会はマイコンによって成立している」とすら言えそうです。

マイクロコントローラーの概要

「**マイクロコントローラー**」（micro controller）は組込機器を制御するIC（Integrated Circuit：集積回路）です。通称である「マイコン」という呼び方に聞き覚えがあるかもしれません。「マイクロコントローラー」の外見は「正方形」や「長方形」の胴体から多くのピンが伸びた「ゲジゲジ」形状が多くあります。

■ マイクロコントローラーの概要

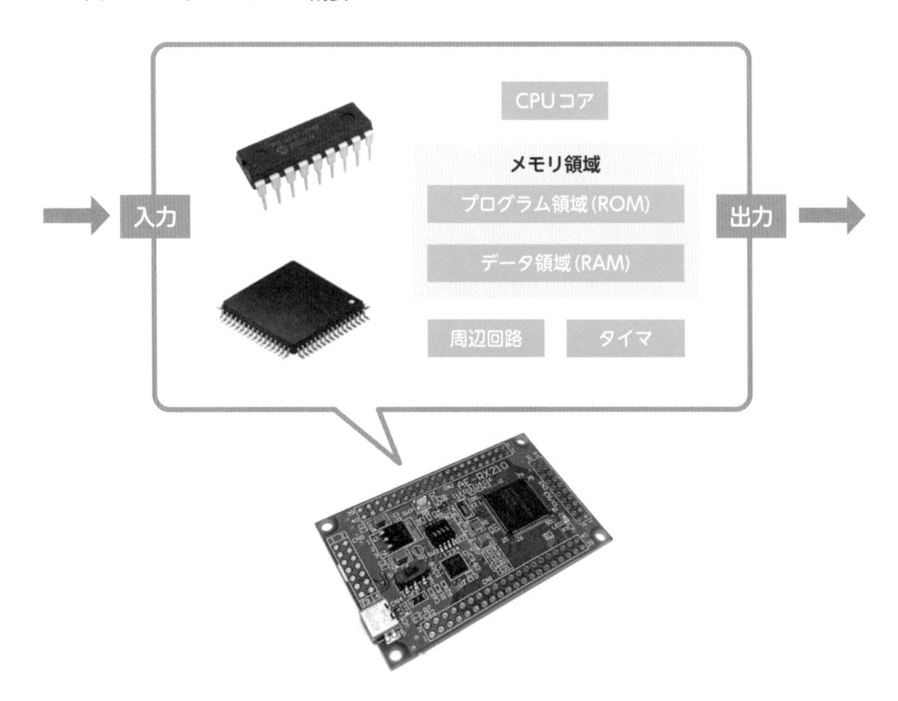

「マイクロコントローラー」の主たる構成要素は「**CPUコア**」、「**メモリ領域**」、「**周辺回路**」、「**タイマ**」となります。

■「マイクロコントローラー」の主たる構成要素

構成要素		内容
CPUコア (CPU core)		マイコンの中核(core)に相当する「中央演算処理装置」(CPU: Central Processing Unit)
メモリ領域	プログラム領域 (ROM)	プログラムのロジック(処理)を格納するための領域。プログラム実行中に変化しないため、読み込み専用のROM (Read Only Memory) に書き込まれる
	データ領域 (RAM)	可変データを格納するための領域。プログラム実行中に変化するため、読み書きできるRAM (Random Access Memory) に書き込まれる。電源オフ後も維持する(永続化する)必要があるデータは不揮発性のSRAM (Static RAM) に格納される
周辺回路		マイコンの入出力などの周辺機能を担当する回路を指す。 ・A/Dコンバータ(Analog to Digital Converter) ・D/Aコンバータ(Digital to Analog Converter) ・PWM(Pulse Width Modulation) ・RTC(Real Time Clock) ・GPIO(General Purpose I/O)
タイマ (timer)		経過時間や一定周期に応じて処理を定期的に実行するためのしくみ ・ユーザーが設定するタイマ ・ウォッチドッグタイマ(WDT: Watch Dog Timer)

「マイクロコントローラー」は、一般的なコンピュータのCPU、記憶装置(メインメモリ及びストレージ装置)、周辺回路に相当する機能を1つのICチップに詰め込んで自己完結的に動作するようにした"マイクロ"(微小)のコンピュータです。

マイクロコントローラーの具体例

マイクロコントローラーの具体例として「**PIC**」、「**Atmel AVR**」、「**ARMアーキテクチャ搭載マイコン**」、「**RXファミリ**」などが挙げられます。

■ マイクロコントローラーの具体例

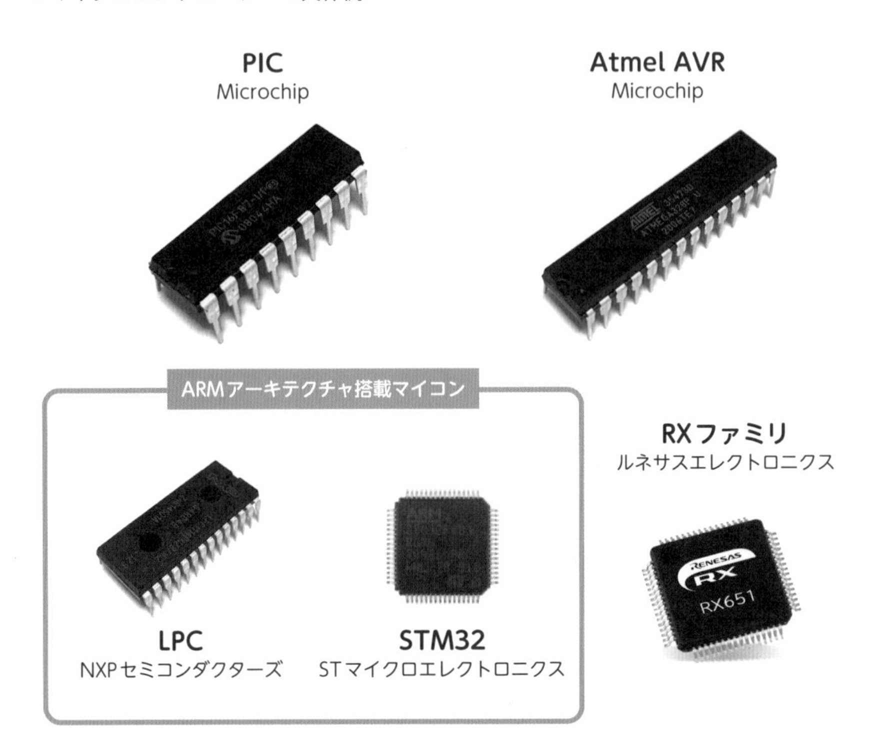

■ マイクロコントローラーの種類

種類	内容
PIC	"マイコン界"の大御所。日本でも長い歴史と圧倒的な人気を誇る
Atmel AVR	シングルボードコンピュータ「Arduino」に搭載されているマイコン
ARMアーキテクチャ搭載マイコン	英国ARM社はマイコンのハードウェアを製造せずに、マイコンの設計図を提供している。その設計図に基づいて製造されるマイコンの具体例として「LPC」や「STM32」が挙げられる
RXファミリ	和製マイコンの代表格

「マイコン界の帝王」と言えば「PIC」です。米国Microchip社製ですが、日本国内に熱烈なファンが多く、組込機器の業界で大きなシェアを誇っています。それゆえに、マイコンや技術情報を入手しやすいというメリットもあります。

「PIC」以外には、ARM社の設計図に基づいて製造された「ARMアーキテクチャ搭載マイコン」が挙げられます。ARM社は「ファブレス」(工場を持たない)企業であることから、マイコンの製造は他の企業が担当しています。この「ARM社の設計図」(「IPコア」と呼ばれる。IPは「Intellectual Property(知的資産)」を意味する)を用いたマイコンは、スマートフォン用のマイコンとして90%以上のシェアを誇っています。

日本国産のマイコンとしては、ルネサスエレクトロニクス製の「RXファミリ」が有名です。ルネサスは日本の老舗ということもあり、「RXファミリ」は根強いファンに支えられています。

マイクロコントローラーの低電力化

IoTデバイスは、電源を確保できる屋内だけではなく、電源の確保が困難な野外における運用も想定されます。野外の場合は、IoTデバイスのバッテリー駆動(ソーラー充電の併用を含む)を求められることが多いため、マイコンの消費電力を少しでも削減する必要が出てきます。マイコンの低電力化の手法として「**動作速度の低下**」と「**不要な機能の停止**」があります。

電源を確保できない

室内と異なり野外では「電源を確保できない」という制約があります。野外に電源コンセント(AC/DC電源)はないため、基本的に、IoTデバイスはバッテリー駆動となることが多くあるほか、バッテリーとソーラー充電との併用もありえます。バッテリーの容量には上限があるため、IoTデバイスの長時間駆動を考えると、「省電力の徹底」が必須です。無入力時のスリープ機能に加えて、バッテリー残量逼迫時のフェイルセーフ(バッテリー切れで、システムが急にダウンしないようにする対策)も検討する必要があるでしょう。

・**動作速度の低下**

マイコンの「動作速度」と「消費電力」はトレードオフの関係にあります。マイコンの動作速度が速いほど電力消費が激しくなり、反対に動作速度を落とせば低電力化につながります。

■ マイクロコントローラーの低電力化①（動作速度を落とす）

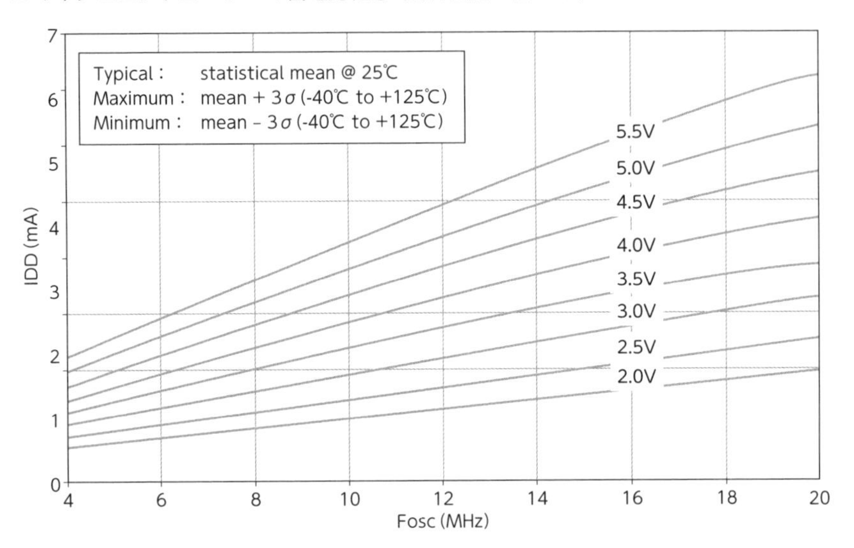

出典：「Microchip PIC16F87/88 Data Sheet」

「動作速度（CPUのクロック周波数）」を、運用に支障がないようなギリギリのレベルまでに抑えるようにします。

・**不要な機能の停止**

汎用性を確保するために、マイコンにはさまざまな機能が搭載されています。よって、用途によっては、マイコンに搭載されている機能すべてが必要ではないことがあります。あるいは、「ユーザーの操作待ち」の場合など、「常時100%フルパワー」で稼働しなくて済む（低電力の「休眠」状態で対応できる）ことがあります。一般的なマイコンには、電力消費を抑えて「休眠」状態で駆動する機能があります。

■ マイクロコントローラーの低電力化②（不要な機能は停止する）

「STM32ファミリ」の主な低消費電力モード

	Standby	Stop	Sleep	低電力Run	Run
CPU	×	×	×	△	○
周辺機能	×	×	○	△	○
RAM	×	データ保持のみ	○	△	○

消費電力

○＝高速動作、△＝低速動作、×＝クロック供給停止

パソコンと同様に、「Standby」（待機）や「Sleep」（休眠）などの低電力駆動用のモードを駆使することで、マイコンの消費電力を抑えることが可能です。

マイコンのモードに応じて、機能ごとに「動作速度の低下」あるいは「クロック供給の停止（動作の停止）」が行われます。

まとめ

- 「マイクロコントローラー」（マイコン）は、一般的なコンピュータのCPU、記憶装置（メインメモリ及びストレージ装置）、周辺回路に相当する機能を1つのICチップに搭載したものを指す
- マイクロコントローラーの具体例として「PIC」、「Atmel AVR」、「ARMアーキテクチャ搭載マイコン」、「RXファミリ」が挙げられる
- マイクロコントローラーの低電力化の手法として「動作速度の低下」と「不要な機能の停止」がある

14 シングルボードコンピュータ ～IoT開発とプロトタイピング～

IoT普及を大きく促進した立役者が「シングルボードコンピュータ」です。技術革新により、コンピュータの小型化・低価格化・高性能化が加速し、20世紀の頃は夢であった「どこでもコンピュータ」の時代が到来しました。

シングルボードコンピュータの概要

「**シングルボードコンピュータ**」(single board computer) は、小型マザーボード搭載の自己完結型のコンピュータです。「シングルボード」という名前の通り、単一の基板で構成されます。

■ シングルボードコンピュータの概要

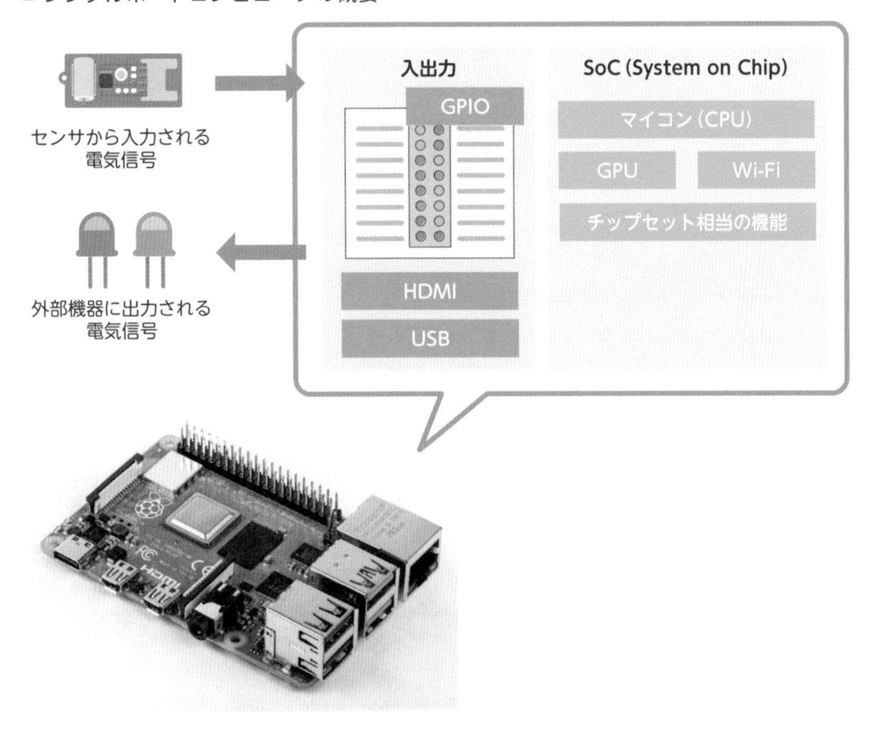

外観上は無機質な基板が剥き出しの状態ですが、この基板1つで自己完結しています。「シングルボードコンピュータ」の基本的な構成要素として「**SoC(System on Chip)**」と「**入出力**」があります。

■ シングルボードコンピュータの基本的な構成要素

構成要素	内容
SoC (System on Chip)	シングルボードコンピュータの処理全般を担当する"All in one"型の集積回路である。「システムLSI」と呼ばれることもある。下記の構成要素が単一の集積回路に含まれている ・マイコン(CPU) ・GPU ・Wi-Fi ・チップセット相当の機能
入出力	シングルボードコンピュータの入出力を担う機能である。下記の入出力を搭載することが多い ・GPIO (General Purpose I/O) ・HDMI (High-Definition Multimedia Interface) ・USB (Universal Serial Bus)

「SoC」は**Sec.13**で説明した「マイコン」相当の機能に加えて、「GPU」(画像処理用)、「Wi-Fi」(無線通信用)、「チップセット相当の機能」(周辺回路の制御など)も単一の集積回路に搭載しています。大雑把に言えば、「SoC」は「パソコンのマザーボードに搭載されているICチップ群一式を、単一のICチップにまとめたもの」です。

シングルボードコンピュータの入出力で特筆すべきは「GPIO」(General Purpose I/O)です。直訳すると「汎用の入出力」となります。

「GPIO」端子を用いると、C言語やPythonなどのプログラミングによって、電気信号の入出力をソフトウェア制御できます。たとえば、入力される電圧のHigh/Lowを監視したり、出力する電圧のHigh/Lowを切り替えたりすることができます。

シングルボードコンピュータはGPIO端子経由で電流の入出力をソフトウェア制御できることから、他の機械装置と連動しやすく、IoTと親和性が高い点も特徴です。

シングルボードコンピュータの具体例

IoTデバイス向けに利用できる「シングルボードコンピュータ」が急速に普及しています。その筆頭格と言えるのが、英国発祥の「**Raspberry Pi（ラズベリーパイ）**」です。通称「ラズパイ」と呼ばれます。

■ シングルボードコンピュータの具体例①

Raspberry Pi

Raspberry Pi Zero

■ シングルボードコンピュータの具体例①の詳細

製品	特徴
Raspberry Pi	シングルボードコンピュータの代名詞と言えるほどに人気がある。英国Raspbian財団が大元締めである。元々は子供向けのIT教育の用途で開発された ・サイズ：「クレジットカード」ほど ・値段：5,000円ほど
Raspberry Pi Zero	「Raspberry Pi」の処理性能を落とし小型化した廉価版である。 ・サイズ：「ミントタブレット」ほど ・値段：500円ほど

「Raspberry Pi」が革新的な点は、本格的なOSを搭載していることにあります。Raspberry Piの標準OSは「Raspberry Pi OS」と呼ばれる「Debian Linux」系のOSです。つまり、Raspberry Piは小型かつ安価（500円程度）でありながらも「本格的なLinuxマシン」なのです。換言すれば「ワンコインでパソコンが買える」

時代が到来したということです。

「シングルボードコンピュータ」はRaspberry Pi以外にも「**Arduino**」、「**Jetson Nano**」、「**BeagleBone**」、「**mbed**」が挙げられます。

■ シングルボードコンピュータの具体例②

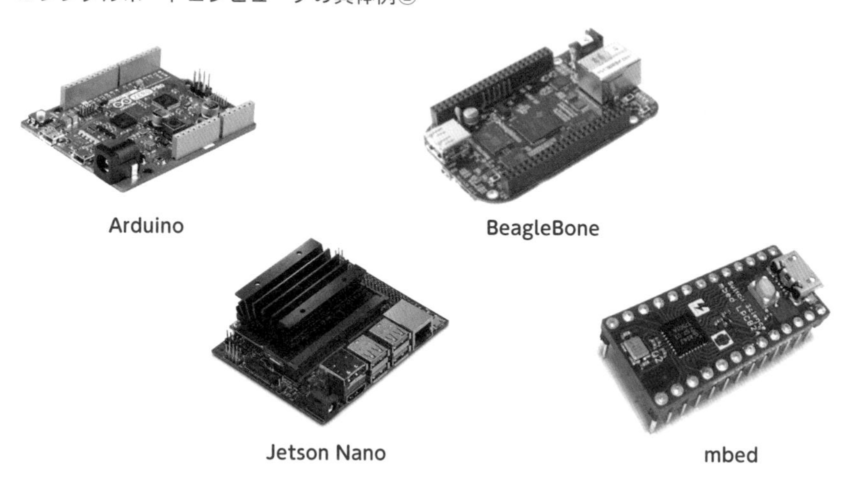

■ シングルボードコンピュータの具体例②の詳細

製品	特徴
Arduino	オープンソースのハードウェア。イタリア発祥である。回路図（設計データ）が公開されており、誰でもハードウェア製造ができる
Jetson Nano	人工知能処理を得意とする。GPU開発で有名な「NVIDIA」が開発した
BeagleBone	オープンソースのハードウェア。「テキサス・インスツルメンツ（TI）」が開発した
mbed	OSに依存せずブラウザ上で動作する「オンラインIDE」を備えている

「シングルボードコンピュータ」で目立っているのは、民生用で大々的に売り出している「Raspberry Pi」や「Arduino」などです。

とは言え実際には、IoTデバイスにおける最大勢力は、純国産の「TRON系OS」搭載デバイスです。たとえば、「**IoT-Engine**」は「TRON系OS」を搭載した小型モジュールです。

■「TRON系OS」搭載デバイスの例

IoT-Engine

出典：http://monoist.atmarkit.co.jp/mn/articles/1512/07/news106.html

「TRON」は坂村健氏が開発したIoTに特化したOSです。坂村健氏はIoTが流行るよりも遙かに昔の「ユビキタス・コンピューティング」(どこでもコンピュータ）の研究で有名でした。「TRON」は民生用（一般人の目に触れるパソコン用OS）としては普及しませんでしたが、小惑星イトカワの破片を持ち帰った小惑星探査機「はやぶさ」のような、産業機械に搭載するリアルタイムOSとしては成功しました。

プロトタイピングの実践

「シングルボードコンピュータ」はそのまま実製品に採用されることもありますが、製品設計時の検証（「**プロトタイピング**」）のために用いられることが多くあります。「プロトタイピング」の際には、「シングルボードコンピュータ」だけでなく「**FPGAボード**」や「**ブレッドボード**」を併用することもあります。「プロトタイピング」を完了して最終製品の仕様が最終確定した段階で、大量生産（量産）することを想定した「**ASICボード**」を製作します。

「ASICボード」は仕様（設計）が完全に確定した基板であり、大量生産する量産品に適用されます。設計に誤りがあった場合は、製造した量産品すべてが無駄（不良在庫）になる恐れがあります。よって、「ASICボード」の仕様を確定するための「プロトタイピング」は慎重に行う必要があります。

■ プロトタイピングの実践

検討（動作評価）用の試作品

大量生産する量産品

シングルボードコンピュータ

ASICボード

FPGAボード

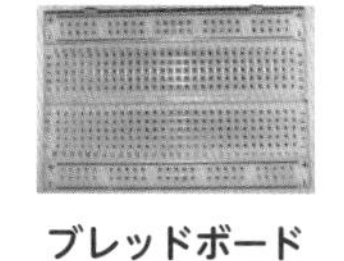

ブレッドボード

■ プロトタイピングの実践の詳細

製品	特徴
シングルボードコンピュータ	プログラミング言語で実装する「ソフトウェア処理」を試行錯誤する際に用いる
FPGAボード	電子回路で実装する「ハードウェア処理」（画像処理や暗号化処理など）を試行錯誤する際に用いる
ブレッドボード	「シングルボードコンピュータ」や「FPGAボード」でカバーしきれない電子回路や操作部（ボタンやスイッチなど）を手組みする
ASICボード	基板1枚のみで機能的に自己完結させる

まとめ

- **「シングルボードコンピュータ」は、小型マザーボード搭載の自己完結型のコンピュータである**
- **「シングルボードコンピュータ」の代表例として「Raspberry Pi」や「Arduino」が挙げられる**
- **プロトタイピングのために「シングルボードコンピュータ」、「FPGAボード」、「ブレッドボード」が用いられる**

15 プロトタイピングのためのデバイス ～ArduinoとRaspberry Pi～

シングルボードコンピュータの二大巨頭と言えるのが「Arduino」と「Raspberry Pi」です。両者はプロトタイピングの用途で利用されますが、実際の製品にそのまま搭載されることも増えてきています。

Arduinoの概要

Arduinoの設計思想は「Simple is best」に徹しています。Arduinoマイコンボード本体には必要最低限の機能しか搭載されていません。

■ Arduinoの概要

イタリア発祥

マイコンは「Atmel AVR」

オープンソースのハードウェア

プログラムはC言語風であり、「スケッチ」と呼ぶ

開発環境は「Arduino IDE」

コンパイルした「スケッチ」をArduinoに書き込む

OSは搭載していない

A/Dコンバーター搭載

シングルタスク駆動

拡張基板は「シールド」と呼ぶ

マイクロコントローラー：ATmega328P
クロック周波数：16MHz
Flash Memory：32KB（0.5KBはブートローダー用）
SRAM：2KB　EEPROM：1KB

出典：https://store.arduino.cc/usa/arduino-uno-rev3

近年のパソコンの水準と比べると、Arduinoのハードウェア性能は極めて貧弱と言えるでしょう。OSを駆動できるだけの性能を有しておらず、単一のプログラムの駆動（シングルタスク）に留まります。その代わり、シンプルさを突き詰めることでプログラミングがしやすく、かつ、性能を抑えることで省電力を実現していることから、Arduinoは簡素な機能を実現するIoTデバイスに適しています。

Raspberry Pi の概要

Raspberry Piの設計思想は「安価な小型パソコン」です。Raspberry Pi は「Raspberry Pi OS」（Linux系OS）に対応しているため、基本的には、一般的なパソコンと同等の処理を実現できます。

■ Raspberry Piの概要

英国発祥

SoCは「ARMアーキテクチャ」

サイズが小型
（クレジットカードとほぼ同じ）

プログラミング言語は
「Python」に最適化されている

価格が安い
（10,000円未満）

GPIOピン
（電流の入出力を制御できる）

標準OSは「Raspberry Pi OS」
（Linux系）

GPUやHDMIを標準搭載

マルチタスク駆動

Wi-FiやBluetoothを標準搭載

マイクロコントローラー：Broadcom BCM2711、
Quad core Cortex-A72 (ARM v8) 64-bit SoC
クロック周波数：1.5GHz
ストレージ領域：SDカードの容量に依存
SRAM：2GB、4GB、8GBのいずれか

出典：https://www.raspberrypi.org/products/raspberry-pi-4-model-b/specifications/

「Raspberry Pi 4」のハードウェア仕様は、クアッドコア（CPUコア4つ）のSoC、及び、潤沢なメインメモリ（最大8GB）を搭載しており、「シングルボードコンピュータ」としては贅沢な仕様になっています。Arduinoと比較すると、文字通りに“桁違い”の性能差です。そのため、「エッジコンピューティング」を行う場合は「Raspberry Pi 4」を活用できます（「エッジコンピューティング」の詳細は**Sec.19**を参照）。

「Raspberry Pi 4」と「**Intel Neural Compute Stick 2**」（Intel NCS2）を併用すれば、「Raspberry Pi 4」で人工知能処理（ディープラーニング）を行うことが可能となります（「ディープラーニング」の詳細は**Sec.34**を参照）。「Intel NCS2」は人工知能処理に特化したGPUを搭載した「Raspberry Pi」用の周辺装置です。

■ Intel Neural Compute Stick 2

「エッジコンピューティング」の究極とも言える人工知能処理を、シングルボードコンピュータである「Raspberry Pi 4」で実現できるのは画期的な技術革新です。コンピュータが行う処理の中で、人工知能処理は最も負荷が高い部類に入ります。一昔前であれば「スーパーコンピュータ（スパコン）」で行っていたような計算量が多い処理を、「Raspberry Pi 4」で行えるようになったのです。

ArduinoとRaspberry Piの使い分け

ArduinoとRaspberry Piはライバル扱いされることがあります。実際には、ハードウェア性能やOS有無といった相違点が大きいため、用途に応じて、ArduinoとRaspberry Piを使い分ける必要があります。

実際に使用すると、Arduinoは「単純なマイコン」の感覚で使えるのに対して、

Raspberry Piは「複雑なパソコン」という印象です。

両者の使用感の違いがよくわかるポイントが「電源ブチ切り」です。一般的に、OS搭載のパソコンは電源ブチ切りが許されません。電源ブチ切りによって、ファイル破損の恐れがあるからです。ArduinoはOSを搭載していないので電源ブチ切りに耐えられるのに対して、Raspberry PiはOSを搭載しているため電源ブチ切りに対して脆弱です。実際に、Raspberry Piの「電源ブチ切り」をしてしまった結果として、Raspberry Piに差し込んだSDカード内のデータが破損するという問題が発生しています。よって、Raspberry Piは高性能で複雑な処理ができる反面、電源ブチ切りのような課題に対処する必要が出てきます。

■ ArduinoとRaspberry Piの使い分け

Arduino
シンプルな「マイコン」

Raspberry Pi
高性能な「パソコン」

Arduino	Raspberry Pi
ハードウェア寄り	**ソフトウェア寄り**
自由度は低いが、手軽に扱える	自由度は高いが、取っつきにくい
ハードウェア性能は低め	ハードウェア性能は高め
消費電力は低め	消費電力は高め
OS搭載なし	「Raspberry Pi OS」(Linux系)を標準搭載
開発環境は「Arduino IDE」で固定	開発環境は自由
シングルタスク駆動	マルチタスク駆動
電源ブチ切りは問題ない	電源ブチ切りに弱い

まとめ

- **Arduinoの設計思想は「Simple is best」である**
- **Raspberry Piの設計思想は「安価な小型パソコン」である**
- **ハードウェア性能やOS有無といった相違点が大きいため、用途に応じて、ArduinoとRaspberry Piを使い分ける必要がある**

16 IoTゲートウェイ ～クラウド時代の通信機器～

IoTの発展に伴い、IoTデバイスの台数が増大し、IoTデバイスのWAN接続も増加しています。個別のIoTデバイスをWAN接続するのは非効率であるため、WAN接続の仲介役として「IoTゲートウェイ」を活用します。

IoTゲートウェイの概要

「**IoTゲートウェイ**」(IoT gateway) は、インターネット (クラウド) に直接的に接続する機能を有しないIoTデバイスに用いられる仲介役の通信装置です。

一般的に、「インターネット」は「WAN」(Wide Area Network) とも呼ばれます。文字通りの「世界規模の広域ネットワーク」だからです。そのWANに接続するための通信規格 (「ADSL」や「光回線」など) は、「LAN」(Local Area Network) という「狭い範囲を対象とした構内ネットワーク」用の通信規格 (「Wi-Fi」など) と異なります。よって、狭い範囲の「LAN」と広い範囲の「WAN」の仲介役となる「IoTゲートウェイ」が求められるわけです。

■ IoTデバイスのWAN接続の課題

項目	内容
コスト	WAN接続のIoTデバイスの台数が増加するほど、コスト (初期投資額や通信料など) が跳ね上がる
効率	構内のIoTデバイスの台数が膨大になってくると、個別のIoTデバイスをWAN接続させるのは効率が悪い

そこで、複数のIoTデバイスのWAN接続をまとめて「IoTゲートウェイ」に肩代わりさせることで、コスト削減や通信効率化を図ります。

WAN接続を「IoTゲートウェイ」に集約することで、下記の効果が得られます。

・IoTデバイスの台数分の「WAN用通信装置」(SIMカードを含む) を準備する必要がない。

・WAN通信は「IoTゲートウェイ」に集約した方が通信料を削減できる場合がある。その理由は、WAN接続のIoTデバイスの台数に応じて、通信料を「従量課金」される契約形態が存在するからである。
・IoTデバイスの台数によらずWAN通信を1つに集約できることから、通信経路が単純化される。

現実問題として、IoTデバイスの台数は膨大になることが想定されるため、個々のIoTデバイスに対して「WAN用通信装置」(SIMカードを含む)を準備するのも膨大な手間です。その手間が省けるだけでも「IoTゲートウェイ」の意義があると言ってよいでしょう。

■ IoTゲートウェイの使用例

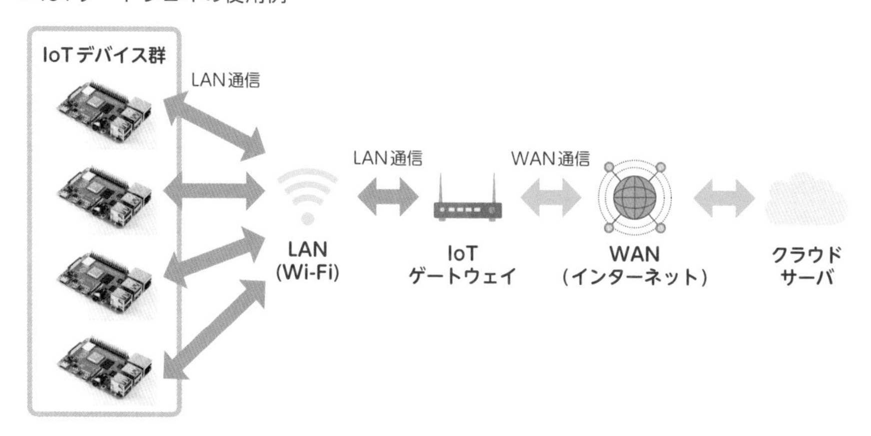

まとめ

- 「IoTゲートウェイ」は、WAN接続機能を有しないIoTデバイス用に用いられる仲介役の通信装置である
- 「IoTゲートウェイ」は「通信料を要するWAN通信を必要最小限に抑えたい」というニーズに応える
- 複数のIoTデバイスのWAN接続を「IoTゲートウェイ」に代行させることで、コスト削減や通信効率化を図る

17 IoTデバイスのためのプログラミング ～多種多様なプログラミング言語～

IoT化は「ハードウェアのソフトウェア化」と言い換えることができます。ハードウェア制御を担うのが「ハードウェア」(電子回路) から「ソフトウェア」(ファームウェア) に移行するのに伴い、プログラミングの重要性が増しています。

プログラミングの概要

各種センサからの計測結果を取得して、計測値をしかるべき形式に変換した後、クラウドサーバにアップロードするという一連の処理の流れを実現するためには、「**プログラミング**」(programming) を行う必要があります。「ソフトウェア開発≒プログラミング」と解釈されがちですが、「プログラミング」は「ソフトウェア開発」のための工程の1つ (実装工程) にしか過ぎません。センサ関連の処理のために行う「プログラミング」の構成要素をまとめましょう。

■ プログラミングの概要

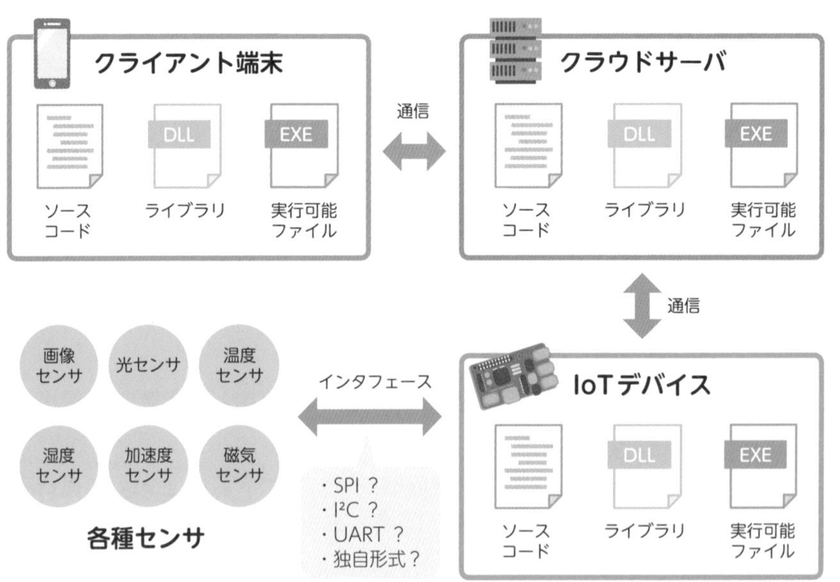

・ソフトウェアの構成要素

一般的に、ソフトウェアの主な構成要素として「ソースコード」、「ライブラリ」、「実行可能ファイル」が挙げられます。

■ ソフトウェアの主な構成要素

構成要素	内容
ソースコード (source code)	・プログラミング言語による処理を記述したテキストファイル ・「ソースファイル」(source file) とも呼ばれる ・ソースコードを記述することは「コーディング」(coding) と呼ばれる
ライブラリ (library)	・ソースコード内部から呼び出せる共通処理が実装されているファイル ・テキストファイルまたはバイナリファイルである ・ソフトウェア実行時にソフトウェアから呼び出される (「動的リンク」される) ライブラリは「**DLL**」(Dynamic Link Library) と呼ばれる
実行可能ファイル (executable file)	・「ソースコード」を「ビルド」(build) した結果として生成されるバイナリファイル ・実際に実行されるプログラムの本体に相当する

・ソースコードのビルド

「実行可能ファイル」を生成するためには「ソースコード」を「ビルド」する必要があります。「ビルド」のプロセスは「コンパイル→アセンブル→リンク」です。なお、ややこしい話ですが、「ビルド」を (広義の)「コンパイル」と呼ぶ場合もあります。

■「ビルド」のプロセス

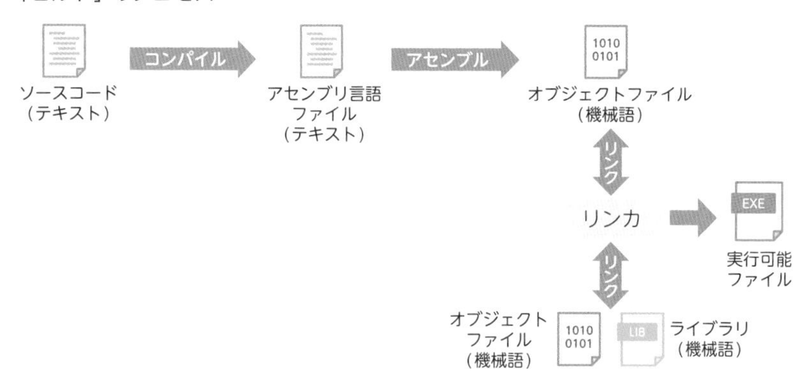

■ビルドのプロセスの詳細

処理	動作主体	説明
コンパイル (compile)	コンパイラ (compiler)	・「ソースコード」から「アセンブリ言語ファイル」を生成する ・ビルドのプロセスの一環としての（狭義の）「コンパイル」である
アセンブル (assemble)	アセンブラ (assembler)	「アセンブリ言語ファイル」から「オブジェクトファイル」を生成する
リンク (link)	リンカ (linker)	・「オブジェクトファイル」をライブラリや他のオブジェクトファイルとリンク（連結）して、「実行可能ファイル」を生成する ・ビルド時に行うリンクは「静的リンク」と呼ばれる

「コンパイル」（コンパイラ）や「アセンブル」（アセンブラ）の詳細は**Sec.45**にて述べます。ビルドが「コンパイル→アセンブル→リンク」という処理の流れで実施されることを抑えておきましょう。

・ライブラリの概要

ライブラリは自作することも可能ですが、自分以外の「第三者」（「サードパーティー」（third party）とも呼ぶ）が開発したライブラリを活用することができます。

たとえば以下のようなライブラリが挙げられます。

・OS標準搭載の汎用ライブラリ（OSの内部的な処理を行うためのライブラリ）
・インターネット上で公開されているオープンソース（open source）のライブラリ

プログラミングの鉄則は「車輪の再発明をしない」（他の誰かが開発済みのものを再び開発しないようにする）ことです。一般公開のライブラリは不特定多数の目に触れることから、品質が磨かれていきます。ライブラリを自作するよりも、"磨かれた"ライブラリを活用（流用）する方がプログラミング工数の削減につながります。

・**「テキストファイル」と「バイナリファイル」**

コンピュータで扱うファイルは「**テキストファイル**」(text file) と「**バイナリファイル**」(binary file) の2種類に大別されます。

「テキストファイル」は人間が理解できる「自然言語」形式 (日本語や英語などによる文章で構成される) であるのに対して、「バイナリファイル」はコンピュータが理解できる「機械語」(machine language) 形式 (0と1の羅列による数値 [binary] で構成される) のファイルです。

端的に言うと、バイナリファイルはテキストファイル以外のファイルを指します。

コンピュータ (電子計算機) が直接的に解釈 (処理) できるのは「機械語」形式のみです。

そこで、テキストファイルは「自然言語」(文字) を「機械語」(数値) に対応づける「文字コード」(character code) を用いて記述されています。たとえば、「ASCII」という文字コードの場合、"U"という文字は85 (16進数で0x55) という数値に対応します。

基本的には、人間が中身を直接的に編集 (閲覧) する必要があるファイルはテキストファイルであり、それ以外のファイルはバイナリファイルです。

プログラミングの場合、開発者が中身を編集する必要がある「ソースコード」はテキストファイルであり、その「ソースコード」をビルドした結果として生成される「実行可能ファイル」はバイナリファイルです。

プログラミング言語の具体例

人間が話す言語と同様に、「**プログラミング言語**」(programming language) も多種多様です。「プログラミング言語」は人間のニーズ (ユースケース) に応じて細分化されてきました。おのおのの「プログラミング言語」には一長一短の個性があります。

IoTと関連する「プログラミング言語」の具体例を示します。

■ プログラミング言語の具体例

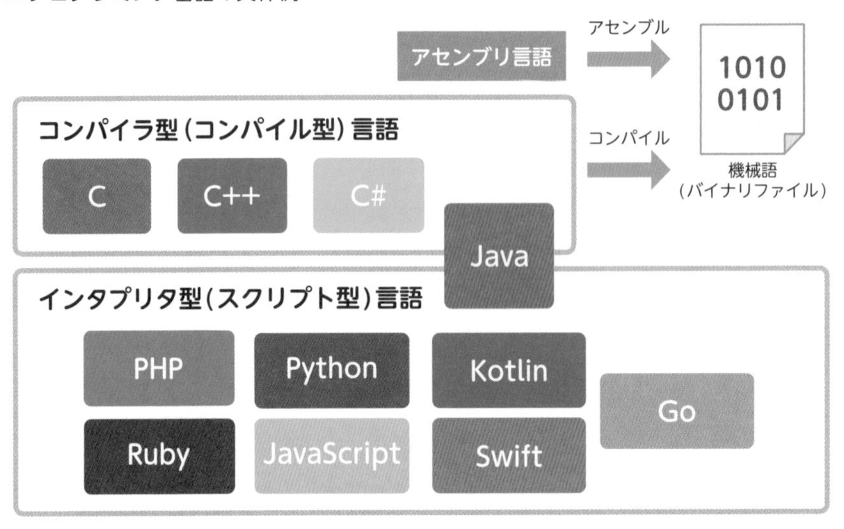

列挙した言語の中では「**アセンブリ言語**」（assembly language）だけが異質です。「アセンブリ言語」は「低級言語（低水準言語）」になるのに対して、それ以外のプログラミング言語は「高級言語（高水準言語）」になります。

■ 低級言語と高級言語

種類	特徴
低級言語 （低水準言語）	・コンピュータが処理しやすい記述である ・バイナリの「機械語」である ・機械語の記述と1対1で対応したテキストの「アセンブリ言語」も低級言語に分類される ・記述の抽象度が低く、ハードウェア仕様（CPUやメモリなど）への依存度が高い
高級言語 （高水準言語）	・人間が読みやすい（理解しやすい）記述である ・テキストの「自然言語」である ・記述の抽象度が高く、ハードウェア仕様（CPUやメモリなど）を意識することが少ない

コンピュータが直接的に処理できるのは「機械語」のみであり、「高級言語」で記述されたソースコードをそのままの形で処理することはできません。よっ

て、「高級言語」のソースコード（テキストファイル）を「機械語」の実行可能ファイル（バイナリファイル）に変換するプロセスが必須となります。

「機械語」への変換の観点で分類すると、プログラミング言語は「**コンパイラ型（コンパイル型）言語**」と「**インタプリタ型（スクリプト型）言語**」に大別されます。

■ コンパイラ型言語とインタプリタ型言語

種類	特徴
コンパイラ型 （コンパイル型）	・ソフトウェア実行の準備として、（広義の）「**コンパイル**」（compile）という作業を要する代わりに、処理速度に優れる ・人間が読める自然言語のソースコードをコンパイルして、コンピュータが処理可能な機械語の「実行可能ファイル」を生成する ・コンパイルは「組立」を意味する ・ソースコードの全行が一気にコンパイルされる ・ソースコードの記述不備があるとコンパイルに失敗する。見方を変えれば、コンパイルに成功する条件は「ソースコード全行に記述不備が一切ないこと」である
インタプリタ型 （スクリプト型）	・「コンパイル」を要さずにソフトウェアを実行できる代わりに、処理速度に劣る ・テキスト形式のソースコードを「1行ずつ」機械語に解釈（翻訳）していく ・「インタプリタ」（interpreter）は「翻訳者」を意味する ・記述不備がある行に到達するまで、プログラムが動作し続ける。見方を変えれば、「プログラムがエラー終了するまで、記述不備に気付けない」ことがある

「コンパイラ型」と「インタプリタ型」の特徴を大雑把にまとめると「コンパイラ型は、処理速度は速いがコンパイルが面倒」であるのに対して「インタプリタ型は、実行は手軽だが処理速度は遅め」であるということになります。

◎ プログラミング言語の使い分け

プログラミング言語には得手不得手による個性があり、全知全能のプログラミング言語は存在しません。よって、プログラミング言語は用途に応じて使い分けることになります。大雑把ではありますが、プログラミング言語の使い分けの一例を示します。

なお、実際には「Rubyをクラウドサーバ向けでなくIoTデバイス向けに使う」こともありえますので、以下はあくまでも一例です。プログラミング言語は多種多様すぎて本書で網羅しきれませんが、IoTにおける代表的なプログラミング言語の例を紹介します。

■代表的なプログラミング言語の例

用途	言語	特徴
アプリケーション（モバイル端末）向け	Kotlin	Javaの簡素化を狙った言語。Androidアプリの開発に用いられる
	Swift	Apple社のiOSアプリ開発で用いられてきたObjective-Cの後継となる言語
アプリケーション（パソコン端末）向け	C#	Microsoft社の開発ツール「Visual Studio」で用いられる言語。Microsoft社製品（Windowsなど）との親和性が高い
	Java	IT業界で大きなシェアを占める言語。「Java VM」（Virtual Machine: 仮想マシン）というしくみによって、各種プラットフォーム（WindowsやLinuxなど）上でソフトウェアを動かすことができる。基本は「インタプリタ型言語」であるが、「JIT（Just-In-Time）コンパイラ」を用いることでソースコードをコンパイルすることもできる
クラウド（サーバ）向け	JavaScript	Webプログラミングで多用される「スクリプト」言語である。名称に"Java"と入っているが、Javaとの関係性は薄い（元々は全く別物の言語であった）。IoTで多用されるデータ形式の「JSON」はJavaScript発祥である
	Ruby	「まつもとゆきひろ」氏によって開発された日本産の言語である。Webプログラミングに使われてきたPerlを簡素にしたような言語である。「ISO/IEC 30170」としてISO認証を受けている
	PHP	静的な「HTML」記述の中に、動的な「PHP」処理を埋め込むような形でプログラミングできる。表示内容を動的に変えたいWebページの作成に適している
	Go	Google社が開発した言語。C++の不満点を解消する目的で開発された
IoTデバイス向け	C言語	「機械語」に近い。それゆえに処理速度に優れるが、人間にとって扱い難いとも言える。たとえば、「メモリ管理」（ポインタやメモリリーク防止など）が開発者の鬼門となりがちである
	C++	「C言語」を「オブジェクト指向」に対応させた言語。C言語の進化版と言える。「C言語」同様に処理速度に優れる
	Python	「Raspberry Pi」の標準プログラミング言語（"Raspberry Pi"の"Pi"は"Python"を意図している） 「インタプリタ型言語」である 「人工知能（AI）処理」と親和性が高く、Python用の「AIライブラリ」が数多く公開されている

　種類が多くて圧倒されそうになりますが、基本的には「C言語」がプログラミング言語の源流であり、基本中の基本と考えてよいでしょう。「C言語」に加え「オブジェクト指向」を加味した「C++」や「Java」が大きなシェアを占めています。さらに、「C言語」、「C++」、「Java」よりもプログラミングの負荷の低減（記述量の削減や文法の簡略化など）を狙った「Python」や「Ruby」も人気です。
　個々のプログラミング言語の違いは「方言」のようなものです。結局、プログラミング言語（自然言語）のソースコードは「機械語」形式のバイナリファイルに変換されるわけです。

■ プログラミング言語の使い分け

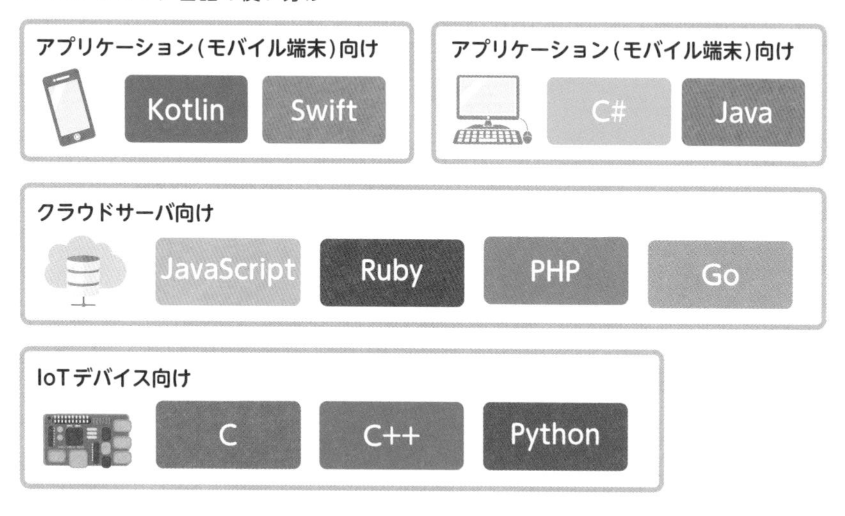

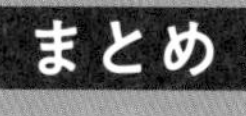

- プログラミングの鉄則は「車輪の再発明をしない」ことである
- プログラミング言語は「コンパイラ型（コンパイル型）言語」と「インタプリタ型（スクリプト型）言語」に大別される
- プログラミング言語は個性（得手不得手）があるので、用途に応じて使い分ける必要がある

18 ファームウェア設計
～IoTにおける「縁の下の力持ち」～

「ファームウェア」という用語は、知名度のわりに、その具体的な正体がとても曖昧です。ファームウェアは我々の日常生活に深く溶け込んでおり、明確に意識することはほとんどない「自明の前提」と言えるでしょう。

ファームウェアの概要

「**ファームウェア**」(firmware) は「ハードウェアに組み込まれた (内蔵された) ソフトウェア」を指します。ハードウェアを制御するための処理がプログラミングされたソフトウェアと言えます。

「ファームウェア」(firmware) は「ハードウェア」(hardware) と「ソフトウェア」(software) の中間的な性質を帯びます。「ファームウェア」はハードウェアのメモリ領域で稼働するため、「ソフトウェア」でありながらも「ハードウェア」と一心同体のように見えます。

■ ファームウェアの概要

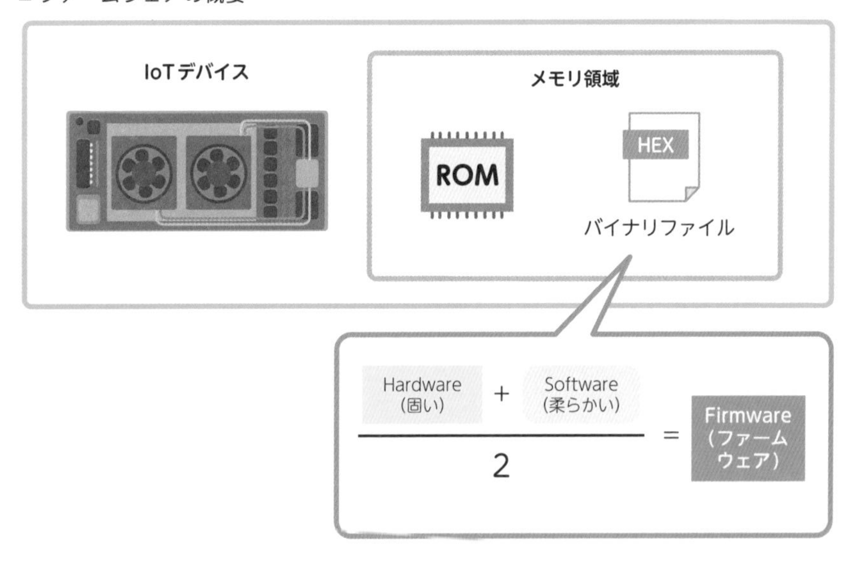

一般的に、ファームウェアはハードウェアのメモリ領域に「書き込む（プログラム）」ことになります。ハードウェアに書き込むファームウェアのデータ形式として「**Intel HEX**」という汎用的な形式（16進数のバイナリデータを記述したテキストファイル）が挙げられます。

ファームウェアの更新

ファームウェアの書き込み作業は1回きりでは済まないことが多くあります。

ファームウェアの書き込み作業を複数回行う必要がある例は下記の通りです。

- ファームウェアにバグがあるので、バグ修正版のファームウェアを書き込む必要がある。
- ファームウェアにセキュリティ上の脆弱性があるので、「セキュリティ対策パッチ」を適用する必要がある。
- 何らかの原因でファームウェアが破損したので、復旧を行う必要がある。

ファームウェアを更新する手段として考えられるのは「**クラウドサーバ**」、「**リムーバブルメディア**」、「**データ書き込み器**」です。

■ ファームウェアの更新

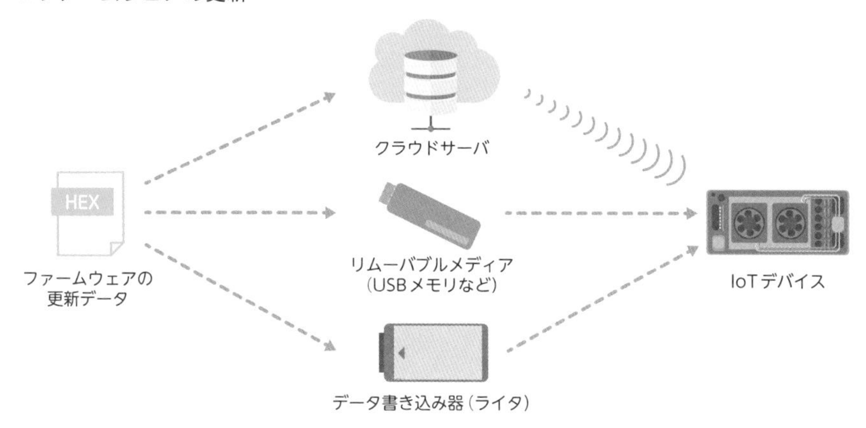

■ 更新手段と更新経路

更新手段	更新経路	説明
クラウドサーバ	遠隔通信（無線ネットワーク）	・ファームウェア更新状況の一元管理ができる。たとえば、ファームウェアのバージョン管理ができる ・ファームウェア更新に限らず、「デバイス管理」全般に応用できる。たとえば、デバイスの状態監視など
リムーバブルメディア（removable media）	現地での有人作業	・「取り外し可能な媒体」を意味する ・SDカードやUSBメモリなどを指す ・媒体の紛失盗難のリスクあり ・媒体の管理が煩雑である
データ書き込み器	現地での有人作業	・「ライタ」（writer）とも呼ばれる ・ライタが故障するリスクあり ・書き込みの並行作業時にライタの個数がボトルネックとなる

ここで留意すべき点は「IoTデバイスはアクセス困難な遠隔地（僻地）で稼働することが多い」という事実です。よって、IoTデバイスのファームウェアを更新するために物理的な更新手段を行使することは極めて困難です。

たとえば、北海道から沖縄までの日本全国に散在するIoTデバイスのファームウェアを更新するために、現地での有人作業を行うことは現実的ではないでしょう。

上記の事情を考えると、理想を言えば、「クラウドサーバ」による一括管理でファームウェアの更新を行えるシステムを構築するのが望ましいです。

開発ツールの具体例

ファームウェアを開発する際には、多種多様の開発ツールを活用することができます。と言うよりも、開発ツールなしでファームウェアを開発するのは現実的ではありません。

ファームウェアに限らず、ソフトウェア開発で多用されている開発ツールの具体例を示します。

■ 開発ツールの具体例

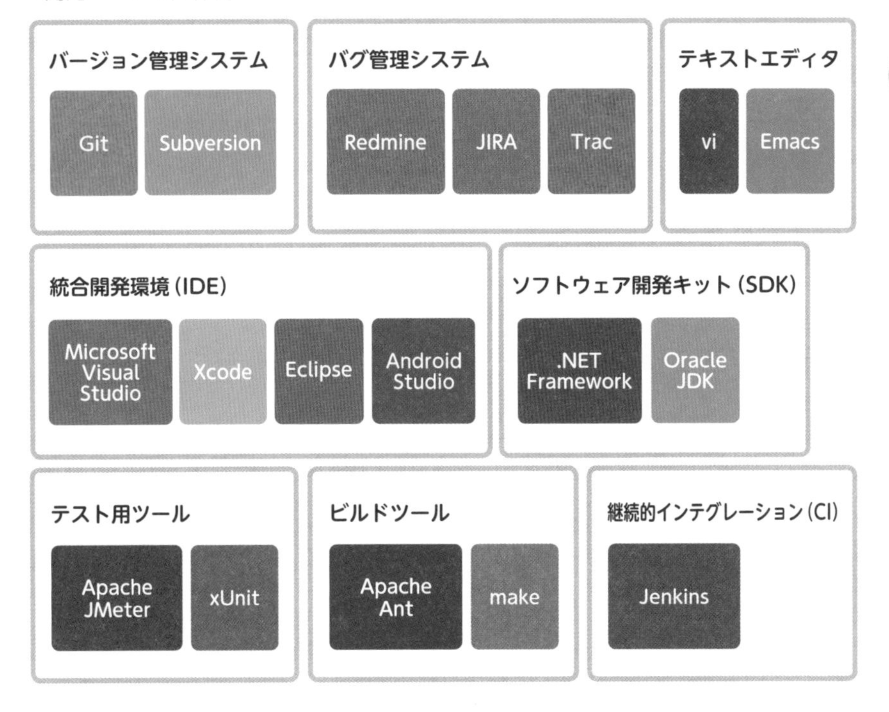

このように、開発ツールは幅広い開発作業をカバーしています。これだけの量と質の仕事を人力で済ませようとするのは現実的ではないでしょう。開発作業が成功するか否かは「開発ツールを活用できるか否か」にかかっていると言えます。

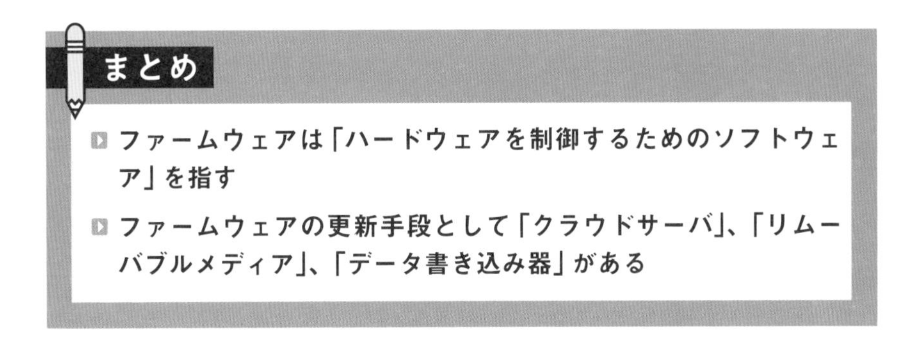

まとめ

- ファームウェアは「ハードウェアを制御するためのソフトウェア」を指す
- ファームウェアの更新手段として「クラウドサーバ」、「リムーバブルメディア」、「データ書き込み器」がある

19 エッジコンピューティング ～IoTデバイスによるリアルタイム処理～

IoTデバイスの「クラウドサーバ連携」と相反するように見えるのが「エッジコンピューティング」です。「エッジコンピューティング」はクラウドサーバと連携しないのではなく、クラウドサーバに依存しすぎないための工夫です。

「リアルタイム処理」の定義

IoTの中でも即時性を強く求められるユースケース（利用シーン）の場合、IoTデバイスの「**リアルタイム処理**」（real time processing）が必須です。たとえば、工作機械の制御や自動車の自動運転は「リアルタイム処理」を行う必要があります。リアルタイム処理の「リアルタイム」とは「即時」あるいは「実時間」を意味します。この「リアルタイム」の意味を踏まえると、リアルタイム処理は即時と実時間という要件を満たす処理ということになります。

■「リアルタイム処理」の要件

観点	要件	説明
処理の開始	即時	実行要求があり次第、直ちに処理が開始されること
処理の完了	実時間	動作の遅延時間なく、処理を完了できること

・処理の開始

「リアルタイム処理」に対して「**バッチ処理**」（batch processing）という処理の形態もあります。「バッチ処理」は一定タイミングが到来するまで待ってから「**一括（バッチ）**」で処理を開始します。それに対して、「リアルタイム処理」は実行要求があり次第、「**即時（リアルタイム）**」で処理を開始します。

「リアルタイム処理」の場合、タスク実行の優先順位が同じであると仮定した場合は、実行要求が先に来た順にタスクが実行されます。いわゆる「先着順方式」です。

■バッチ処理とリアルタイム処理の比較

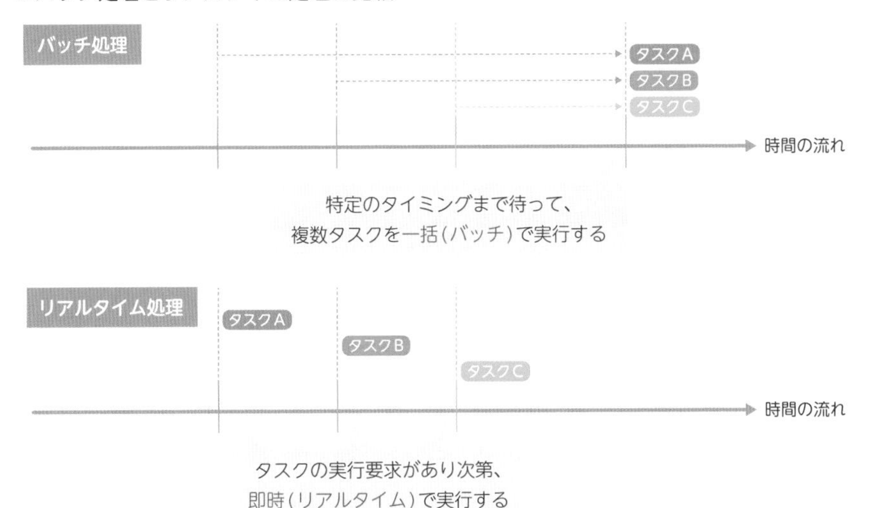

・処理の完了

処理の「**実時間（リアルタイム）**」とは「**処理時間の要件（時間制約）**」を指します。「リアルタイム処理」の要件である「**リアルタイム性**」は「動作の遅延時間なく、処理を完了できること」を意味します。

「リアルタイム性」を充足する場合と充足しない場合を比較しましょう。

■「リアルタイム性」の定義

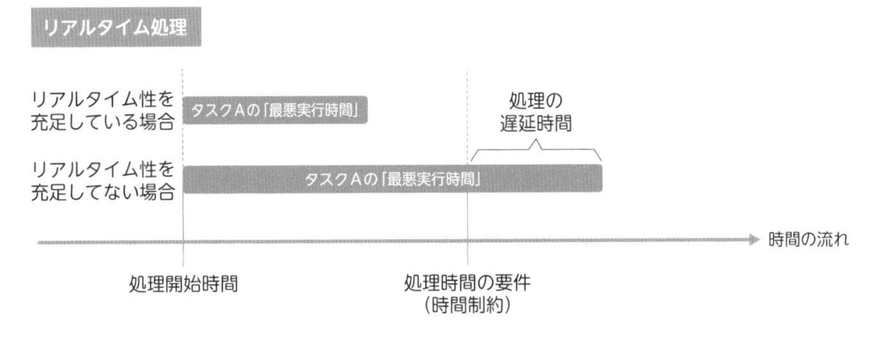

「最悪実行時間」は想定しうる処理時間の最悪値を指します。複数回実行した場合の処理時間の分散（ブレ）を考慮します。

遅延なく処理が完了する場合は、タスクAはリアルタイム性を充足しています。それに対して、処理の遅延時間が出てしまう（処理時間の要件（時間制約）を充足しない）場合は、タスクAはリアルタイム性を充足していません。

リアルタイム性の充足のためには「遅延しない」ことが必須です。

・タスクの優先順位と割り込み

単一のタスクしか稼働しない「シングルタスク」（single task）のIoTデバイス（OSなしのシングルボードコンピュータなど）においては、処理のリアルタイム性の確保が容易です。しかし、複数のタスクが同時稼働する「マルチタスク」（multi task）を前提としたIoTデバイス（OS搭載のシングルボードコンピュータなど）においては、処理のリアルタイム性を確保するための課題があります。その課題とは、複数タスク間の「優先順位」を決めることです。OSの「マルチタスク」制御機構には「割り込み」（interrupt）という機能があります。「割り込み」は下記の通り実行されます。

■「割り込み」の実行例

順番	内容
①	優先順位が低いタスクAが"実行中"状態である
②	優先順位が高いタスクBの開始要求が来る
③	優先順位が低いタスクAを中断して"待ち"状態にする
④	優先順位が高いタスクBを優先的に開始して"実行中"状態にする

■タスクの優先順位と割り込み

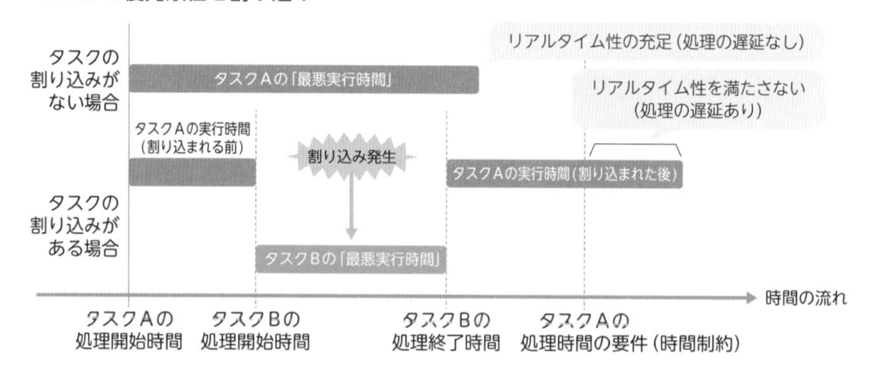

「タスクAの優先順位 < タスクBの優先順位」(タスクBが優先される) と仮定します。

タスクの割り込みがない場合は、タスクAは「最悪実行時間」を要する場合でも処理の遅延はなしです。この場合、タスクAはリアルタイム性を充足しています。

タスクの割り込みがある場合は、タスクAの"実行中"状態の時に、優先度がさらに高いタスクBに「割り込み」をかけられてしまい、結果として、タスクAの処理完了が遅延してしまいました。タスクBの「割り込み」によってタスクAの実行が中断されてしまい、タスクBの実行完了まではタスクAが"待ち"状態となるため、そのタイムラグが生じてしまったのです。この場合、タスクAはリアルタイム性を充足していません。

以上をまとめると、「マルチタスク」の場合は、タスクの優先順位と割り込みによってリアルタイム性の充足ができるか否かが変わってきます。

エッジコンピューティングの概要

IoTシステムの末端 (エッジ) に存在するIoTデバイスは「エッジデバイス」(edge device) とも呼ばれます。

複雑な計算処理をクラウドサーバに担わせるのではなくて、「エッジデバイス」単体で完結させることを「エッジコンピューティング」(edge computing) と呼びます。「川上のクラウドサーバに頼らずに、末端 (エッジ) で計算処理 (コンピューティング) してしまおう」という発想です。

「エッジコンピューティング」が必要とされる背景は「リアルタイム処理」にあります。エッジデバイスの「リアルタイム処理」を行う必要がある場合は、クラウドサーバからの応答を待っている余裕はありません。「クラウドサーバからの応答」は下記の阻害要因によって「**応答の遅延**」が生じる可能性が高いからです。

・クラウドサーバへの負荷集中
・回線の輻輳
・ネットワーク障害

■ エッジコンピューティングを行う理由

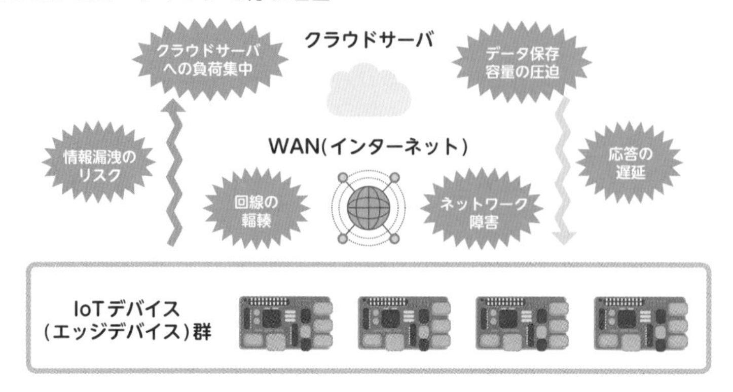

「応答の遅延」はリアルタイム性を充足できないことに直結します。よって、リアルタイム性が重要視される場合は「クラウドサーバからの応答」を待たずに処理する「エッジコンピューティング」を行うことが望ましいと言えます。「応答の遅延」による悪影響を回避すること以外に「エッジコンピューティング」を行う目的は以下の通りです。

・クラウドサーバのデータ保存容量の圧迫を抑制したい。
・通信の盗聴などの情報漏洩のリスクを減らしたい。

エッジコンピューティングの意義

エッジコンピューティングの意義をまとめましょう。エッジコンピューティングには、エッジデバイス側の処理の「**リアルタイム性の確保**」に加えて、「**クラウドサーバへの一極集中の抑止**」、「**無線通信ネットワークの混雑の抑止**」、「**セキュリティの向上**」という狙いがあります。

・クラウドサーバへの一極集中の抑止

おのおののエッジデバイスが処理を分担することで負荷の分散を行い、IoTシステムの安定性の向上を図ります。また、クラウドサーバがダウンした場合にIoTシステム全体に悪影響が及ばないようにリスク分散を図ります。

・無線通信ネットワークの混雑の抑止

おのおののエッジデバイス内で処理が自己完結することにより、クラウドサーバとの通信を必要最小限に留めることができます。通信データ量の削減につながり、無線通信ネットワークの混雑を防ぎます。

・セキュリティの向上

クラウドサーバに無線通信ネットワーク経由でデータをアップロードしている最中に、悪意の第三者がデータを盗聴するリスクがあります。また、個人情報保護法の施行により、個人を特定できるような機密性の高い情報は慎重に扱う必要があります。

たとえば、「監視カメラ」をIoT化した場合を想定すると、個人の顔、居場所、撮影時間が特定されるようなデータを処理することになります。このような個人情報が漏洩した場合の損害は計り知れないものがあります。

外部に晒されているためセキュリティ的に脆弱とならざるを得ない無線通信ネットワークに対してデータを流すことなく、機密性が高いエッジデバイス内にデータを留めておく方がセキュリティを保ちやすいと言えます。

まとめ

- **「リアルタイム処理」は、「リアルタイム性」（“即時”の処理開始と“実時間”内の処理完了）を充足する処理を意味する**
- **「エッジコンピューティング」が必要とされる背景は「リアルタイム処理」にある**
- **エッジコンピューティングの意義は「リアルタイム性の確保」、「クラウドサーバへの一極集中の抑止」、「無線通信ネットワークの混雑の抑止」、「セキュリティの向上」にある**

開発ツールのユースケース

IoT開発に利用する開発ツールは「ユースケース(目的)」別に理解するとよいでしょう。

ユースケース(目的)	説明
バージョン管理システム	ソースコードの「バージョン(版)」を管理する。一般的に、下記の機能を有する ・2つの版の間の差分を表示する ・古い版に巻き戻す ・複数人での同時作業時に更新の競合を防ぐ
バグ管理システム	ソフトウェアのテストで発見したバグ(不良)の情報を管理する。一般的に、下記の機能を有する ・バグの詳細情報を管理する。(例: 発見日時、発見者、再現条件、重大度) ・デバッグ(バグ修正)の状態を管理する。(例: 未対策/修正中/修正済)
統合開発環境 (IDE: Integrated Development Environment)	ソフトウェア開発に必要なツール一式をまとめた環境を指す。一般的には「テキストエディタ」と「ソフトウェア開発キット(SDK)」相当の機能は含んでいることが多い
ソフトウェア開発キット (SDK: Software Development Kit)	一般的な「SDK」は下記の機能を含んでいる ・コンパイラ ・標準ライブラリ(ソースコード内部から呼び出す共通処理) ・ランタイム(ソフトウェアを実行するために必要な環境)
テキストエディタ	ソースコードを編集するのに使う。ソースコードはテキストファイルであり、一般的なテキストエディタで編集可能である
テスト用ツール	ソフトウェアのテストを自動化するために使う。特に、下記のテストは自動化が進んでいる ・単体テスト(モジュール単位で処理結果をテスト) ・性能テスト(システムが耐えうる負荷の限界をテスト)
ビルドツール	複雑なシステムを「構築」(build)するには、多数のソースコードをコンパイルする必要があり、利用すべきライブラリも多岐にわたる。よって、煩雑なビルド手順はビルドツールに任せることで、ビルド作業の効率化を図る
継続的インテグレーション (CI: Continuous Integration)	集団作業時にソースコードの「統合作業」(integration)を継続的(continuous)に反復する。その目的は、複数人によるソースコード編集作業の競合や重複を抑止することである。

3章

通信技術とネットワーク環境

本章の主題である「通信技術」と「ネットワーク環境」は「IoT（Internet of Things）」における「I（Internet）」に相当します。従来型の「I（Internet）」は「高消費電力だが高容量かつ高速」（3高）な通信を追求してきました。しかし、IoTに求められる通信は「低容量かつ低速だが低消費電力」（3低）となり、従来型とは真逆になることに注意しましょう。

20 IoTで利用するネットワーク環境
～サービスにより多様化するネットワーク環境～

IoT通信は一般的なインターネット通信と似たようなものだと誤解されがちです。しかし、両者は抜本的に異なります。IoTの普及に伴って、通信に特化したIoTネットワークを提供するサービスが増えてきました。

IoTネットワークの特徴

「IoTネットワーク」の具体的な解説に入る前に、IoT通信には一般的なインターネット通信と大きく異なる点があることを理解しましょう。その相違点は「データの流れ方」です。この「データの流れ方」が正反対と言ってもよいくらいに異なっているため、一般的なインターネット通信の方法論（通信プロトコルや課金制度など）がIoT通信に通用しないことがあります。

■IoTネットワークの特徴

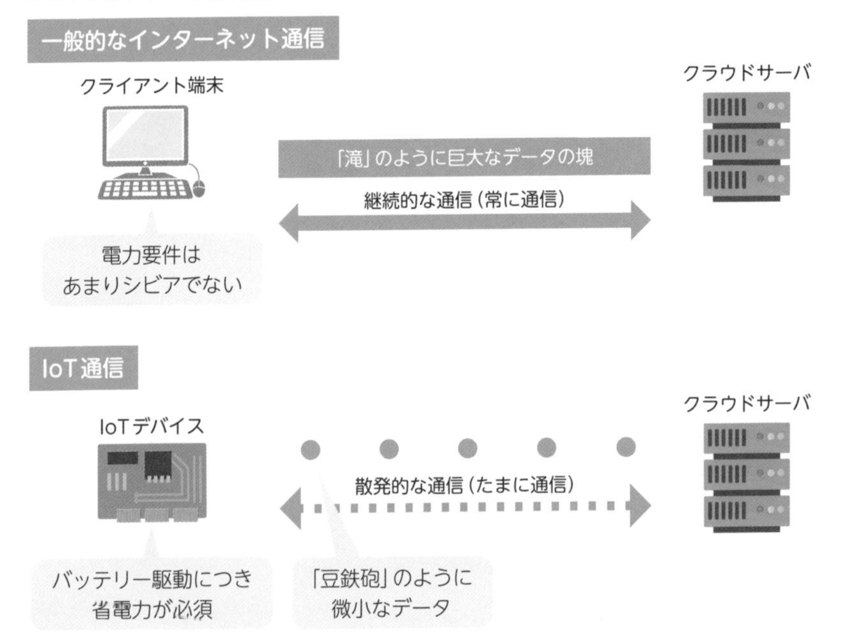

一般的なインターネット通信は、巨大なデータの塊がネットワーク回線上を「滝」のように流れ続けています。YouTubeなどの動画配信やDropboxなどのファイル共有を扱うため、巨大なデータの塊が延々と流れ続けることになります。パソコンをはじめとするクライアント端末が電源を確保できることが多いため、消費電力の要件は厳しくありません。

一方、IoT通信は「データの豆鉄砲」のようなものです。つまり、微小なデータがネットワーク回線上を散発的に流れます。IoTデバイスはセンサ計測値のような微小なデータを扱うことが多いためです。IoTデバイスは野外で稼働することが多くバッテリー駆動（ソーラー駆動も含む）せざるを得ないため、消費電力を最低限に抑える必要があります。

「データの滝」を扱うしくみでは「データの豆鉄砲」をうまく扱うことができません。「データの豆鉄砲」であるIoT通信を効率的に処理するために「IoTネットワーク」が登場しました。

IoTネットワークの要件

データの豆鉄砲であるIoT通信を扱うために必要なIoTネットワークの要件を整理します。IoTネットワークの要件は、IoTデバイスの制約（前提条件）である**膨大な台数**、**野外（僻地）での稼働**、**リアルタイム性の追求**に依存しています。

■ IoTネットワークの要件

膨大な台数	野外（僻地）での稼働	リアルタイム性の追求
低コスト	省電力	
トラフィック処理能力	広域通信	通信速度
同時接続数	信頼性	低遅延
輻輳の抑止	セキュリティ対策	

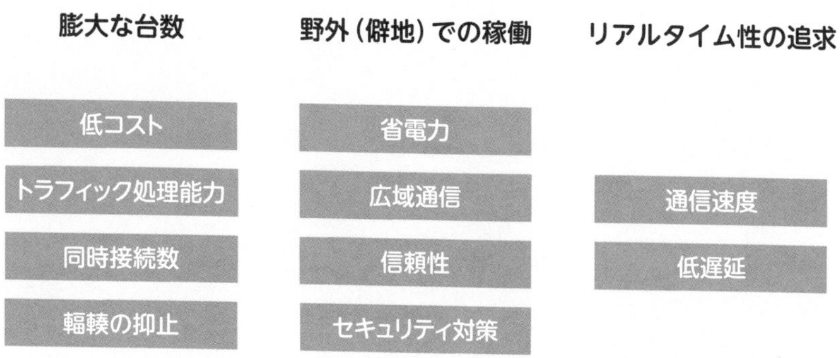

■ IoTネットワークの要件の詳細

IoTデバイスの制約（前提条件）	IoTネットワークの要件	説明
膨大な台数	低コスト	IoTデバイスは膨大な台数に及ぶため、「1台あたりの通信コスト」が総コストに跳ね返ってくる
	トラフィック処理能力	「トラフィック」（データ流通量）が増大する場合に備えて、IoTネットワークの容量（帯域幅）を十分に確保する必要がある
	同時接続数	IoTデバイスが同時接続する総数の最悪値を考慮する必要がある
	輻輳の抑止	IoTネットワーク内のIoTデバイスが増大しても「輻輳」（混雑）を抑止する必要がある
野外（僻地）での稼働	省電力	野外はバッテリー駆動（ソーラー駆動）になるため、消費電力を節約する必要がある
	広域通信	野外にはインターネット接続用設備がないので、IoTデバイス自身が長距離の無線通信を行う必要がある
	信頼性	現地でのトラブルシュートは困難であるため、トラブル発生のリスクを抑える必要がある
	セキュリティ対策	野外のIoTデバイスには監視の目が行き届きにくいため、「悪意の第三者」対策が必要である
リアルタイム性の追求	通信速度	所定時間以内にデータ送受信を完了できるだけの通信速度が求められる
	低遅延	機械制御などの用途では処理の遅延を抑える必要がある

IoTネットワーク提供サービスの具体例

IoTネットワーク提供サービスの具体例を示します。IoTに特化した通信ネットワークの総称である「LPWA」（Low Power Wide Area）も含めて、各社がさまざまなIoTネットワークを提供しており、今のところは「群雄割拠」の状況です。つまり、IoTネットワーク市場において独り勝ちしている独占企業はまだ存在しません。それゆえに、競争が激しい新興市場と言えます。

さくらインターネット株式会社が提供している「sakura.io」はIoTネットワークのみならずIoTプラットフォームもいっしょに提供する「ワンストップ」型のサービスです。「ワンストップ」型のサービスを提供する背景として「土管化を避けたい」という動機があります。「土管」とは通信インフラ（ネットワーク回線）の比喩表現です。要するに、「土管（回線）だけでは利幅が薄いので、その土管の中を流れるデータもビジネスの種にしたい」ということです。

■ IoTネットワーク提供サービスの具体例

sakura.io
（さくらインターネット株式会社）

SORACOM Air
（株式会社ソラコム）

LPWA

LoRaWAN
（センスウェイ株式会社）

Sigfox
（京セラコミュニケーションシステム株式会社）

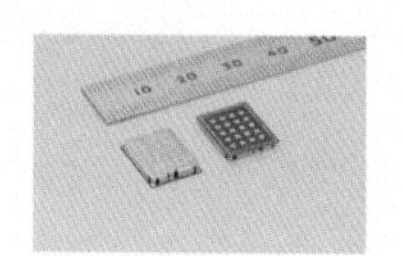

NB-IoT
（ソフトバンク株式会社）

まとめ

- **一般的なインターネット通信は「データの滝」であるのに対して、IoT通信は「データの豆鉄砲」である**
- **IoTネットワークの要件は、IoTデバイスの制約（前提条件）である「膨大な台数」、「野外（僻地）での稼働」、「リアルタイム性の追求」に依存している**
- **IoTネットワーク提供サービスは群雄割拠の状況であり、IoTプラットフォームもいっしょに提供する「ワンストップ」型のサービスもある**

21 IoTネットワークの選択 ～IoT通信のトレードオフに留意したネットワークの選択～

IoTデバイスの通信はIoTネットワークの仕様（性能）に大きく依存します。とは言え、仕様上の理論値を鵜呑みにするのではなく、実運用環境での性能テストが必須です。理論値と実測値は乖離するのが世の常です。

IoTネットワークの種類

IoTネットワークの性能を示す次元として「通信速度」と「通信距離」の2軸で整理しましょう。実際には「消費電力」も考慮すべきですが、「消費電力」は「通信速度」や「通信距離」とおおむね正比例します。つまり、「通信速度」や「通信距離」が大きいほど「消費電力」は大きくなります。

■ IoTネットワークの種類

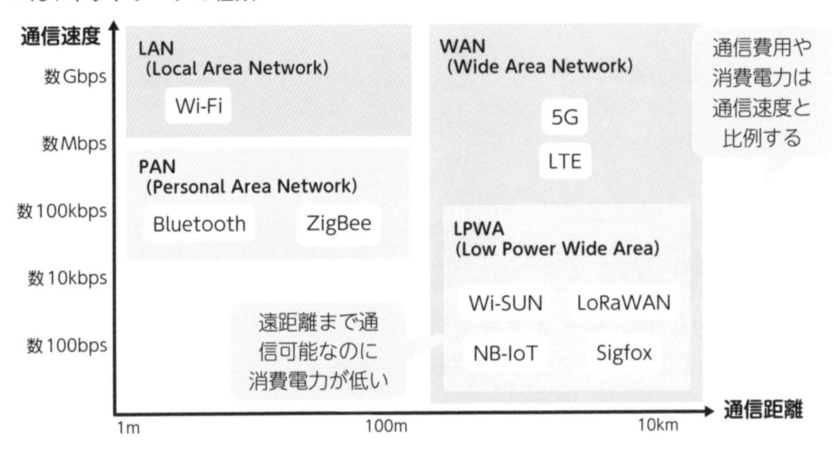

一見すると「通信速度」と「通信距離」の両方に優れた「5G」や「LTE」が最良の選択肢のように思えます。しかし、「5G」や「LTE」は「消費電力」や「通信費用」も大きいため、IoTシステム（IoTデバイス）の運用形態によっては「5G」や「LTE」を利用できない場合が考えられます。「通信速度」、「通信距離」、「消費電力」、「通信費用」の諸元はトレードオフの関係性となっています。

■「速度」「距離」「電力」はトレードオフ

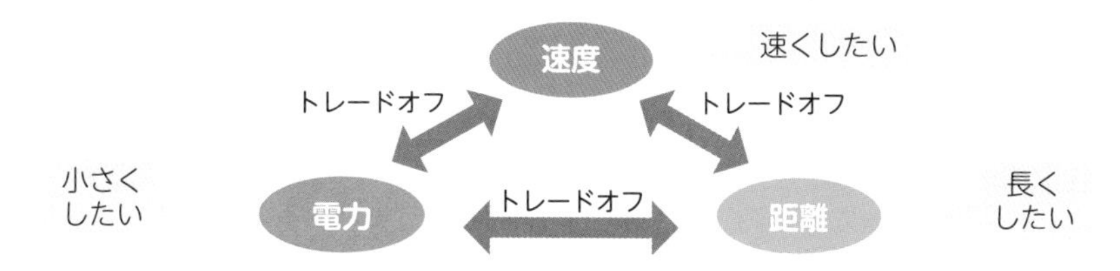

要するに「あちらを立てれば、こちらが立たず」という関係性です。各種のIoTネットワークは長所と短所が明確であることから、IoTシステムの要件に応じて使い分けることになります。IoTネットワークの「通信速度」、「通信距離」、「消費電力」、「通信費用」の一覧を示します。

■IoTネットワークの主要諸元

分類	名称	通信速度	通信距離	消費電力	通信費用
PAN	Bluetooth	1Mbps	100m	小さい（BLEは極小）	無料
	ZigBee	250kbps	数十m	極小	無料
LAN	Wi-Fi	9.6Gbps	屋外：300m程度 屋内：100m程度	大きい	無料
WAN	LTE（*1）	150Mbps	十数km程度	大きい	高価
	5G	20Gbps	LTEと同等（*2）	大きい	高価
LPWA	LoRaWAN	50kbps	十数km程度	極小	無料
	Sigfox	上り：100bps 下り：600bps	数十km程度	極小	安価
	NB-IoT	上り：63kbps 下り：27kbps	LTEと同等	極小	安価
	Wi-SUN	数百kbps	1km程度（マルチホッピング）	極小	無料

（*1）LTEの強化版である「LTE-Advanced」の通信速度は「1Gbps」である
（*2）5Gの「ミリ波」は視界内通信のみであるため、実質的には4G（LTE）と5Gを組み合わせる運用となる

上述のIoTネットワークのうち、「ZigBee」と「Wi-SUN」のポイントを整理します（ほかのIoTネットワークに関しては、後続の節で詳述します）。

■ ZigBeeとWi-SUNのポイント

名称	内容
ZigBee	・「IEEE 802.15.4」として規格化されている ・無線センサネットワークの構築に適している ・最大伝送速度は250kbps ・伝送距離は数十m ・1つのネットワークに最大65535ノード（端末）を接続可能 ・スリープ状態からの迅速な復帰 ・省電力（ボタン電池1個でおよそ1年間）
Wi-SUN	・「Wireless Smart Utility Network」の略 ・「IEEE 802.15.4g」規格に基づく ・電力会社の「スマートメーター」（次世代電力量計）に採用される ・通信速度は数百kbps程度 ・端末同士の通信可能距離は500m程度 ・マルチホッピング（端末同士がバケツリレーのようにデータを遠くに届けるしくみ） ・省電力（乾電池1本で10年駆動する場合もある）

IoTネットワークの使い分け

いかなる用途にも通用する万能なネットワークは存在しません。よって、IoTネットワークを適切に使い分ける必要が出てきます。ということは当然、使い分けを判断するための基準（目安）が必要となってきます。

大まかな基準を次のページの図でフローチャート形式で示します。

以下のフローチャートに従うと、IoTデバイスは下記の条件に沿った運用が多いため、IoTネットワークには「LPWA」が適しています。

・クラウド連携のため「WAN（インターネット）接続」を行う必要がある。
・微小なデータ（センサ計測値など）を扱うため「大容量（高速）の通信」は必要ない。

■ IoTネットワークの使い分け

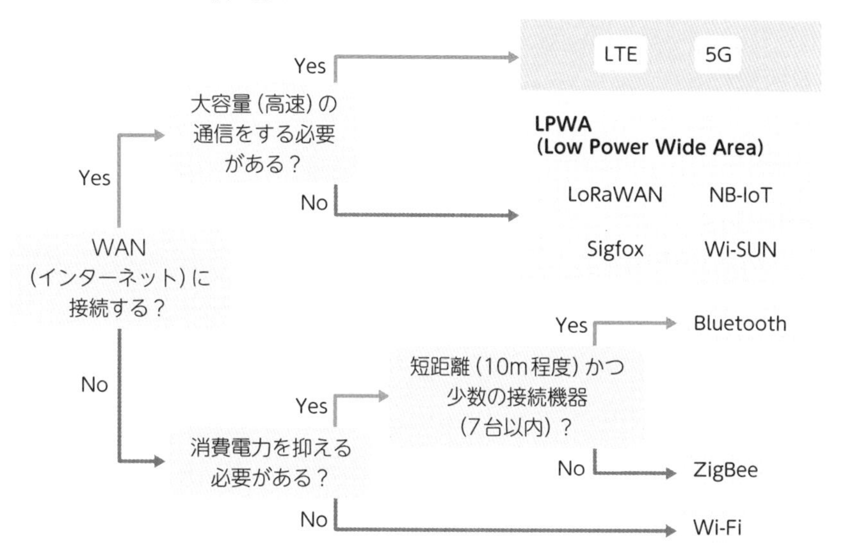

IoTネットワーク選択に関するポイント

IoTネットワーク選択に関するポイントを整理しましょう。

・通信速度

IoTネットワークに関しても、一般的なインターネット通信と同様に「**通信速度**」が速いに越したことはありません。しかし、通信速度が速いほど消費電力が上がり、通信費用も高くなる傾向にあります。単一のIoTデバイスからアップロードされるデータ(センサの計測結果など)の量はさほど大きくないので、通信速度は実運用に支障がないレベルに抑えて問題ないと言えます。

・通信距離

IoTネットワークの無線通信における「**通信距離**」も距離が長いに越したことはありません。しかし、通信距離が長いほど消費電力が上がり、通信の安定度も下がる傾向にある点は要注意です。

- **周波数帯**

IoTネットワークが用いている無線の正体は「電波」です。電波の性質を決定する要因が「周波数帯」(band)になります。周波数の高低によって、電波の性質が変わってきます。

電波の周波数と性質の大雑把な関係性(傾向)を示します。

■ 電波の周波数と性質

電波の周波数	電波の性質
高い	通信速度が速く、通信距離が短い。また消費電力が大きく、電波干渉に弱い
低い	通信速度が遅く、通信距離が長い。また消費電力が小さく、電波干渉に強い

上記の関係性を踏まえると、IoTネットワークに適した無線通信方式である「LPWA」は電波の周波数が低い方式と言えます。

IoTネットワークで利用される無線通信技術の「周波数帯」を一覧にします。周波数が高いほどに「高速だが、繊細(不安定)な通信」となり、周波数が低いほどに「低速だが、つながりやすい通信」となる傾向があります。

■ 周波数帯

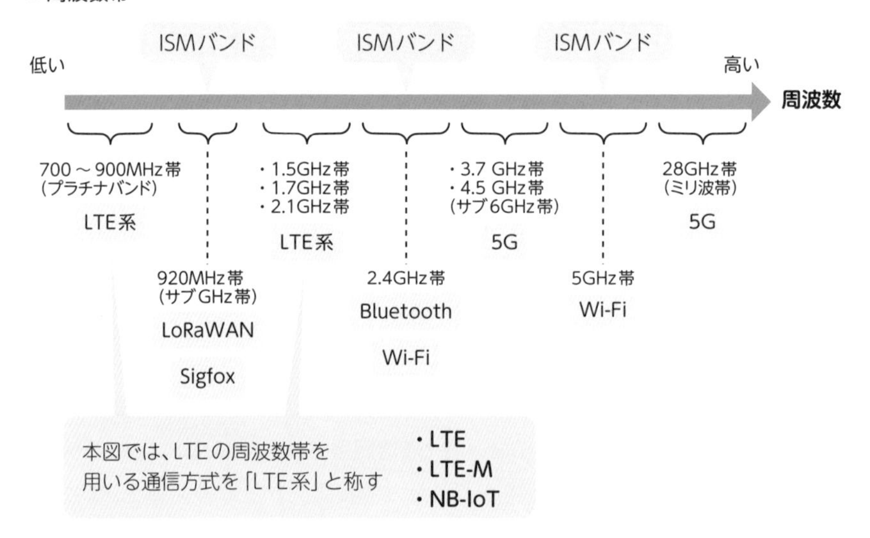

・ISMバンド

IoTの急速な普及に伴い、無線通信を行うデバイスも急増しています。その結果として、無線の周波数帯が混雑気味です。このような状況なので、「Wi-Fi」のように世間一般で多用されている通信方式の場合、他人の無線通信と競合して「無線の輻輳」が生じる恐れがあります。周波数帯によって混雑度合いが異なることに留意しましょう。

混雑しやすい無線の周波数帯を示すキーワードとして「**ISMバンド**」が挙げられます。ISMは「Industry Science and Medical」の略であり、「ISMバンド」は「産業科学医療用バンド」と直訳されます。「ISMバンド」はその名の通りに、医療用装置、アマチュア無線、電子レンジなどに割り当てられた周波数帯を指します。「ISMバンド」の具体例として、920MHz帯、2.4GHz帯、5.7GHz帯が挙げられます。原則として、電波の利用（無線基地局の設置を含む）には、無線取扱免許や届け出が必要です。しかし、「ISMバンド」は免許不要で利用可能になっており、数多くの通信機器や機械装置が「ISMバンド」を多用しています。つまり、「ISMバンド」は免許不要という使い勝手のよさゆえにノイズ、電波干渉、無線の輻輳（渋滞）が頻発する帯域になっています。

特に、2.4GHzはBluetoothやWi-Fiに加えて電子レンジが利用している帯域であることから、通信状況の渋滞具合に拍車がかかっています。電子レンジの近くだとノイズが混入するので、BluetoothやWi-Fiが正常に利用できないことがあります。

まとめ

- **IoT通信のトレードオフがあるため、IoTシステムの要件に応じてIoTネットワークを使い分けることになる**
- **IoTデバイスの運用条件を考慮すると、IoTネットワークには「LPWA」が適している**
- **IoTネットワーク選択に関するポイントとして「通信速度」、「通信距離」、「周波数帯」が挙げられる**

22 セキュアなWi-Fiの利用
～ホームIoTに不可欠な通信基盤～

Wi-Fiは我々の日常生活に深く入り込んでいます。高い認知度のわりには呼称の由来はあまり知られていません。一説によると、「Wi-Fi」の呼称はオーディオの「Hi-Fi」(High Fidelity) をもじっているとも言われています。

ホームIoTの概要

我々の日常生活にとって必要不可欠な「家」のIoT化が進んでいます。家のIoT化は「**ホームIoT**」と呼ばれています。「スマートホーム」(smart home) と呼ぶこともあります。家の中に設置されている家財がIoT化されて、IoTゲートウェイ経由でクラウドサーバに接続されます。実際にIoT化されている家財の具体例を示します。

■ ホームIoTの概要

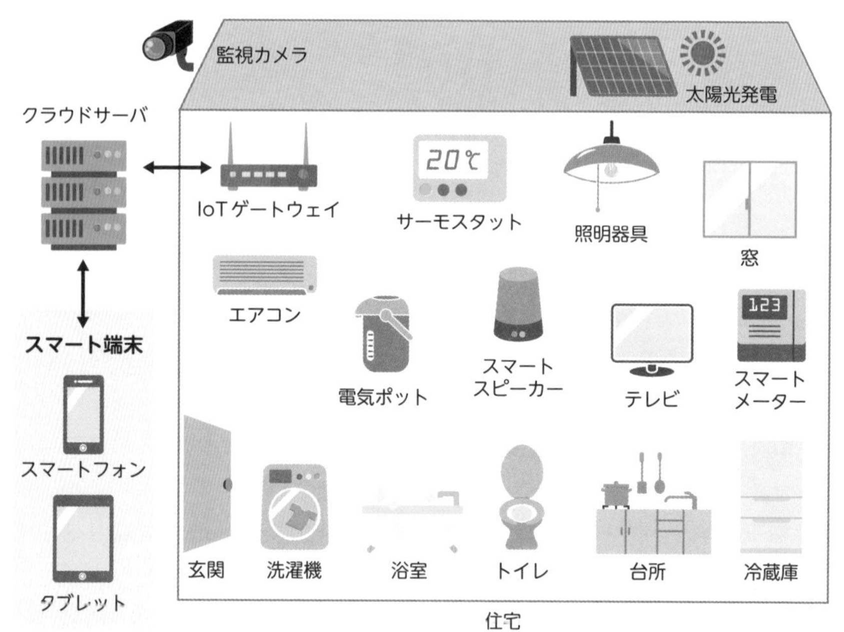

電気ポットやエアコンといったアナログな家財までもがIoT化されています。たとえば、IoT化エアコンならば、スマート端末から操作することで、出先から電源の操作が可能になります。また、IoT化した電気ポットの具体例として、「iポット」（象印マホービン株式会社）があります。電気ポットを操作した記録（ログ）をクラウドサーバにアップロードすることで、独居の高齢者の様子を見守ることができます。

・HEMS

「ホームIoT」の一形態として「HEMS」（Home Energy Management System）が挙げられます。「HEMS」は、家庭内で電気を使用している機器について、一定期間の使用量や稼働状況を把握（見える化）し、電力使用の最適化を図るためのしくみです。HEMSは省エネ目的の「ホームIoT」と言えます。

日本政府は、2030年までにすべての住居にHEMSを導入することを目指しています。HEMS推進の目的は「ZEH」（Zero Energy House）の実現です。「ZEH」は家庭内のエネルギー消費を再生可能エネルギー（太陽光発電など）で賄うことで、実質的なエネルギー消費量をおおむね0に近づける住宅を意味します。再生可能エネルギーには限りがあることから、「ZEH」の実現のためには、省エネの徹底が必須です。そこで、HEMSで消費電力を「見える化」することによって、無駄な電力消費を抑制することを狙っています。

HEMSに接続するためには、IoTデバイス（家財）が「ECHONET Lite」という通信規格に対応する必要があります。しかし、「ECHONET Lite」の普及率は低いため、HEMS普及のボトルネックとなっています。

・スマートメーター

HEMSによる省エネに関連して、消費電力を計測する電力計もIoT化が進んでいます。「**スマートメーター**」（smart meter）はIoT化された電力量計です。従来の電力量計の場合、電気代請求のために検針員が電力消費量を目視チェックする必要がありました。電力量計のIoT化によって、電力消費量の情報をクラウドサーバにアップロードして、電気代を自動計算することができます。スマートメーターの無線通信規格として「Wi-SUN」が用いられています。

Wi-Fiの概要

ホームIoTに不可欠な通信手段としては、Wi-Fiが挙げられます。「Wi-Fi」は無線LANの通信規格です。「無線LAN≒Wi-Fi」という理解でほぼ正しいと言えますが、厳密に言うと「Wi-Fi」は無線LANに関する「Wi-Fi Alliance」の認証を指します。「Wi-Fi Alliance」は「Wi-Fi」認証を行う機関（業界団体）です。また、「Wi-Fi」の無線規格の名称は「IEEE 802.11」です。「Wi-Fi」で用いられている「IEEE 802.11」の種類として「IEEE 802.11n」、「IEEE 802.11ac」、「IEEE 802.11ax」などが挙げられます。

■「IEEE 802.11」の種類

無線規格の名称	Wi-Fi認証の名称	周波数帯	公称最大速度
IEEE 802.11n	Wi-Fi 4	2.4 GHz / 5 GHz	600Mbps
IEEE 802.11ac	Wi-Fi 5	5 GHz	6.93Gbps
IEEE 802.11ax	Wi-Fi 6	2.4 GHz / 5 GHz	9.6Gbps

無線規格の名称はユーザーにとってわかりにくいことから、Wi-Fi認証の名称は番号付きで、無線規格の策定時期の順番（4→5→6）になっています。「Wi-Fi Alliance」の認証を受けた機器は「Wi-Fi CERTIFIEDロゴ」を表示することができます。認証を受けていない機器が「Wi-Fi」を名乗ることはできません。

Wi-Fiの通信距離は100m程度であり、近距離（おおむね建屋内）をカバーできます。通信速度が速く、普及率も高いことから、Wi-Fiは近距離の無線通信をするのに使い勝手がよい規格と言えます。しかし、IoTを想定すると、Wi-Fiは下記の弱点を抱えています。

■Wi-Fiの弱点

特徴	内容
消費電力が大きい	バッテリー駆動のIoTデバイスにとって、Wi-Fiの消費電力は過大すぎる。スマートフォンのWi-Fi機能を無効にするとバッテリーの持ちがよくなるのが実感できるほどに、Wi-Fiは消費電力が大きい
無線の輻輳が起きやすい	Wi-Fiの普及率が高いゆえに、Wi-Fiの電波が至る所で飛び交っており、無線の輻輳（混雑）が起きるリスクが高い。IoTデバイスの無線通信が途中で断絶することもありうる

Wi-Fiの弱点を考えると、IoTシステムの無線通信にWi-Fiを採用できない場合が出てきます。その場合は「LPWA」や「Bluetooth」などを使うことになるでしょう。一般的なIoTデバイスにとって「Wi-Fiは重すぎる」と言えます。IoTデバイスは「通信速度は遅くとも、消費電力は少なくしたい」のに対して、Wi-Fiは「通信速度は速く、消費電力は大きい」という特徴があります。

Wi-Fiのセキュリティの概要

通信の盗聴や改ざんを防ぐために、Wi-Fiにはセキュリティ対策が施されています。実は、Wi-Fiのセキュリティ対策はさまざまな規格や技術が関係していて、かなり複雑な内容になっているため、本書では要点を抜粋して紹介します。Wi-Fiのセキュリティ規格として、「**WEP**」(Wired Equivalent Privacy)、「**WPA**」(Wi-Fi Protected Access)、「**WPA2**」、「**WPA3**」が挙げられます。

「WEP」及び「WPA」の各バージョンの構成例を示します。

■ Wi-Fiのセキュリティの概要

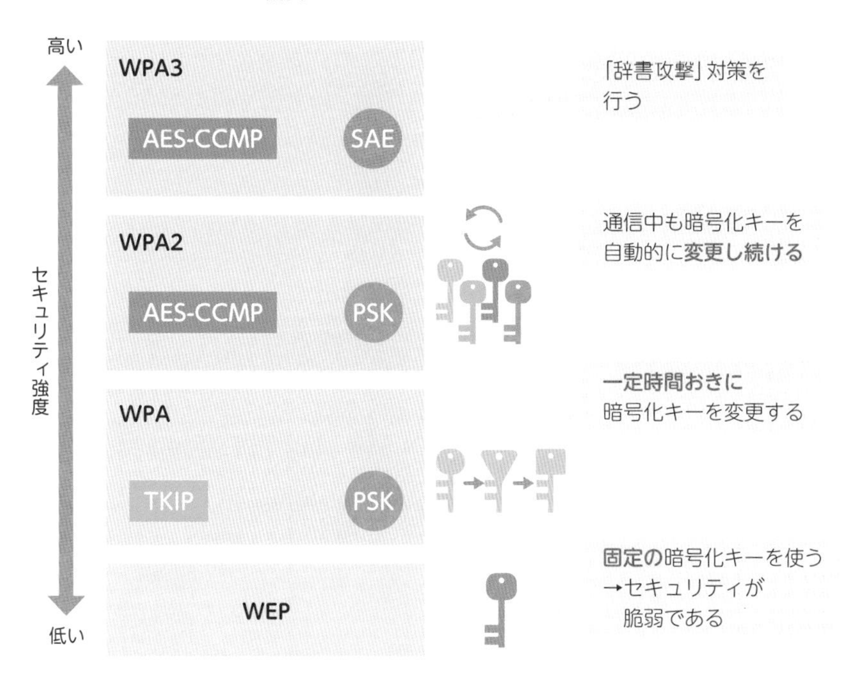

■ Wi-Fiセキュリティの詳細

規格	内容
WEP	セキュリティ脆弱性が発見されたので、使用すべきではない
WPA	「WEP」の脆弱性を対策すべく暗号化方式として「TKIP」を採用した
WPA2	「TKIP」よりセキュリティ強度が高い暗号化方式である「AES-CCMP」に対応した。本書執筆時点における「Wi-Fi CERTIFIED」認証の必須要件である
WPA3	「WPA2」の脆弱性として、ありがちなパスワードをいろいろと試してセキュリティを破ろうとする「辞書攻撃」(dictionary attack) があった。そこで、「辞書攻撃」対策を施した認証方式である「SAE」(Simultaneous Authentication of Equals) に対応した

・「WPA」(Wi-Fi Protected Access)

「WEP」の脆弱性への対策として、「Wi-Fi Alliance」はWi-Fi機器のセキュリティ対策に関する「**WPA**」という認証を行っています。「WPA」の種類は「**WPA**」、「**WPA2**」、「**WPA3**」があり、この順にセキュリティ強度が上がっています。Wi-Fiのセキュリティ対策は「悪意の第三者」(ハッカー)とのイタチごっこです。「穴を見つけられるたびにふさぐ」ということをくり返しています。

「WPA」のセキュリティ対策は「暗号化方式」(encryption) と「認証方式」(authentication) に大別されます。「暗号化方式」は通信を暗号化する際に用いるアルゴリズムを指します。「認証方式」はWi-Fi端末を認証する方式を指します。Wi-Fiの無線通信を行う際には、正規のWi-Fi端末を識別する (悪意の第三者に不正利用させない) ために「認証」を行う必要があります。

■ WPAのセキュリティ対策

WPAのバージョン	暗号化方式	認証方式
WPA	「TKIP」(Temporal Key Integrity Protocol)	「PSK」(Pre-Shared Key) ※「事前共有鍵」(パスワード) によって認証を行う
WPA2	「AES-CCMP」 ※「AES」(Advanced Encryption Standard) という暗号化方式に基づく暗号化プロトコル「CCMP」(Counter mode with CBC-MAC Protocol) を指す	「PSK」
WPA3	「AES-CCMP」	「SAE」(Simultaneous Authentication of Equals) ※「PSK」の弱点である「辞書攻撃」に対応している

・「WPAパーソナルモード」と「WPAエンタープライズモード」

「WPA」はユースケース（用途）に応じて、「パーソナルモード」と「エンタープライズモード」に分かれます。具体的には、認証方式に応じて「WPA」の呼称が変わります。

■ WPAのモードと呼称

モード	認証方式	WPAの呼称
WPAパーソナルモード	認証に「パスワード」を用いる 「WPA2」は「PSK」を使う 「WPA3」は「SAE」を使う	WPA2-PSK（WPA2-Personal） WPA3-SAE（WPA3-Personal）
WPAエンタープライズモード	認証に「IEEE 802.1X」を用いる 外部の認証サーバ（RADIUSサーバ）を使う	WPA2（WPA2-Enterprise） WPA3（WPA3-Enterprise）

外部の認証サーバ（RADIUSサーバ）を使う方が、認証のセキュリティ強度は高くなります。しかし、個人（Personal）のWi-Fi利用のために認証サーバを準備するのは荷が重すぎます。そこで、「WPA」は企業（Enterprise）向けと個人（Personal）向けに分かれています。

まとめ

- **「家」のIoT化は「ホームIoT」と呼ばれる。「HEMS」は省エネに特化した「ホームIoT」である**
- **「Wi-Fi」は無線LANに関する「Wi-Fi Alliance」の認証である。「Wi-Fi」の無線規格の種類として「IEEE 802.11n」、「IEEE 802.11ac」、「IEEE 802.11ax」が挙げられる**
- **Wi-Fiのセキュリティ規格として「WPA」（Wi-Fi Protected Access）が挙げられる。「Wi-Fi Alliance」はWi-Fi機器のセキュリティ対策に関する「WPA」認証を行っている**

23 遠隔地でも利用できるLTE
〜LTE-Mで広がる利用範囲〜

移動通信システムは40年間かけて5回の世代交代を経ました。40年間で、通信端末は激増し、通信速度は飛躍的に向上しました。その反面、無線の輻輳（渋滞）、ノイズの混入、障害物の影響といった新たな課題に直面しています。

移動通信システムの世代交代

初代の携帯電話が誕生してから40年ほどが経過しようとしています。この40年間に、携帯電話はショルダーフォンからスマホへと進化しました。電話端末の小型化が進むと同時に「**移動通信システム**」の世代交代も進みました。40年間で「5世代」分の世代交代です。「移動通信システム」の世代は、英語のGeneration（世代）の頭文字より「1G〜5G」と呼ばれます。「3G」以降の世代の移動通信システム規格に関しては、「3GPP」（3rd Generation Partnership Project）という標準化団体のプロジェクトで標準仕様の検討や策定が行われています。

■ 移動通信システムの世代交代

開始年	1979年〜	1993年〜	2001年〜	2012年〜	2020年〜
	1G（第1世代）	2G（第2世代）	3G（第3世代）	4G（第4世代）	5G（第5世代）
通信速度	データ通信不可	約100kbps以下	約14Mbps以下	約1Gbps以下	約10Gbps以上
	アナログ方式	PDC	W-CDMA CDMA2000	LTE LTE-Advanced	LTE-M
	NTT ショルダーホン（100型）/ TZ-802型など	NTT docomo ムーバFなど	au MEDIA SKIN など	Apple iPhone X など	LG V50 ThinQ 5G など
	車載や肩掛けの通話主体の無線電話である	通信方式がデジタル化し、メール、インターネット、着メロに対応した	いわゆる“ガラケー”でパソコンと遜色ないくらいにインターネットできるようになった	いわゆる“スマホ”で動画が楽しめるくらいに無線通信が高速化した	IoT時代の本格的な幕開け?

本書執筆時点におけるスマート端末（スマートフォンやタブレット）で最も普及している無線通信技術は「**LTE**」（Long Term Evolution）です。「LTE」は3Gと4Gの中間に位置する技術であることから、厳密には「3.9 G」（第3.9世代）に分類されます。とは言え、ITU（国際電気通信連合）が「LTE」を4Gとして呼称することを認めたため、「LTE」は実質的に「4G」扱いされています。正式な4Gに分類されるのは「LTE」の発展進化系である「**LTE-Advanced**」です。「LTE-Advanced」は「LTE」をベースとして「キャリアアグリゲーション」（carrier aggregation）などの新技術を取り入れて、最大1Gbps（下り）の通信速度を実現しています。最新世代は「5G」です。「5G」で、IoT向けの無線通信規格である「**LTE-M**」が登場しました。「LTE-M」は「LTE」の応用技術であり、IoTの特性に適した無線通信を行います。

LTEの概要

LTEの通信の向きは「**アップリンク**」（クライアント端末→無線基地局。「上り」とも言う）と「**ダウンリンク**」（無線基地局→クライアント端末。「下り」とも言う）の2種類があります。「アップリンク」と「ダウンリンク」では伝送速度や多重方式（1つの伝送路を複数の通信で同時に使用する方式）が異なります。

■ LTEの概要

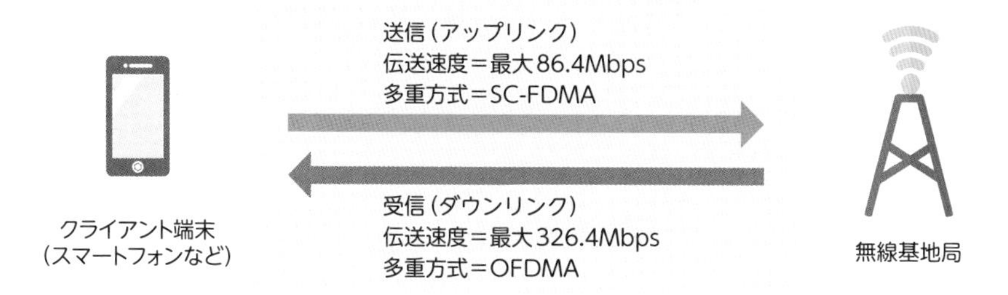

LTEを含む無線通信を理解するためには、無線通信が用いている「電波」に関する基礎的な知識が必要です。具体的には、「周波数」、「周波数帯」、「周波数帯域幅」、「多重方式」、「変調方式」に関する理解が必要です。

無線通信は電波を使っています。電波は文字通り電気の波によってデータ伝送を行います。より厳密には、デジタル情報（0と1）を「波形」（波の形状）により表現しています。

「波形」は「**振幅**」（amplitude）と「**周期**」（cycle）によって決定されます。基準時点における波の位置は「**位相**」（phase）と呼びます。なお、振幅が「波の強さ」、周期は「波1つ分の間隔」、位相は「周期における波の位置」をそれぞれ表します。

■ 電波の振幅、周期、位相

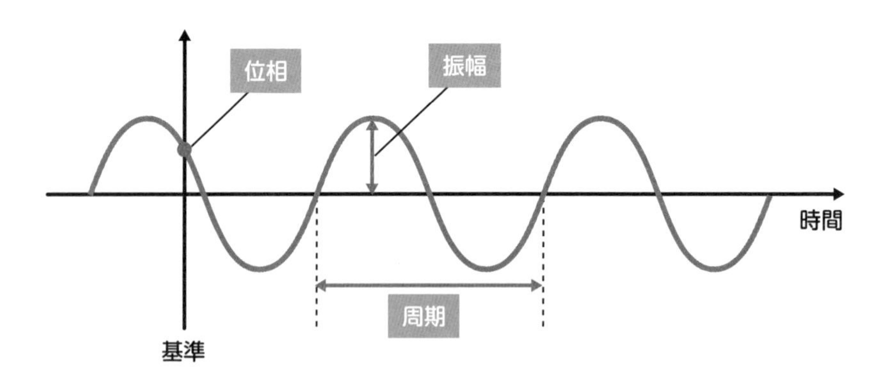

無線通信の「電波」の三大要素である「振幅」、「周期」、「位相」は抑えておきましょう。無線通信は電波の「振幅」、「周期」、「位相」を操作することでデータ伝送を実現しています。

・「周波数」と「周波数帯」と「周波数帯域幅」

「**周波数**」（frequency）は「1秒間に波がくり返される周期」を指します。単位は「Hz」（ヘルツ）です。たとえば、「20 MHz」は「1秒間に2,000万回の波がくり返される周期」を意味します。デジタル情報（0と1）を「周波数」（波の周期）と対応づけるのであれば、「1秒間に扱う波の粒度が細かい」すなわち「周波数が高い」ほど「1秒間に伝送できるデータ量が増える」と考えられます。「周波数が高いほど、データ伝送速度が有利になる」という原理は抑えておきましょう。「**周波数帯域幅**」(band width) は、無線通信が用いる周波数の幅を示します。略して「帯域幅」とも言います。「周波数帯域幅」を広く取るほどに伝送速度を高速化できます。要するに、「周波数帯域幅」はデータの通り道の"道幅"のようなものです。LTEの「周波数帯域幅」は最大「20MHz」となっています。

無線通信において「周波数帯域幅」とともに重要なのが「**周波数帯**」(band) です。「周波数帯域幅」が"道幅"に相当するのに対して、「周波数帯」は"道の位置"に相当します。「周波数帯」と「周波数帯域幅」の関係性を可視化してみましょう。

■ 周波数帯と周波数帯域幅

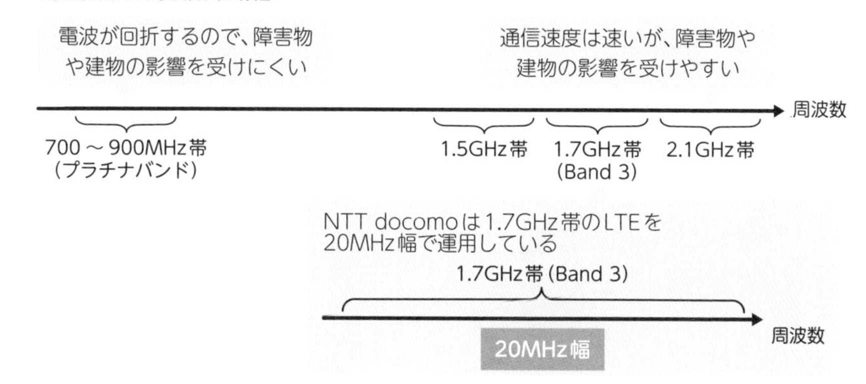

700～900MHzの周波数帯は「**プラチナバンド**」(platinum band) と呼ばれています。文字通り「プラチナ」のように貴重な周波数帯という意味です。一言で言うと、「プラチナバンド」は電波がつながりやすい周波数帯です。電波のつながりやすさは通信事業者にとって死活問題であるため、「プラチナバンド」の確保は至上命題なのです。

「プラチナバンド」よりも周波数が高い「1.7 GHz」帯は通信速度が速くなる反面、障害物や建物の影響を受けやすくなってしまいます。その理由は、電波の周波数が高くなるほどに、電波の直進性 (真っ直ぐに進もうとする性質) が高まるからです。電波の直進性が低い場合、電波は障害物や建物を「回折」(迂回) します。しかし、電波の直進性が高い場合、電波は障害物や建物にぶつかってしまい、目的地に到着できなくなります。

・**多重方式**

「プラチナバンド」という用語が指し示す通り、限りある周波数帯は貴重です。そこで、周波数帯を効率的に活用するために「**多重方式**」(multiplexing) というしくみが用いられます。「**多元接続**」(multiple access) とも言います。

「多重方式」は、1つの周波数帯を複数の端末で共有するためのしくみです。無線電波の「帯域幅」あるいは「利用時間」を細分化して、複数の端末に割り当てます。

「多重方式」の種類として「**TDMA**」、「**CDMA**」、「**FDMA**」、「**OFDMA**」が挙げられます。

■ 多重方式の種類

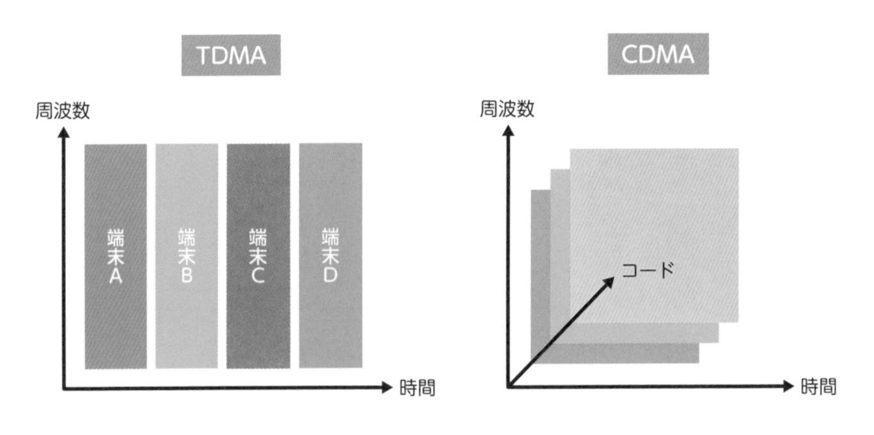

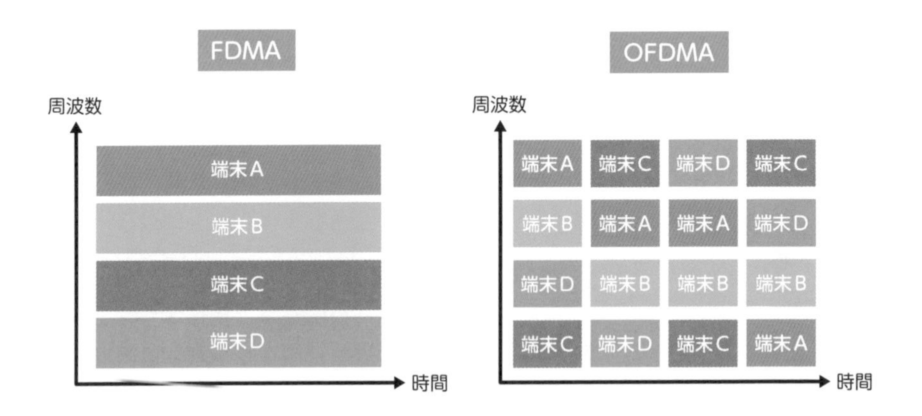

■ 多重方式の種類の詳細

方式	内容
TDMA (Time Division Multiple Access)	「時分割多元接続」と訳す。1つの帯域幅の利用時間を細分化して複数の端末で共有する
CDMA (Code Division Multiple Access)	「符号分割多元接続」と訳す。一意の符号 (code) を端末に割り当てて、端末と基地局で共有する。この符号によって、基地局は端末を識別できる。複数の端末で周波数帯も利用時間も重複することから、端末の通信が干渉し合う
FDMA (Frequency Division Multiple Access)	「周波数分割多元接続」と訳す。1つの帯域幅を細分化して複数の端末で共有する
OFDMA (Orthogonal Frequency Division Multiple Access)	「直交周波数分割多元接続」と訳す。帯域幅と利用時間の両方を細分化して複数の端末で共有する

「多重方式」を駆使したとしても、多大な数の端末が限りある周波数帯を同時に使おうとすると、無線の輻輳 (渋滞) は避けられません。無線の輻輳によって、スマートフォンでインターネット通信をしている間にいわゆるパケ詰まり (通信が詰まったように途中で止まる) が起こることになります。

・変調方式

「**変調**」(modulation) は、電波 (アナログ波形) とデジタル情報 (0と1) を相互に変換することです。電波の「振幅」、「周期」、「位相」を操作することで「変調」を実現します。

■ 変調方式

方式	内容
振幅変調 (AM: Amplitude Modulation)	電波の「振幅」によって、デジタル情報 (0と1) を表現する。たとえば、 ・振幅が小さい→0 ・振幅が大きい→1
周波数変調 (FM: Frequency Modulation)	電波の「周期」(周波数) によって、デジタル情報 (0と1) を表現する。たとえば、 ・周期が長い→0 ・周期が短い→1
位相変調 (PM: Phase Modulation)	電波の「位相差」を操作することで、デジタル情報を表現する。「位相差」は基準時点から波形がずれている度合いを指す。「位相差」によって複数のデジタル情報を表現する方式を「位相シフトキーイング」(PSK: Phase-Shift Keying) と呼ぶ

LTEで用いられている変調方式として「**QPSK**」、「**16QAM**」、「**64QAM**」が挙げられます。

■ 変調方式（QPSK・16QAM・64QAM）

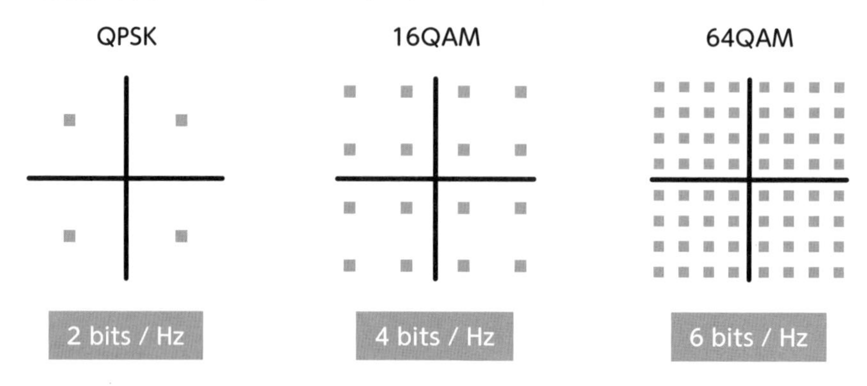

1回の変調（シンボル）で表現できるデータ長

■ LTEの変調方式

方式	内容
四位相偏移変調（QPSK: Quadrature PSK）	4通りの位相を用いた「位相シフトキーイング」（PSK）を行う。1回の変調で4通り（2bit）の情報を伝送できる
直交振幅変調（QAM: Quadrature Amplitude Modulation）	「振幅変調」（AM）と「位相シフトキーイング」（PSK）を組み合わせる ・16QAMは、1回の変調で16通り（4bit）の情報を伝送できる ・64QAMは、1回の変調で64通り（6bit）の情報を伝送できる

1回の変調（シンボル）で伝送できるデータ量が多い方が通信速度を上げることができます。しかし、通信速度が速い「64QAM」は細かく分割されているため、ノイズなどの外乱要因に弱いという弱点があります。

そこで、LTEは電波信号の強度に応じて変調方式を変えています。通信状況がよい場合は64QAMを使用します。通信状況が悪くなれば、通信速度が遅いかわりにノイズに強い16QAMやQPSKを使用することで、通信の確実性を高めています。

・**MIMO**

「**MIMO**」(Multi-In Multi-Out) は、無線アンテナを複数本使うことで通信を高速化する技術です。端末と基地局の両者に複数のアンテナを設けて、各アンテナが同時に送受信を行います。端末のアンテナ1本と基地局のアンテナ1本という「**SISO**」(Single-In Single-Out) と比べて、「MIMO」はデータ伝送路が増える分だけ通信を高速化できます。

■ SISOとMIMO

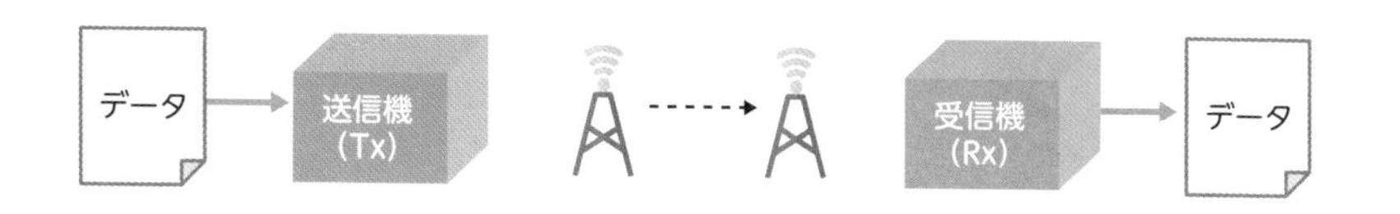

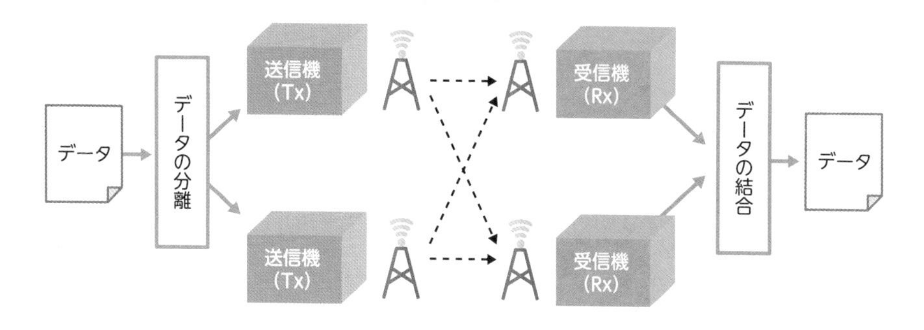

LTEでは「2×2MIMO」(端末のアンテナ2本と基地局のアンテナ2本) が主流であり、データ伝送路の数が「SISO」の2倍になっていることから、「SISO」の2倍の通信速度を実現できます。LTEの仕様上は「4×4MIMO」に対応しています。

・「LTE-Advanced」の概要

LTEの発展進化形である「LTE-Advanced」はLTEの通信速度を高速化した無線通信規格です。具体的には、下記の技術を採用することで高速化を実現しています。

■「LTE-Advanced」に関する技術

種類	内容
キャリアアグリゲーション (carrier aggregation)	複数の周波数帯の電波(carrier)を統合して、電波の帯域幅を拡張する。carrierは「搬送波」と訳し、信号を送受信するために使用する電波を指す
セル間協調送受信 (coMP: coordinated Multiple Point)	複数の基地局で協調して、信号を送受信する
MIMOの拡張	LTEのMIMOよりアンテナ数を増やす
SC-FDMA (Single Carrier-FDMA)	上りの周波数利用の制約を緩和する
ヘテロジニアスネットワーク (HetNet)	性格の異なる基地局を同一エリア内に混在させる技術の総称である
リレー伝送	無線のカバレッジ(伝送範囲)を拡大するために、複数の基地局間で信号を中継する

特に重要な技術は「キャリアアグリゲーション」(carrier aggregation)です。「キャリアアグリゲーション」は、複数の周波数帯の電波(carrier)を集約(aggregation)して無線通信を行う技術です。「キャリアアグリゲーション」の目的は、利用可能な帯域幅を拡張し通信速度を高速化することにあります。

LTEの帯域幅は最大「20MHz」であるため、通信速度は最大「150Mbps」程度に留まります。それに対して、LTE-AdvancedはLTEの「20MHz」幅の電波を集約して最大「100MHz」幅に拡張することで、通信速度は最大「1Gbps」程度を実現します。

LTE-Mの概要

LTEをIoT向けに応用した無線通信規格として「**LTE-M**」(LTE Cat.M1)があ

ります。LTE-Mは「eMTC」(enhanced Machine Type Communication)とも呼ばれており、機械同士の通信である「M2M」(Machine to Machine)を想定した通信技術です。「LTE-M」のMは機械(Machine)を意味します。

従来型のLTEはIoTデバイスにとって荷が重い技術でした。IoTデバイスは巨大サイズのデータを扱わないので通信速度を上げる必要がない反面、バッテリー駆動を考えると省電力を徹底する必要があります。従来型のLTEは「通信速度は速く、消費電力は高く」という技術でした。LTE-Mは従来型のLTEをIoTデバイス向けに応用したものです。

IoTデバイスに高速通信は不要であることから、LTEのように広い帯域幅(最大20MHz幅)は必要ありません。そこで、LTE-MはLTE用の帯域幅の一部(最大1.4MHz幅)をIoTデータ通信に活用しています。

■ LTE-Mの概要

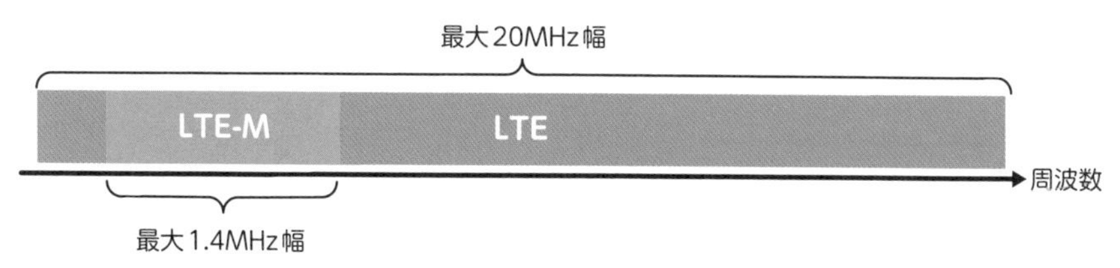

LTE用の帯域幅の一部をIoTのデータ通信に活用する

帯域幅が狭くなったことで、LTE-Mの通信速度は「最大1Mbps」(上り下り共)に抑えられています。通信速度が高いほど消費電力は大きいことから、LTE-Mでは通信速度を低下させて省電力を実現しています。

・LTE-Mを構成する技術

LTE-Mを構成する技術を整理しましょう。LTE-Mの省電力を実現する手法として「通信速度を下げる」以外に「基地局サーチを極力避ける」ことがあります。無線通信を行う端末は、無線基地局を定期的にサーチ(探索)する必要があります。この「基地局サーチ」は消費電力が高いことから、「**eDRX**」や「**PSM**」によって「基地局サーチ」を必要最小限に留めるようにしています。

■ LTE-Mを構成する技術

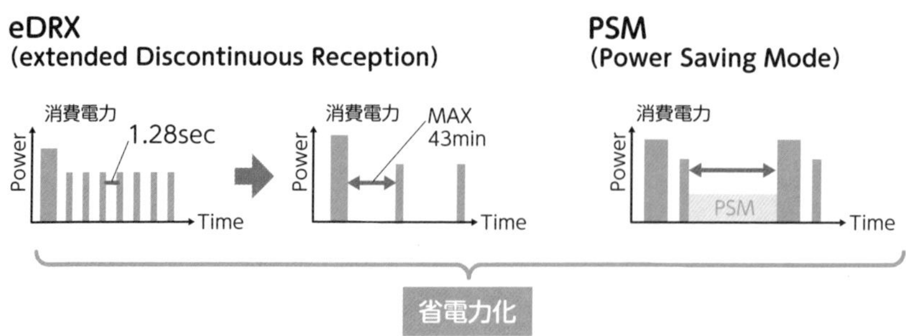

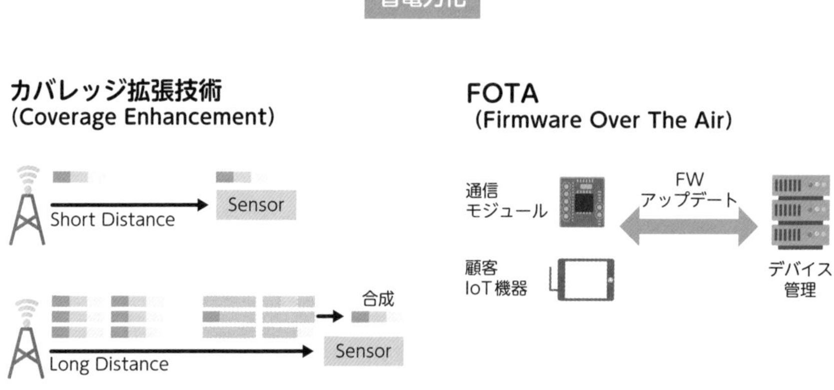

出典：https://iot.kddi.com/lpwa/

■ LTE-Mを構成する技術の詳細

種類	内容
eDRX (extended Discontinuous Reception)	基地局サーチの間隔を延ばす
PSM (Power Saving Mode)	基地局サーチを一定期間止める
カバレッジ拡張技術 (Coverage Enhancement)	同一データの送信を反復することで、長距離のデータ通信の成功率を向上する
FOTA (Firmware Over The Air)	IoTデバイスのファームウェアをオンラインでアップデートできる

LTE-MはLTEの延長線上の技術であり、LTEと同じく「ライセンスバンド」(無線免許が必要な周波数帯) を用いる通信です。通信費用を要する反面、電波干

渉は起きにくいと言えます。

LTE-Mの長所としては「LTEの無線通信局をそのまま流用可能である」ことが大きいでしょう。通信事業者が「無線通信局」という通信インフラを整備するのは莫大な労力とコストを要します。通信インフラの整備度合いは「サービスエリア」(無線通信可能な地域) の広さに直結します。

野外 (僻地) で稼働することが多いIoTデバイスにとって、無線通信の「サービスエリア」は重要です。

通信モジュールのSIMカード

携帯電話回線の業者 (例: NTTドコモ、au、ソフトバンクなど) が提供するネットワーク回線 (例: 3GやLTEなど) に接続する場合は「SIMカード」を通信モジュールに挿入する必要があります。SIMカードは、加入者を特定するためのID番号 (電話番号) が記録されたICカードです。

膨大な数のIoTデバイス1台につき、通信モジュール (とSIMカード) を1つずつ装着するだけの「初期投資額」(ハードウェア代金) は無視できません。IoTネットワークは通信費用に注目しがちですが、初期投資額を回収できる期間はいかほどかということも念頭に入れましょう。

まとめ

- 「移動通信システム」の世代は「1G～5G」と呼ばれる。「LTE」は実質的な「4G」であり、「LTE-M」は「5G」である
- LTEを含む無線通信を理解するには「電波」に関する基礎的な知識 (周波数、周波数帯、周波数帯域幅、多重方式、変調方式) が必要である
- 「LTE-M」(LTE Cat.M1) はLTEをIoT向けに応用した無線通信規格である

24 IoTのための次世代移動通信方式
～IoTに最適な5Gネットワーク～

5Gは4Gの通信速度が向上しただけの単純な進化ではありません。むしろ、「ミリ波帯」や「ローカル5G」といった変化の大きさを考えると突然変異体とさえ言えます。突然変異ゆえにクセが強い技術とも言えます。

5Gの概要

「移動通信システム」の最新世代は「**5G**」（第5世代）です。「5G」は「4G」（「LTE-Advanced」）の単なる進化版ではなく、IoTを強く意識した技術となっています。具体的には、「5G」が満たすべき要件として「**eMBB**」（高速大容量）、「**URLLC**」（低遅延）、「**mMTC**」（同時多数接続）が挙げられます。

■ 5Gの概要

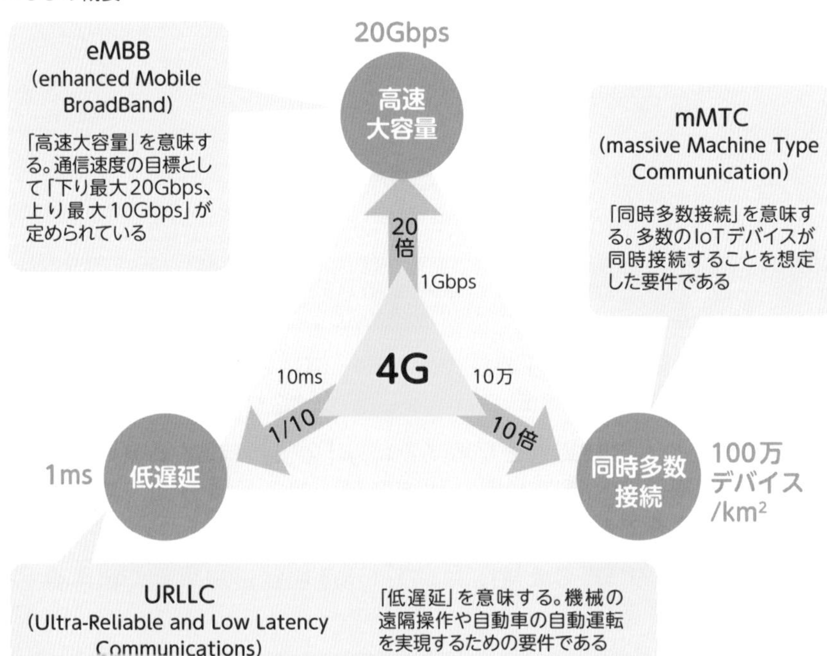

大まかに言うと「1G〜4G」までの進化は通信の高速化が主でした。「5G」の「eMBB」に相当します。「5G」では「高速大容量」以外に「低遅延」や「同時多数接続」にも重点を置いています。IoTシステムには「低遅延」や「同時多数接続」が必要不可欠だからです。たとえば、IoTによる機械装置の遠隔操作には通信の「低遅延」が必要ですし、大量のIoTデバイスによる「同時多数接続」も実現する必要があります。

・5Gの周波数

「5G」の無線技術は「NR」(New Radio)と呼ばれます。「4G」と大きく異なる点として、「NR」が扱う電波の周波数帯が挙げられます。「4G」の電波は「3.6GHz以下」という低い周波数帯を利用してきました。それに対して、「5G」は低い周波数帯(**サブ6GHz帯**)に加えて、「**28GHz帯**」という高い周波数帯(「ミリ波帯」)を利用します。

「**ミリ波帯**」という名称は「28GHz帯」の電波の波長がおおむね「1ミリ(mm)」になることに由来しています。

■ 5Gの周波数

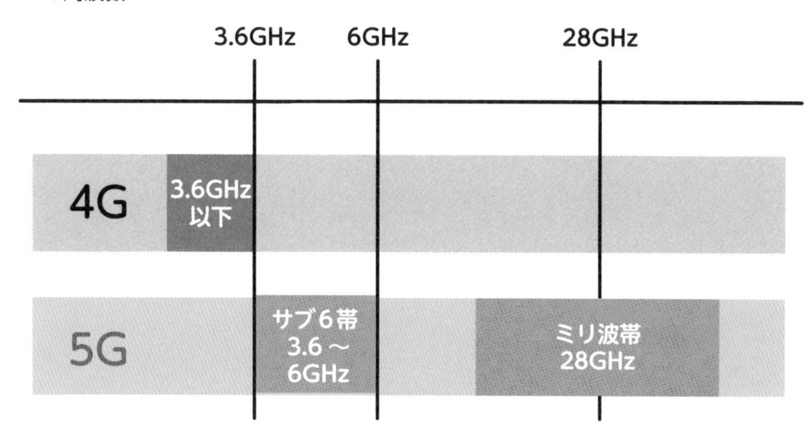

出典:https://getnavi.jp/digital/436194/

Sec.23で述べたように、周波数が高くなるほど、通信速度が有利になります。「ミリ波帯」は「eMBB」(高速大容量)の実現に有利です。その反面、周波数が高くなるほど、電波が繊細になっていきます。「ミリ波帯」の電波は減衰しやすく直進性が高いため、「4G」の電波と比べて近距離までしか届かないという弱点があります。「ミリ波帯」の無線通信は視界に入る所までしか届かないため、「Line of Sight」(視界)通信とも呼ばれます。

■「ミリ波帯」の特徴

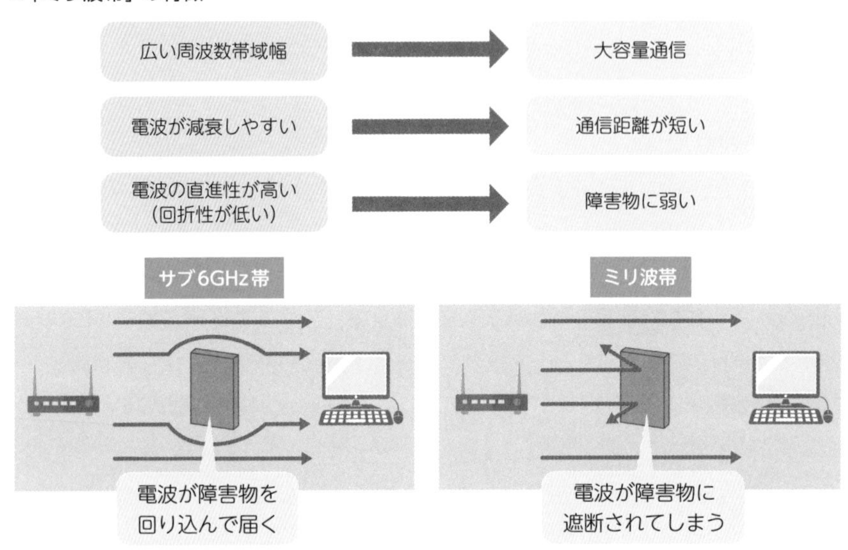

5Gの特色とも言える「ミリ波帯」の電波は高速通信を実現してくれる反面、4Gの電波より飛距離が短いため、そのままでは扱いどころが難しいと言えます。そこで、5Gは「ミリ波帯」の特性を生かすためにさまざまな技術を応用しています。

・5Gに関連する技術

5Gに関連する技術を紹介します。さまざまな技術がありますが、基本的には①「ミリ波帯」の弱点である遠距離通信をカバーする、②「eMBB」(高速大容量)を満たす、③「URLLC」(低遅延)を満たす、④「mMTC」(同時多数接続)を満たす、といったことを目的としています。

「無線」(電波)に関する技術として、「**スモールセル**」と「**マクロセル**」、「**ビームフォーミング**」(beam forming)、「**Massive MIMO**」、「**非直交多元接続**」が挙げられます。

■ 5Gに関連する技術①

「スモールセル」と「マクロセル」

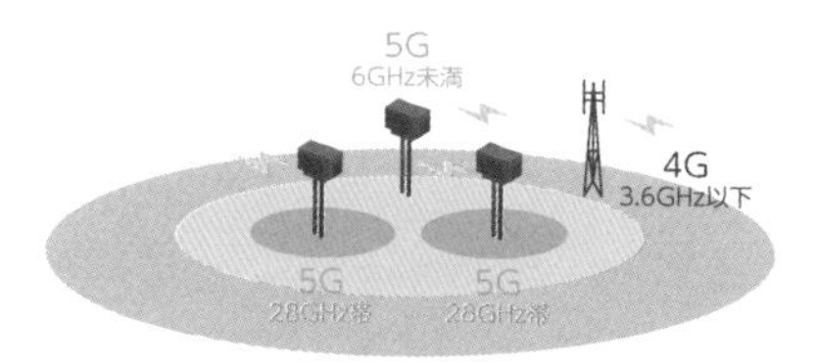

無線基地局は規模別に分類される。「セル」(cell)は通信可能な範囲を指す

- 「スモールセル」(small cell)は狭い範囲(近距離)をカバーする小型基地局
- 「マクロセル」(macro cell)は広い範囲(遠距離)をカバーする大型基地局

5Gが用いる「ミリ波帯」の電波は遠距離まで届かないことから、5Gは「スモールセル」が担当する。遠距離まで届く4Gは「マクロセル」が担当することで「スモールセル」を補完する。つまり、「遠距離=4G」と「近距離=5G」の組み合わせで運用される

Massive MIMO

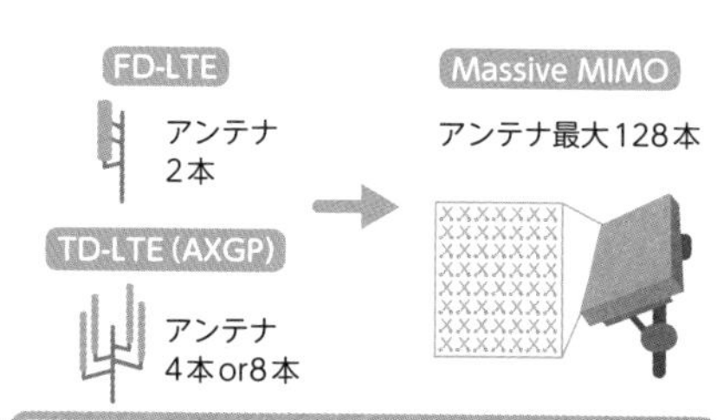

無線基地局側のアンテナ数を大量(massive)に増加させた「MIMO」を指す。物理的な形態は、大規模なアレイアンテナである

「ビームフォーミング」と併用することで、個々のアンテナが個々のユーザー端末に照準を絞ってデータ送受信を行い、ユーザー端末同士の電波干渉を避けることができる

ビームフォーミング

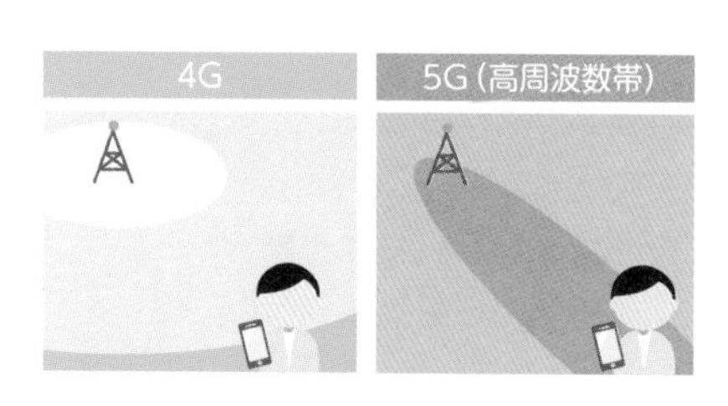

電波を特定方向に絞って集中的に発射することを指す。たとえるならば「放水中のホースの口を絞ると、水が遠くまで飛ぶ」イメージである

電波の到達距離が長くなり、機器同士の電波干渉を避けることができる

非直交多元接続

(NOMA：Non-Orthogonal Multiple Access)

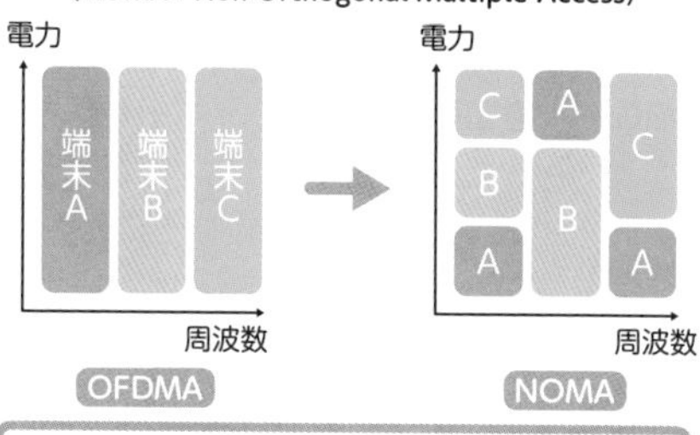

2次元の軸(「周波数」と「利用時間」)を有する「OFDMA」に対して、「電力」という軸を加えて3次元の軸とする。「電力」の強弱も加味して端末を識別することから、「OFDMA」よりも細分化された多元接続と言える

出典：https://www.au.com/mobile/area/5g/gijyutsu/
https://www.softbank.jp/mobile/network/5g/

通信のオーバーヘッド(負荷)を低減する技術として、「**Grant Free方式**」や「**C/U分離**」が挙げられます。

■ 5Gに関連する技術②

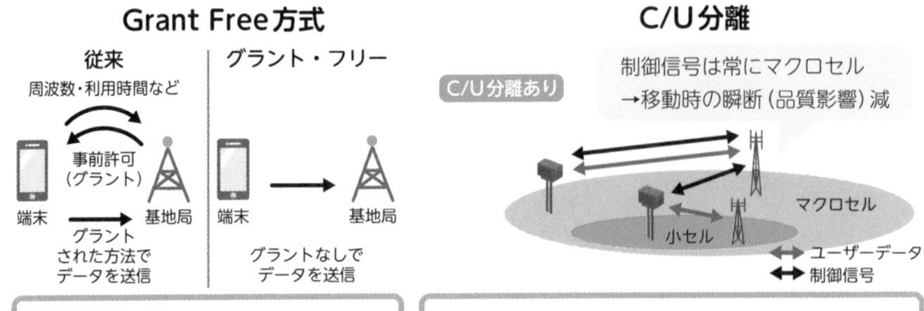

出典:「日経BizGate」「KDDI株式会社」発表資料

通信インフラの運用に関する技術として、「**エッジコンピューティング**」や「**ネットワークスライシング**」が挙げられます。

■ 5Gに関連する技術③

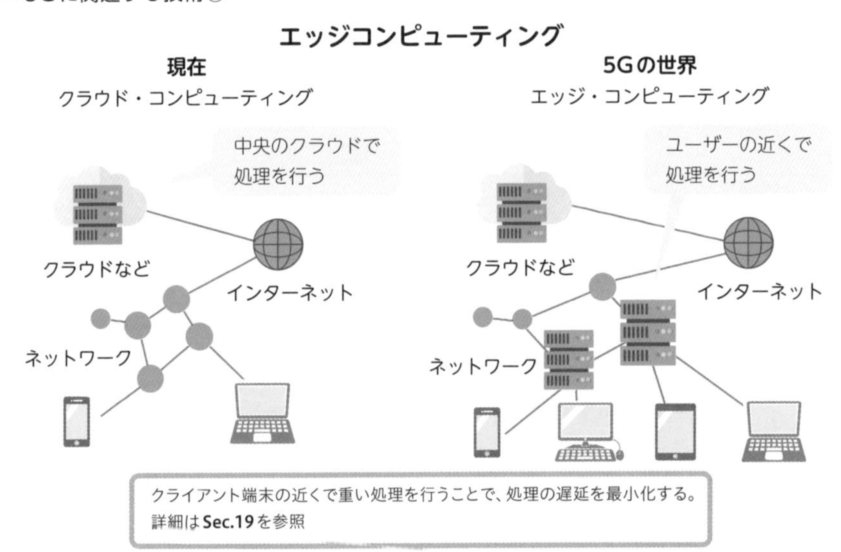

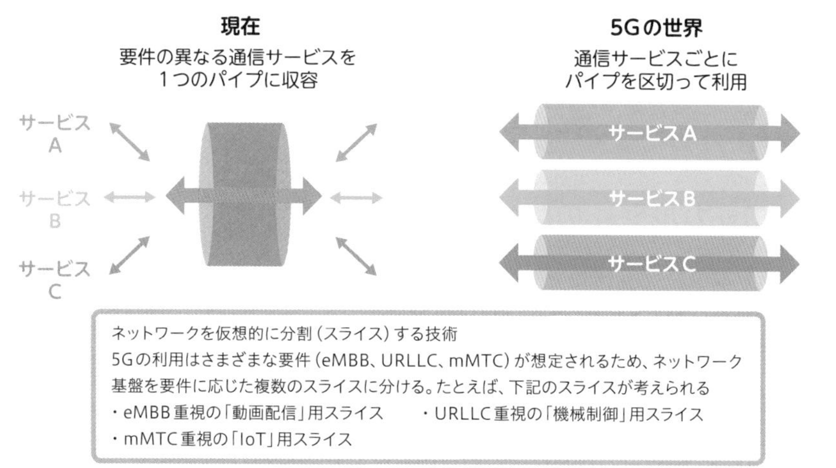

出典：https://www.au.com/mobile/area/5g/gijyutsu/

・4Gから5Gへの移行

4Gの無線基地局を5Gの無線基地局に一気に置き換えることは現実的ではありません。当面の間、日本国内は「ノンスタンドアロン」方式の運用となる見込みです。5Gの無線基地局である「スモールセル」を整備するのに多大な労力がかかることから、「ノンスタンドアロン」方式から「スタンドアロン」方式への移行には時間を要するでしょう。

■ 5Gの運用形態

種類	内容
ノンスタンドアロン (NSA: Non-Stand Alone)	・4G(「マクロセル」)と5G(「スモールセル」)の併用で運用する ・「C/U分離」を行うため、制御信号は4Gに依存する
スタンドアロン (SA: Stand Alone)	・5Gを単独(スタンドアロン)で運用する ・5G用に拡張された制御信号を用いるため、「ネットワークスライシング」を実現できる

「スタンドアロン」方式を実現した暁には、フル5Gの恩恵として「ネットワークスライシング」を実現できます。

5Gの要件である「eMBB」(高速大容量)、「URLLC」(低遅延)、「mMTC」(同時多数接続)はトレードオフとなっている面があり、1つのネットワーク基盤がすべての要件を同時に満たすことは困難です。トレードオフを解消するためには、ネットワーク基盤を用途別に分割すること（「ネットワークスライシング」）が有効です。たとえば、「動画配信」の利用者は「eMBB」（高速大容量）重視のスライスを利用すればよいのです。

「ローカル5G」の概要

「**ローカル5G**」（Local 5G）は、読んで字のごとく「局所的」（local）な5Gです。通信事業者ではない一般企業が免許申請を行うことで、自社の敷地内や建物内といった「局所的」なエリアに限って自前の5Gネットワークを構築できるという制度です。自前ということもあり、「ローカル5G」の無線基地局は自己責任で整備する必要があります。総務省が提示する「ローカル5G」のコンセプトは下記の通りです。

・5Gを利用する。
・地域のニーズに基づく比較的小規模な通信環境を構築する。
・自らが無線局免許を取得できる。
・無線局免許を保持している他者の「ローカル5G」システムを利用できる。

■「ローカル5G」の概要

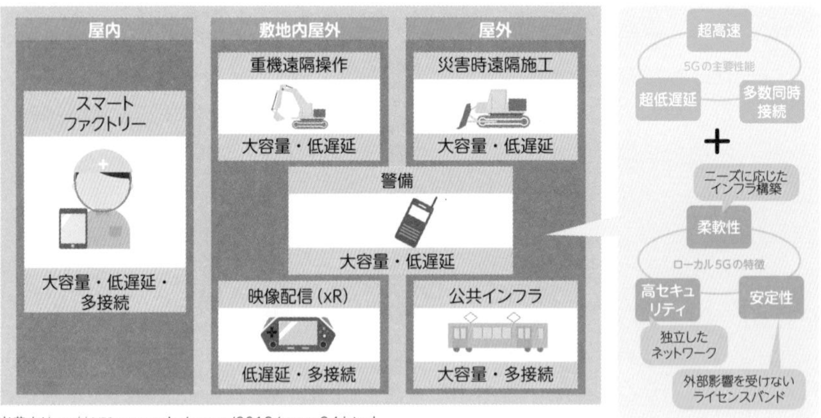

出典:https://optage.co.jp/press/2019/press34.html
https://www.sbbit.jp/article/cont1/36946

「ローカル5G」のユースケースは、おおむね「Industrie 4.0」の実現と言ってよいでしょう。工場全体の最適化を図る「スマートファクトリー」(smart factory)の実現のためには、「ローカル5G」の「eMBB」(高速大容量)、「URLLC」(低遅延)、「mMTC」(同時多数接続)が有効です。

通信事業者が扱う一般的な「5G」と一般企業が扱う「ローカル5G」は周波数帯が明確に分離されています。通信事業者と一般企業がお互いの縄張りを侵さないようにしているわけです。

■「ローカル5G」の周波数帯

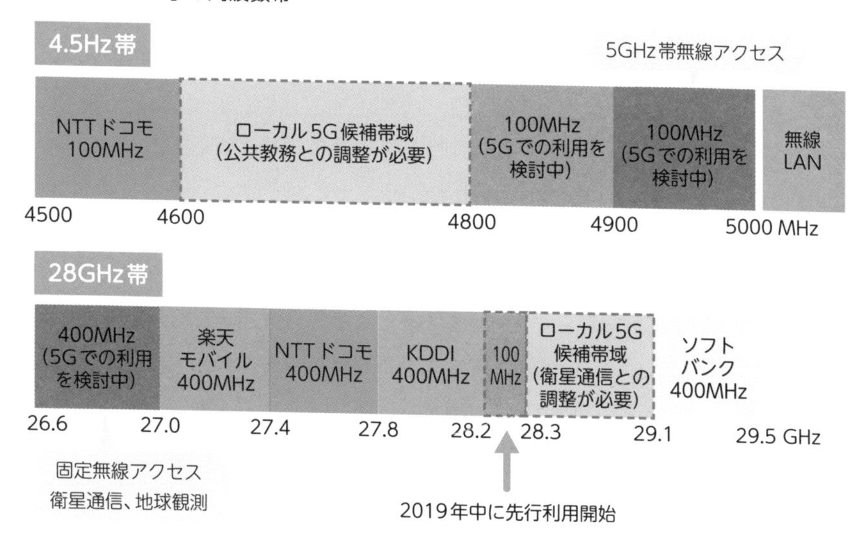

5Gが扱う「ミリ波帯」の電波は飛距離が短く、一般消費者向けのスマートフォンには扱いにくい代物です。しかし、「ローカル5G」のように、無線の通信範囲を自社の敷地内や建物内といった「局所的」なエリアに限定するのであれば、無線通信の飛距離は問題になりません。むしろ、電波が遠くまで漏れないのを逆手にとれば、セキュリティが向上するとも言えるでしょう。

私見によれば、「ローカル5G」は「政府が5Gの普及を一般企業に肩代わりさせる試み」と考えられます。4Gまでは通信事業者任せで普及してきました。しかし、5Gの場合は、4Gと比べて大量の無線基地局（「スモールセル」）を建設する必要があります。5Gの「ミリ波帯」の電波の方が飛距離が短い分だけ、「スモールセル」の数の多さでカバーせざるを得ません。そうしないと、ほとんどの地域で5Gの電波が入らないため「5Gスマホ」は使い物にならないでしょう。そうは言っても、通信事業者にとって、「スモールセル」の建設は金銭、労力、時間を多大に要する仕事です。であれば、IoTに投資する余力がある一般企業にも5Gを開放して、通信事業者のかわりに「スモールセル」を建設してもらおうという意図を「ローカル5G」の背後に感じます。

5Gの展望

5GはIoTの普及を念頭に置いた挑戦的な無線通信規格です。とりわけ、扱いが厄介な「ミリ波帯」を使ってまで通信の高速化を図ろうとしている点は注目に値します。しかし、一般消費者は4G（LTE相当）の通信速度で十分に満足しており、5Gの注目度はさほど高くなさそうです。データ伝送量が多い動画サイト（YouTubeなど）をスマホで閲覧する場合であっても、LTE相当の通信速度で十分です。この状況で「5Gスマホ」を売り出しても、一般消費者には具体的なメリット（ユースケース）が見えてこないでしょう。政府や通信事業者の期待とは裏腹に、5Gは「笛吹けども踊らず」です。

5Gの普及の前提条件として、5Gのサービスエリアを日本全土に拡大する必要があります。少なくとも、「5Gスマホが田舎で通じる」レベルのサービスエリアの広さが必要でしょう。そのレベルに達するまでには、通信事業者が「スモールセル」を大量に建設する必要があるため、長い年月を要するのは確実です。「ミリ波帯」の電波はせいぜい視界内までしか飛びません。それだけ短い距離間隔で「スモールセル」をビッシリと建設することになるでしょう。「スモールセル」の建設には多大なコストを要するため、通信事業者が負担しきれるか懸念されます。

一説によると、「ミリ波帯」の電波には「人体への悪影響（健康被害）」の懸念があります。数多くの無線基地局に取り囲まれて強力な電波を照射されると、人間が大量の電磁波を浴びる可能性が出てきます。電磁波が人体に及ぼす影響は研究されている途中ですが、5Gの大きなリスク要因と言えます。

4G以上に課題が山積しているため、5Gがスムーズに普及するかは未知数です。日本以上の大国であるはずの米国や中国ですら5Gの普及には苦戦しています。すなわち、日本が米国や中国以上に5Gを推進しない限り、5Gは日本国内に普及しないでしょう。5Gに進むのか、4Gに留まるのか、あるいは、6Gまで跳ぶのか、日本の分かれ目と言えます。

■ 5Gについて

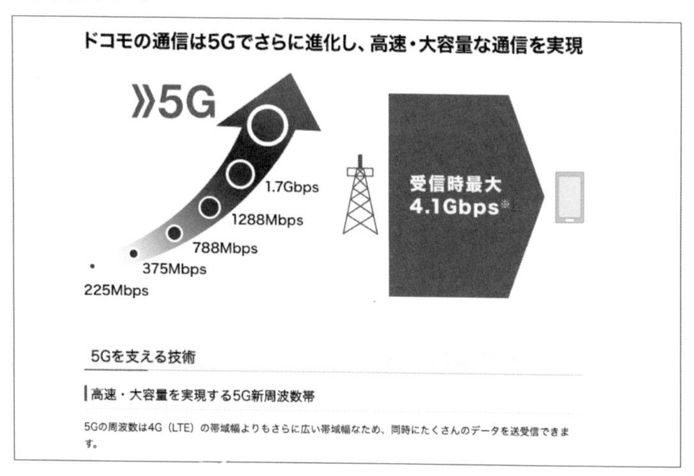

https://www.nttdocomo.co.jp/area/5g/

まとめ

- 5Gの要件として「eMBB」（高速大容量）、「URLLC」（低遅延）、「mMTC」（同時多数接続）が挙げられる
- 「ローカル5G」は、通信事業者ではない一般企業が免許申請を行うことで、自社の敷地内や建物内に限って自前の5Gネットワークを構築できる制度である

25 低消費電力の無線通信技術(LPWA)
～LoRaWAN、Sigfox、NB-IoT～

IoTに特化した無線通信技術の総称であるLPWAは群雄割拠の戦国時代です。さまざまな規格が乱立しており、LPWAのすべてを本書ではカバーしきれません。本節では三大LPWAの要点のみを抜粋しています。

LPWAの概要

「**LPWA**」(Low Power Wide Area)はIoT向けの無線通信技術の総称です。

Low Power Wide Area の直訳通りに「省電力かつ遠距離通信」を実現できる無線通信技術全般を指しています(個別の技術を指す用語ではありません)。「LPWA」を用いたネットワークは「LPWAN」(LPWAのNetworkの略)と呼びます。

Sec.21で述べたように、遠距離まで通信しようとすれば消費電力が上がってしまいます。そこで、LPWAは通信速度を犠牲にするかわりに「省電力かつ遠距離通信」を実現しています。IoTで扱うセンサデータ程度の微小データであれば高速通信は不要であるため、通信速度の低さは問題になりません。

IoTの普及に伴い、LPWAに属する無線通信技術は群雄割拠の状況となっています。現時点では、どの技術が天下を取る(デファクトスタンダードになる)か不明ですが、本書では「LoRaWAN」、「Sigfox」、「NB-IoT」を解説します。

・「セルラー系」と「非セルラー系」

LPWAは「**セルラー系**」と「**非セルラー系**」に大別されます。「セルラー系」は通信事業者が提供する無線(LTEの応用技)であり、総務省からの無線局免許が必須です。それに対して、「非セルラー系」は免許不要であるため、個人や企業が無線を自由に運用できます。

「NB-IoT」は「LTE-M」の省電力化をさらに推し進めた無線通信技術です。「単3電池2本でおおむね10年程度の電池寿命」を実現できるほどの省電力です。そのかわり、「LTE-M」より通信速度は遅くなっています。

LPWAの特色と言えるのが「非セルラー系」です。従来の無線通信技術は通信事業者の独擅場だったのに対して、「LoRaWAN」や「Sigfox」は個人や企業が自由に無線電波を飛ばせます（ただし、通信モジュールは「技適」をパスする必要があります）。

■ LPWAの概要

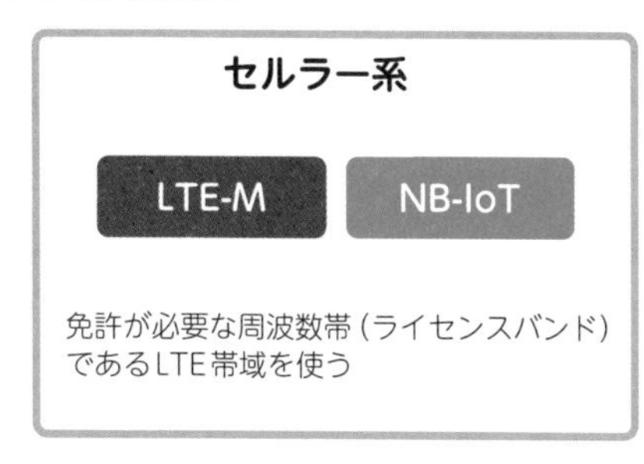

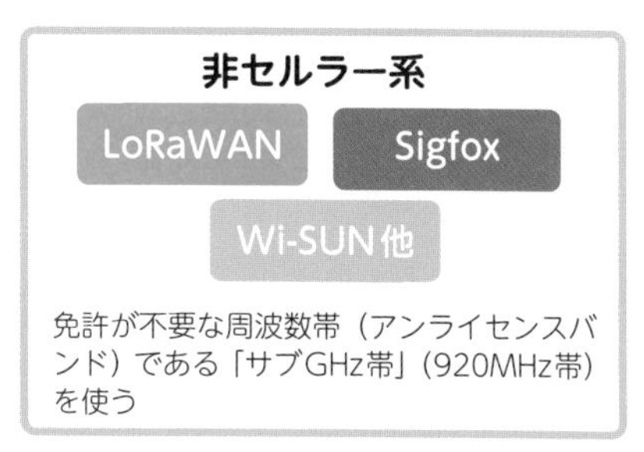

・通信の「上り」と「下り」

LPWAでは、通信の方向に注意を払う必要があります。通信の方向は「上り」と「下り」の2種類があります。インターネット（クラウド）側に向かう方の通信が「上り」であり、ユーザー端末側に向かう方の通信が「下り」と呼ばれます。

無線通信の種類によっては、「上り」と「下り」で、通信速度や通信可能回数などの技術仕様が異なっている場合があります。一般的には、動画配信などを行う高速な無線通信は「下り」優先のネットワークであるのに対して、IoTシステム（例：微小なセンサデータの収集）向けの低速な無線通信は「上り」優先のネットワークであると言えます。

LoRaWANの概要

「LoRaWAN」は「LoRa」という無線技術（変調方式）を用いたLPWAの一種です。「LoRa Alliance」という非営利団体が「LoRaWAN」を推進しています。「LoRa」と「LoRaWAN」は似て非なるものであり、「LoRaWAN」が「LoRa」を包含しているイメージです。

LoRaWANは、「サブギガ帯」と呼ばれる「920MHz帯」を使用しています。「920MHz帯」は「ISMバンド」に属しており、免許不要（「アンライセンスバンド」）です。

■ LoRaとLoRaWAN

方式	内容
LoRa	無線基地局や通信モジュールなどを規定する物理的な規格を指す。「LoRa」は「Long Range」(長距離) の略であり、長距離通信を想定した変調方式である
LoRaWAN	変調方式としてLoRa変調を採用したWAN (広域ネットワーク) の仕様を指す ・変調方式として、LoRa変調だけでなく「周波数偏移変調」(FSK: Frequency Shift Keying) を用いることもできる ・物理層 (LoRa変調またはFSK変調) だけでなく、その上位であるMAC層 (LoRa MAC) も規定している

・LoRaWANの主要諸元

LoRaWANの主要諸元を示します。

■ LoRaWANの主要諸元

項目	内容
通信速度	8段階のデータレート (DR: Data Rate) が規定されている。「DR0」(250bps) ～「DR7」(50,000bps) の範囲で設定可能である。DRを上げると通信距離が短くなってしまうため、「DR5」(5,470bps) で留めることが多い
通信距離	十数km程度 (実質的には、見晴らしのよい屋外の場合で3km程度、屋内や障害物が存在する場合で1km程度)
周波数帯	920MHz帯 (「ISMバンド」に属する「サブギガ帯」を用いるため、免許不要の「アンライセンス系」に分類される)
周波数帯域幅	125kHz
技術仕様	オープン仕様
消費電力	電池で10年程度の稼働が可能
費用	通信モジュール：1個あたり数百円程度
ペイロードサイズ	11～242 Bytes (送信1回あたり)
1日あたりの通信可能回数	制限なし ※ただし「電波産業会」(ARIB) の規定に従う必要あり
推進団体	LoRa Alliance (https://lora-alliance.org/)
標準のIoTプラットフォーム	The Things Network (https://www.thethingsnetwork.org/)
特記事項	無線基地局 (ゲートウェイ) を自由に設置できる 「ADR」(Adaptive Data Rate)：通信の安定度によって端末の通信データレートを自動的に切り替える

・LoRaWANのシステム構成

LoRaWANのシステム構成は「**クライアント端末**」、「**IoTゲートウェイ**」、「**IoTプラットフォーム**」の3層構造が基本です。

■ LoRaWANのシステム構成

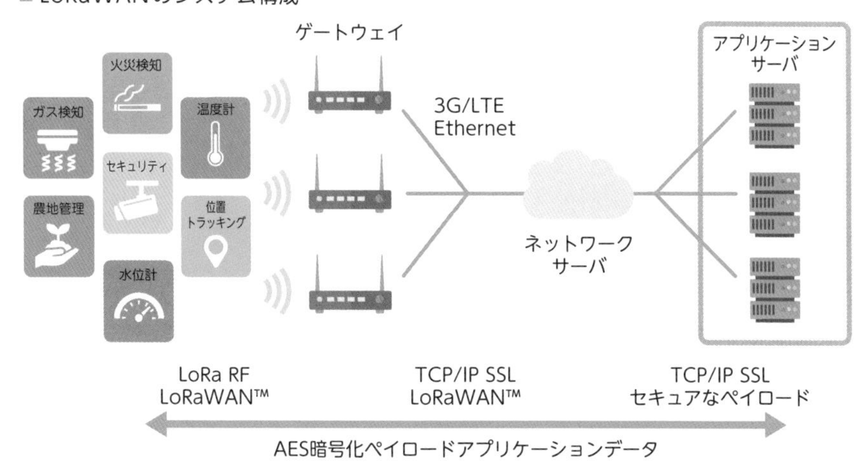

LoRaWANのシステム構成を手軽に構築できる具体例を示します。市販の通信モジュールやシングルボードコンピュータ（Raspberry Piなど）を揃えることで、LoRaWANを用いたIoTシステムを構築することができます。

■ LoRaWANのシステム構成例

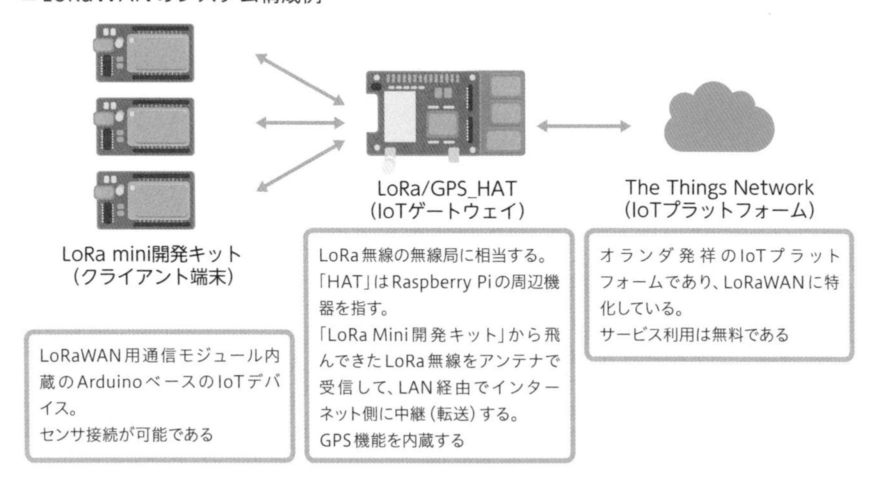

LoRaWANの特筆すべき点は、LoRaWAN用の「IoTゲートウェイ」を準備することで、誰でもLoRa無線の基地局を設置できることです。それに対して、免許必須の「ライセンス系」の無線通信の場合は、無線局を勝手に設置すると「電波法」違反になってしまいます。

「IoTゲートウェイ」の購入代金（初期投資）は必要ですが、いったんシステムを構築さえしてしまえば、あとは無線LAN（Wi-Fi）を利用するような感覚で、「省電力かつ遠距離」の無線通信を実現できます。自前のLoRaWANネットワークを使うならば、無線LAN（Wi-Fi）と同様に通信費は無料で済みます。LoRaWANネットワークは必ずしも自前で構築する必要はなく、他の事業者が提供するLoRaWANネットワークを利用することもできます。その場合は、相応の通信料がかかることになります。

LoRaWANの課題として、コストや利便性の長所が大きいがゆえに「自前のLoRaWANネットワーク」が乱立すると、通信の輻輳（渋滞）が生じるリスクがあります。無線通信のプロである通信事業者が構築した「セルラー系」の通信ネットワークに比べると、安定性や信頼性は劣ってしまいます。リスクを自己責任で許容できるのであれば、LoRaWANはIoT向けの無線通信として有力な選択肢です。

・LoRaWANのレイヤ構造

LoRaWANのレイヤ構造は「**物理層**」と「**MAC層**」に大別されます。「MAC層」はOSI参照モデルの「データリンク層」（隣接するデバイスへの通信）に相当します。

■ LoRaWANのレイヤ構造

「MAC層」に属する「LoRa MAC」は「クライアント端末がダウンリンクの信号を受信するタイミング」を3段階(「Class A」、「Class B」、「Class C」)で定義しています。

「ダウンリンクの信号を受信する」処理は相応の電力消費を要するため、受信処理を必要最小限に留めることで省電力を実現できます。

■ LoRa MACのクラス

クラス名	電力消費	説明
Class A (Baseline)	小	アップリンク送信の直後にしか、ダウンリンクを受信しない
Class B (Beacon)	中	ゲートウェイからビーコン信号を定期的に送信する。ビーコン信号により、すべてのクライアント端末が同期をとる。クライアント端末はビーコン信号の受信を定期的に待ち受ける
Class C (Continuous)	大	アップリンク送信中を除いて、ほぼいつでもダウンリンクを受信できる

Sigfoxの概要

「Sigfox」は「LoRaWAN」のライバル規格と言えます。「LoRaWAN」と同じく「アンライセンス(免許不要)バンド」である「920MHz帯」(「サブギガ帯」)を利用する「アンライセンス系LPWA」です。

「Sigfox」はフランス発祥の規格です。仏国Sigfox社の方針により、世界各国の1社のみに独占展開を許可しています。

日本では「京セラコミュニケーションシステム株式会社(KCCS)」がSigfoxを独占展開しています。

・Sigfoxの主要諸元

Sigfoxの主要諸元を示します。

■ Sigfoxの主要諸元

項目	内容
通信速度	上り：最大100bps 下り：最大600bps
通信距離	数十km程度
周波数帯	920MHz帯 （「ISMバンド」に属する「サブギガ帯」を用いるため、免許不要の「アンライセンス系バンド」に分類される）
周波数帯域幅	100Hz
技術仕様	仏国Sigfox社の独自仕様
消費電力	電池で10年程度の稼働が可能
費用	通信モジュール：1個あたり数百円程度
ペイロードサイズ（送信1回あたり）	上り：最大12 Bytes 下り：最大8 Bytes （「メッセージ」という単位）
1日あたりの通信可能回数	上り：140回 下り：4回
推進団体	ネットワークサービスの提供者「仏国Sigfox社」（https://www.sigfox.com/） 仏国Sigfox社認定の日本国内のオペレーター「京セラコミュニケーションシステム株式会社（KCCS）」（https://www.kccs.co.jp）
標準のIoTプラットフォーム	Sigfox Backend Cloud（https://backend.sigfox.com/）
特記事項	「Sigfox Atlas」：Sigfox通信モジュール内蔵のデバイスはGPSなしで大雑把な位置情報をつかめる 「下り」方向の通信は可能だが制約が多い。実質的に「上り」方向の通信がメインである 仏国Sigfox社の方針により、Sigfoxネットワークの「オペレーター」（運営管理者）は一国で一事業者のみである。日本では「京セラコミュニケーションシステム株式会社（KCCS）」が「オペレーター」である

・Sigfoxのシステム構成

LoRaWANはオープンな仕様であるのに対して、Sigfoxは仏国Sigfox社の独自仕様（クローズな仕様）です。LoRaWANの無線基地局は自前で構築することができるのに対して、Sigfoxの場合はSigfox陣営が準備したネットワークを利用せざるを得ません。無線基地局を含むネットワークの整備はSigfox陣営に一任することになります。

■ Sigfoxのシステム構成

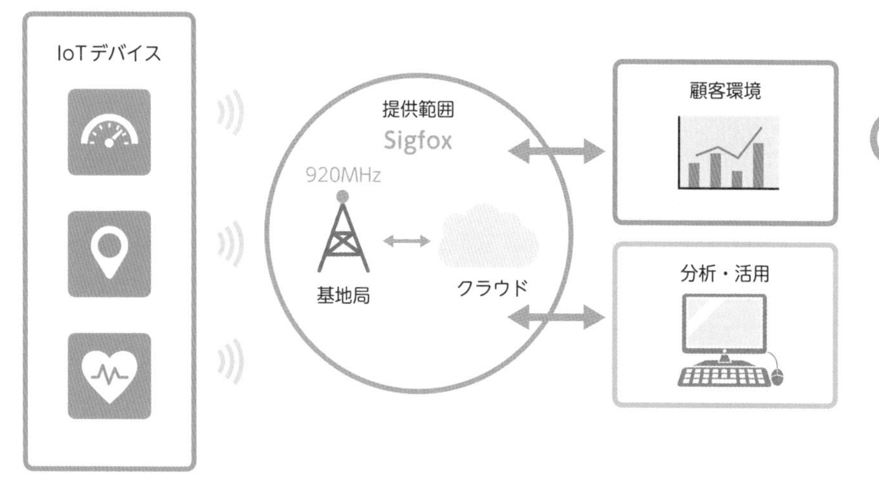

出典：https://www.kccs-iot.jp/service/

Sigfoxのシステム構成を手軽に構築できる具体例を示します。LoRaWANと同様に、Sigfox用の通信モジュールやIoTプラットフォームが準備されています。

■ Sigfoxのシステム構成例

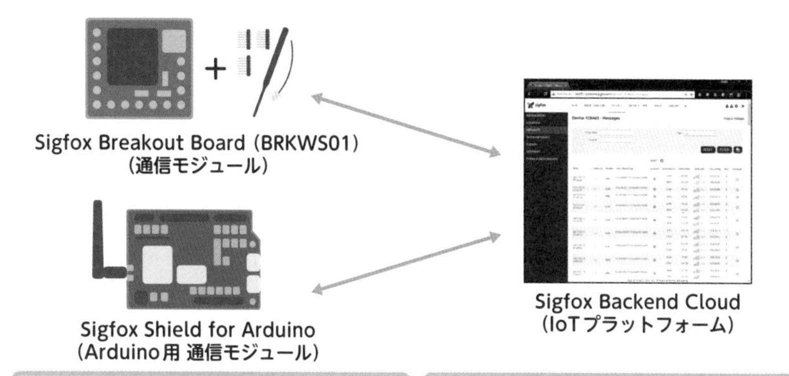

Sigfoxネットワーク経由で無線通信するためのアンテナを搭載している。最小限の構成である「Breakout Board」やArduino用の周辺機器（Shield）が提供されている（Sigfox Breakout Board［BRKWS01］とSigfox Shield for Arduino）

Sigfox専用のクラウドサービスである「Sigfox Backend Cloud」が準備されており、アップロードされたデータのかんたんなチェックができる
「Sigfox Callback」機能により、ほかのクラウドサービス（AWSなど）との連携も可能である

IoTデバイスとSigfox用の通信モジュール間の通信は「UART」（シリアル通信）で行います。IoTデバイスのファームウェアから「Sigfox ATコマンド」というコマンドを発行することで、Sigfoxネットワーク経由でクラウドサーバにデータをアップロードします。

・Sigfox UNB通信

Sigfoxは「UNB」（Ultra Narrow Band）という、非常に狭い帯域幅の無線通信を採用しています。Sigfoxの帯域幅全体が「200kHz = 200,000Hz」であるのに対して「100Hz（全体の0.05%）」しか帯域幅を使いません。この「100Hz」という極めて狭い帯域幅を使って「最大12 Bytes」の「メッセージ」を送信するというのがSigfoxの基本的なしくみです。

■ Sigfox UNB（ウルトラナローバンド）通信

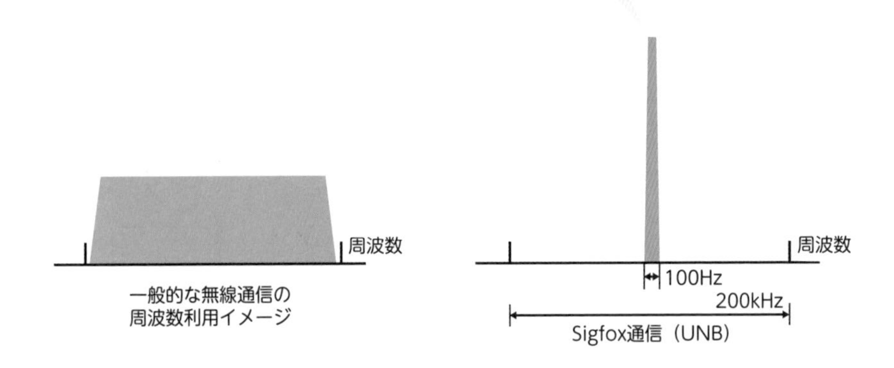

出典：京セラコミュニケーションシステム株式会社資料

「帯域幅」を狭く絞ることによって、スペクトラム密度（電波の密度のようなもの）を高めることができます。電波の密度が高まると、ほかの通信機器の電波やノイズなどの干渉に影響されないようになります。

・Sigfoxの耐障害性

Sigfoxは通信障害に備えて技術的な対策を施しています。処理が冗長になりますが、同一データを複数の回数（経路）で送信することで、ネットワーク障害時にデータが喪失するリスクを低減しています。

・同一データを1回きりではなく複数回送信する。
・同一データを1つの経路のみではなく複数の経路で送信する。

さらには、通信速度（周波数帯域幅）の性能を落とすことで、データ送受信の安定性を高めています。

・帯域幅を狭めることで、他の無線通信との競合（回線の輻輳）を抑止する。
・通信速度をあえて落とすことで、データ受信を安定させる。

Sigfoxの耐障害性を高めるための技術の一覧を示します。

■Sigfoxの耐障害性

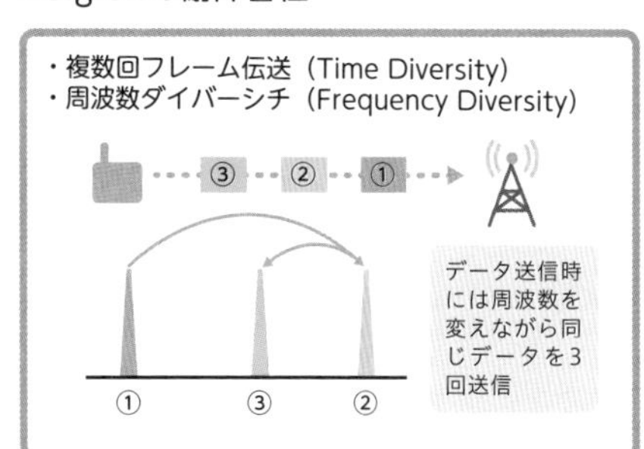

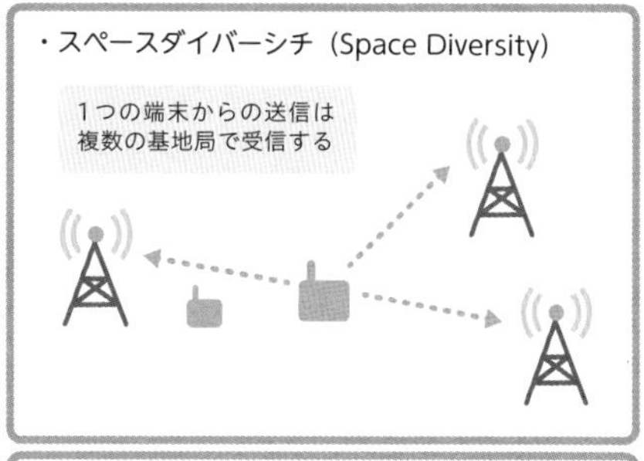

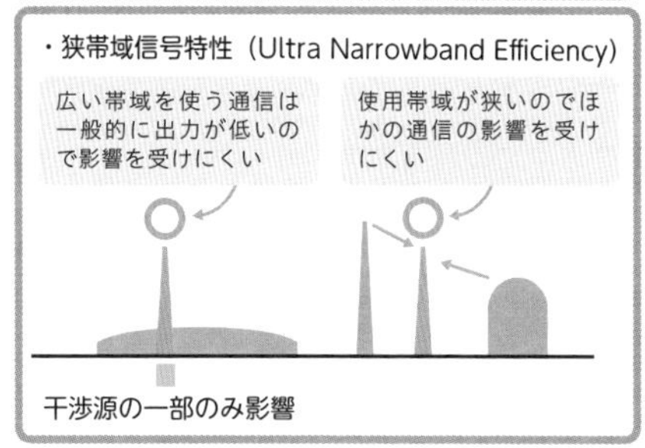

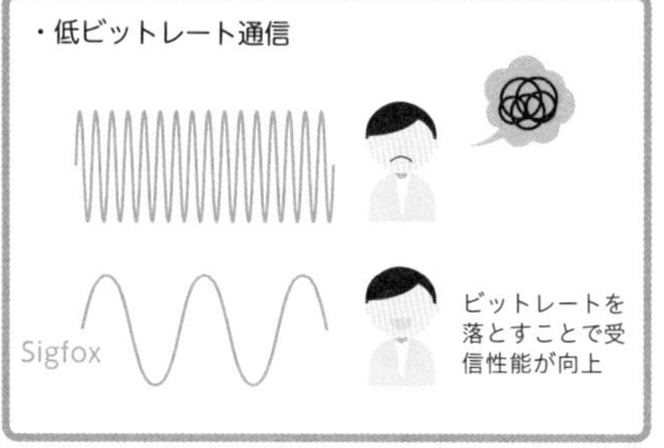

出典：京セラコミュニケーションシステム株式会社の資料より抜粋

NB-IoTの概要

LoRaWANやSigfoxが「アンライセンス系LPWA」（非セルラー系）であるのに対して、「NB-IoT」（「LTE Cat.NB1」）は免許必須の「ライセンス系LPWA」（セルラー系）です。「LTE-M」と同様に、「NB-IoT」は「LTE」をIoT向けに応用した無線通信規格となっています。

「NB-IoT」の NBは「Narrow Band」（狭い帯域）を意味しています。LTE-Mの周波数帯域幅である「最大1.4MHz（1,400,000Hz）」に対して、NB-IoTの周波数帯域幅は「180kHz（180,000Hz）」と大幅に狭くなっています。周波数帯域幅が狭くなることから、NB-IoTはLTE-Mより通信速度が遅くなります。LTE-Mの通信速度である「最大1Mbps」（上り下り共）に対して、NB-IoTの通信速度は「上り：最大63kbps、下り：最大27kbps」と大幅に遅くなっています。NB-IoTは通信速度をあえて下げることによって、消費電力を徹底的に抑えています。稼働条件次第では、単3電池2本で約10年稼働することが可能です。端的に言うと、NB-IoTはLTE-Mのさらなる省電力版です。

・NB-IoTの主要諸元

NB-IoTの主要諸元を示します。

■ NB-IoTの主要諸元

項目	内容
通信速度	上り：最大63kbps 下り：最大27kbps
通信距離	十数km程度
周波数帯	LTEと同じ帯域である （免許必須の「ライセンス系バンド」に分類される）
周波数帯域幅	180kHz
技術仕様	「3GPP」が規定する仕様
消費電力	単3電池2本で約10年稼働 （1日1KB未満の伝送の場合）

項目	内容
費用	通信モジュール：1個あたり数百円程度
ペイロードサイズ（送信1回あたり）	不定
1日あたりの通信可能回数	制限なし ※ ただし「電波産業会」(ARIB) の規定に従う必要あり
推進団体	「3GPP」(3rd Generation Partnership Project) (https://www.3gpp.org)
標準のIoTプラットフォーム	特になし ソフトバンクなどが自社製プラットフォームを提供している
特記事項	無線通信に「ライセンス系バンド」を用いるので、通信事業者が提供する「NB-IoT専用SIMカード」が必要である 「半二重通信」方式である（送信と受信を同時にできない） 「ハンドオーバー」(hand over) が不可である。「ハンドオーバー」は、無線基地局の切り替えを指す。クライアント端末の移動中に複数の無線基地局をまたぐ場合に「ハンドオーバー」が生じる

・NB-IoTのシステム構成

「非セルラー系」(LoRaWANやSigfox) と「セルラー系」(LTE-MやNB-IoT) の大きな違いは「無線基地局」にあります。

「非セルラー系」の場合は、LoRaWANのように自前の無線基地局が増えるか、あるいは、Sigfoxのように Sigfox陣営が無線基地局を整備するまでに長い時間を要すると見込まれます。つまり、「非セルラー系」LPWA全般の弱点として、本書執筆時点においてはサービスエリアが狭い（都心部に限定される）ことが挙げられます。

それに対して、「セルラー系」LPWAは現時点で普及しているLTEの「無線基地局」を流用できます。つまり、無線通信において重要なサービスエリアの課題が解消されているわけです。

NB-IoTサービスを提供している「ソフトバンク」のシステム構成例を挙げます。なお、ソフトバンクはNB-IoTに加えて、「IP化しないデータ伝送」である「NIDD」(Non-IP Data Delivery) を併用しています。

■ NB-IoTのシステム構成

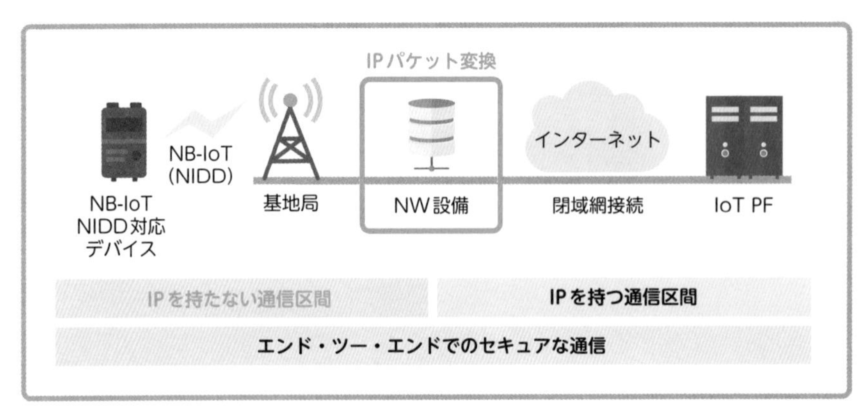

出典：https://www.softbank.jp/corp/news/press/sbkk/2018/20180928_01/

ソフトバンクのNB-IoTサービスの場合は、日本全土を幅広くカバーしているソフトバンクの「LTEネットワーク」(無線基地局を含む) をそのまま活用できます。

「非セルラー系」LPWAのサービスエリアの拡充が道半ばであることを考えると、この「広大なサービスエリア」という優位点は大きいです。

NB-IoTのシステム構成を手軽に構築できる具体例を示します。「非セルラー系」(LoRaWANやSigfox) とは異なり、「セルラー系」(LTE-MやNB-IoT) の無線通信は通信事業者の「ライセンスバンド」を用いるため、通信事業者が提供する「SIMカード」を準備する必要があります。

NB-IoTは通信事業者 (ソフトバンクなど) が担っている規格です。

通信事業者の実績と信頼がある「ライセンスバンド」(LTEネットワーク) を用いることができるのは、NB-IoTの大きな利点です。

その反面、「SIMカード」の入手はハードルが高く、相応の通信料金を通信事業者から請求されることになります。

■ NB-IoTのシステム構成例

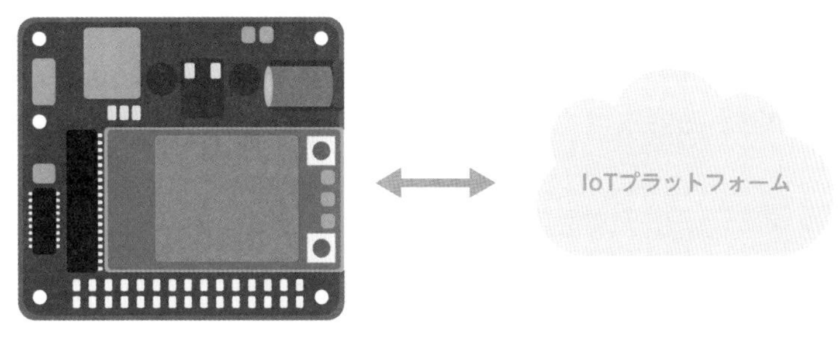

CANDY Pi Lite LTE-M
(Raspberry Pi 用通信モジュール)

Raspberry Pi 向けに「CANDY Pi Lite LTE-M」が準備されている。NB-IoTの場合は通信モジュール単体では動作せず、通信事業者が提供する「NB-IoT用SIMカード」を通信モジュールに挿入する必要がある

NB-IoT純正のIoTプラットフォームはない
ソフトバンクなどの通信事業者がNB-IoTに対応したIoTプラットフォームを提供している

出典：https://www.candy-line.io/%E8%A3%BD%E5%93%81%E4%B8%80%E8%A6%A7/candy-pi-lite-lte-m/

・NB-IoTの周波数運用モード

NB-IoTの周波数の利用形態（**周波数運用モード**）は「**インバンドモード**」、「**スタンドアロンモード**」、「**ガードバンドモード**」の3種類です。

LTEの帯域幅（20MHz）と比較すると、NB-IoTの帯域幅（180kHz）は非常に狭くなっています。そこで、限りある周波数帯の有効活用のため、LTEの周波数帯以外に、「ガードバンド」(電波干渉を防ぐための緩衝地帯)や「過去に使っていたが現在はあまり使われていない周波数帯」(例：2G時代のGSM用の周波数帯)をNB-IoTの通信に利用しています。

■ NB-IoTの周波数運用モード

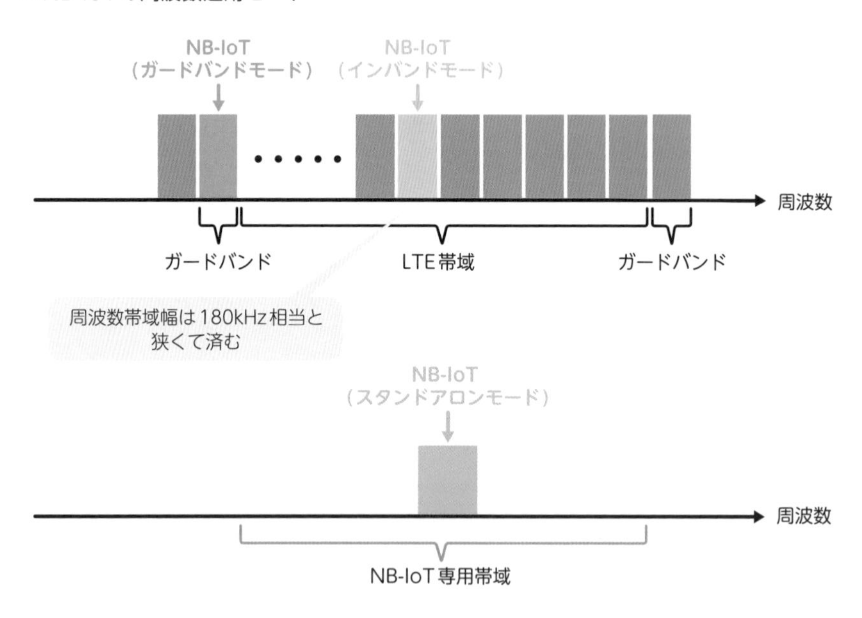

■ NB-IoT運用モードの詳細

モード	詳細
インバンドモード (in-band mode)	LTEの周波数帯を利用する
ガードバンドモード (guard-band mode)	「ガードバンド」(guard-band)と呼ばれるLTEの隙間になっている周波数帯を利用する 「ガードバンド」は、隣接する周波数帯を利用するシステム同士の干渉を防ぐために設けられる、未使用の周波数帯(一種の緩衝地帯)を指す
スタンドアロンモード (stand-alone mode)	LTE以外の独立(スタンドアロン)した周波数帯を利用する たとえば、「GSM」(2G時代)が利用していた周波数帯が挙げられる

NB-IoTの「180kHz」という帯域幅は「RB」(Resource Block) の1つ分に相当します。「RB」は「180kHz」幅分の周波数の束のようなイメージであり、LTEが扱う帯域幅の最小管理単位です。LTEは複数の「RB」の束を占有することで、高速通信を実現しています。それに対して、NB-IoTは高速通信をしないので、「RB」1つのみの占有で済みます。「RB」1つ程度の帯域幅の狭さであれば、「ガードバンド」や「昔の無線通信が占有していた周波数帯の跡地」で無線通信を行っても、無線が混線するなどの支障は出てきません。

まとめ

- 「LPWA」はIoT向けの「省電力かつ遠距離通信」を実現する無線通信技術の総称である。LPWAの具体例として「LoRaWAN」、「Sigfox」、「NB-IoT」が挙げられる
- 「LoRaWAN」は「LoRa」変調方式を用いたLPWAの一種である。「LoRa Alliance」が推進している。大きな特長は、「アンライセンス (免許不要) バンド」を利用しており「無線基地局 (IoTゲートウェイ)」を自由に設置できることである
- 「Sigfox」はLoRaWANと同じく「アンライセンス系LPWA」である。仏国Sigfox社が開発し、日本では「京セラコミュニケーションシステム株式会社 (KCCS)」が独占展開している
- 「NB-IoT」は免許必須の「ライセンス系LPWA」(「セルラー系」) である。NB-IoTはLTE-Mのさらなる省電力版である

26 省電力なBluetoothの利用 ～BLEによる電力問題の克服～

「近距離の無線通信」として広く普及しているBluetoothとWi-Fiは比較されがちです。端的に言うと「通信速度のWi-Fiと省電力のBluetooth」です。電力要件の厳しいIoTデバイスにはBluetoothの省電力が役立ちます。

Bluetoothの概要

「**Bluetooth**」は幅広く普及しているPAN（近接距離無線）の一種です。「Bluetooth」（青い歯）とは変わったネーミングですが、バイキングの王様（「青歯王」）に由来しています。正式な規格名は「IEEE 802.15.1」です。

Bluetoothは有線の電子機器をワイヤレス（wireless）化するために用いられています。たとえば、有線のマウスやキーボードはケーブルが絡まってしまい邪魔でした。Bluetoothによりワイヤレス化することで、取り回しがスッキリします。

■ Bluetoothの概要

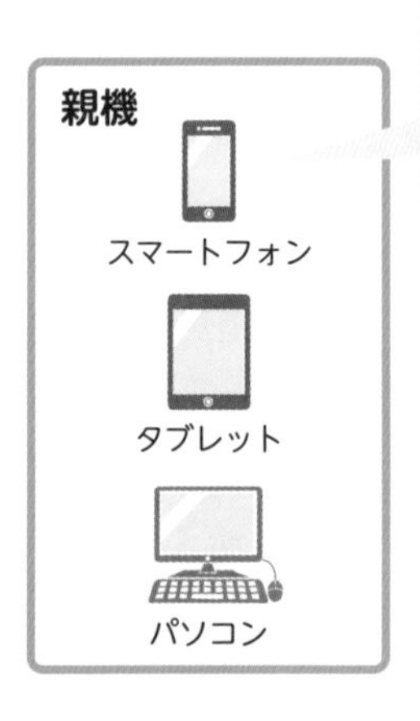

通信を行う前に、親機と子機の間で「ペアリング」しておく必要がある

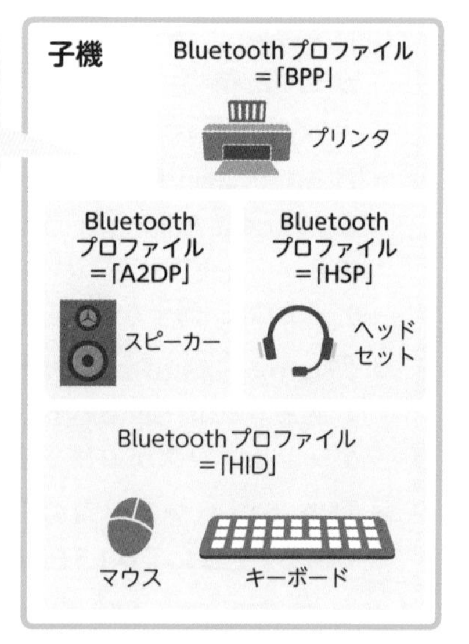

「**電子機器**」と言っても多種多様です。Bluetoothでは電子機器の種別ごとに「**プロファイル**」(profile) が規定されています。「プロファイル」は同種類の電子機器同士を無線接続するためのプロトコル (約束事) です。Bluetoothで無線接続できるのは、同じプロファイルを有する機器同士 (送信側と受信側の両方) です。Bluetoothで無線接続するためには、機器同士の「**ペアリング**」(paring) を最初に行って、接続相手をお互いに特定する必要があります。

・Bluetoothのクラス

Bluetoothには、電波強度を規定した「クラス」(Class) という概念があります。各々の電子機器はいずれかのクラスに属しています。無線の通信距離を長くするほど、消費電力が増大します。

■ Bluetoothのクラス

クラス	出力	通信距離
Class 1	100mW	100m
Class 2	2.5mW	10m
Class 3	1mW	1m

・Bluetoothの通信速度

Bluetoothは通信方式によって「データレート」(通信速度) が異なります。基本となる通信方式は「BR」(Basic Rate) であり、「BR」を高速化した「EDR」(Enhanced Data Rate) や「HS」(High Speed) があります。

■ Bluetoothの通信速度

通信方式	データレート
BR (Basic Rate)	1 Mbps
EDR (Enhanced Data Rate)	3 Mbps
HS (High Speed)	24 Mbps

BLEの概要

Bluetoothは歴史が長い (約20年) こともあり、バージョンアップがくり返されてきました。Bluetooth 3.0からBluetooth 4.0にアップした際に大きな機能追加があったことから、Bluetooth（バージョン3.0以前）は「Bluetooth Classic」と呼ばれます。Bluetooth 4.0における機能追加は「Bluetooth Low Energy」（BLE）という低消費電力の通信モードです。端的に言うと「Bluetoothの省電力版」です。元々は、Nokia社がWibreeという名称で開発しており、Bluetoothとは別の規格でした。そういう背景があり、BLEは「Bluetooth Classic」のBRやEDRと独立しており、互換性がありません。

「Bluetooth Classic」と「Bluetooth Low Energy」（BLE）を比較してみましょう。元々は別規格だった両者の大きな違いは「接続形態」と「消費電力」です。

■ BLEの概要

出典：https://www.tjsys.co.jp/focuson/clme-bluetooth/bt-difference.htm

BLEは「Bluetooth Classic」並の通信速度（1Mbps）や通信距離（100m）は維持しつつ消費電力を低減しています。BLEモードのIoTデバイスは省電力の「スリープ」状態で大半の時間を過ごすため、省電力を保つことができます。

iBeaconの概要

BLEは「同時接続台数が多い」かつ「消費電力が低い」ことから、IoTシステムにおける「ビーコン」（beacon）に応用できます。「ビーコン」は端末の位置を知らせる発信器です。たとえば、Apple社のスマート端末（iPhoneやiPad）にはBLEのブロードキャスト通信を利用した「iBeacon」という機能が搭載されており、端末所持者の位置を特定したり、スマート端末に対してプッシュ配信したりできます。

■ iBeaconの概要

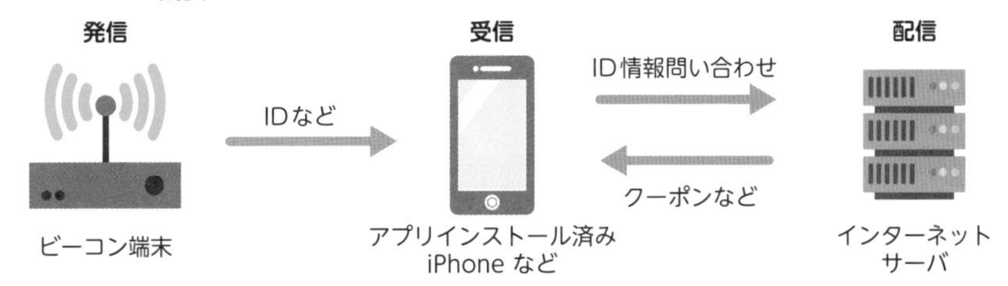

出典：https://techweb.rohm.co.jp/iot/knowledge/iot02/s-iot02/04-s-iot02/3896

スマート端末の所持者の居場所を特定できる機能は「ビーコン」以外にも「GPS」（Global Positioning System）があります。しかし、「GPS」は屋内が苦手です。その点、「ビーコン」は店舗内の顧客の居場所の特定に用いることができます。たとえば、特定のフロアや商品棚に近づいたら、スマート端末に対してプッシュ配信を行うことができます。プッシュ配信は、特売品の宣伝や割引クーポンの発行といったマーケティング活動の手段になります。

まとめ

- **Bluetoothは有線の電子機器をワイヤレス化できる**
- **「Bluetooth Low Energy」（BLE）は、端的に言うと「Bluetoothの省電力版」である**
- **BLEは「同時接続台数が多い」かつ「消費電力が低い」ことから、IoTシステムにおける「ビーコン」（beacon）に応用できる**

27 IoTの相互通信 ～軽量プロトコルMQTTとWebSocket～

LPWAは帯域幅が狭いため、ネットワーク回線上に流すデータは必要最小限に抑えたいところです。「塵も積もれば山となる」と言いますが、大量のIoTデバイスが通信することで「塵はすぐ山になる」と言えます。

MQTTの概要

IoTのデータ通信で利用される軽量プロトコルとして「MQ Telemetry Transport」（Message Queuing Telemetry Transport）が挙げられます。略称の「**MQTT**」と呼ばれることが多いです。

従来の一般的な情報システムにおいては、通信プロトコルとして「**HTTP**」（Hypertext Transfer Protocol）、あるいは、「HTTP」のセキュリティ強化版である「**HTTPS**」（Hypertext Transfer Protocol Secure）が多用されてきました。しかし、ハードウェア性能が非力なIoTデバイスが大量に通信することが想定されるIoTシステムにとって、「HTTP」（「HTTPS」）は処理負荷が重すぎるプロトコルでした。そこで、処理負荷を軽量化するために登場したのが「MQTT」です。つまり、「MQTT」は「HTTP」（「HTTPS」）の軽量版です。

■ OSI参照プロトコルとIoT用プロトコルの対応

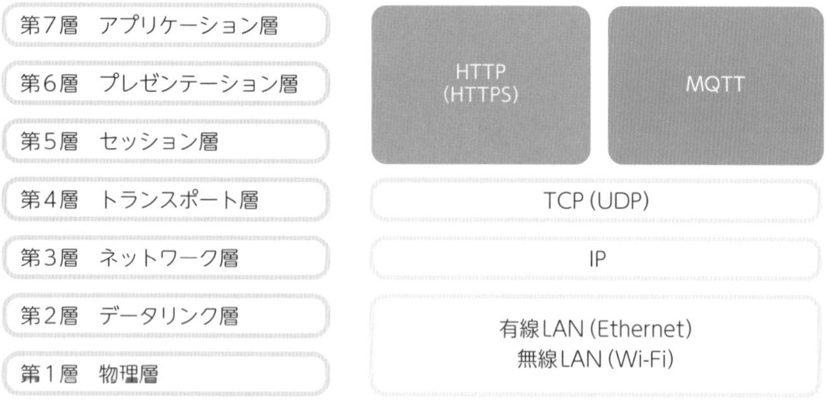

OSI参照モデル	プロトコル	
第7層　アプリケーション層	HTTP (HTTPS)	MQTT
第6層　プレゼンテーション層		
第5層　セッション層		
第4層　トランスポート層	TCP (UDP)	
第3層　ネットワーク層	IP	
第2層　データリンク層	有線LAN (Ethernet) 無線LAN (Wi-Fi)	
第1層　物理層		

「OSI参照モデル」の詳細に関しては**Sec.43**にて述べますが、本節においては「HTTP(HTTPS)」と「MQTT」は並列の関係性であり、通信プロトコルは「HTTP(HTTPS)」から「MQTT」に切り替え可能であると理解してください。

・MQTTの構成要素

「MQTT」の構成要素は「**Publisher**」(送信者)、「**Subscriber**」(受信者)、「**Broker**」(処理サーバ)に大別されます。

このように「Publisher」(送信者)と「Subscriber」(受信者)が分かれているしくみは「Pub/Sub型」と呼ばれます。

■MQTTの概要

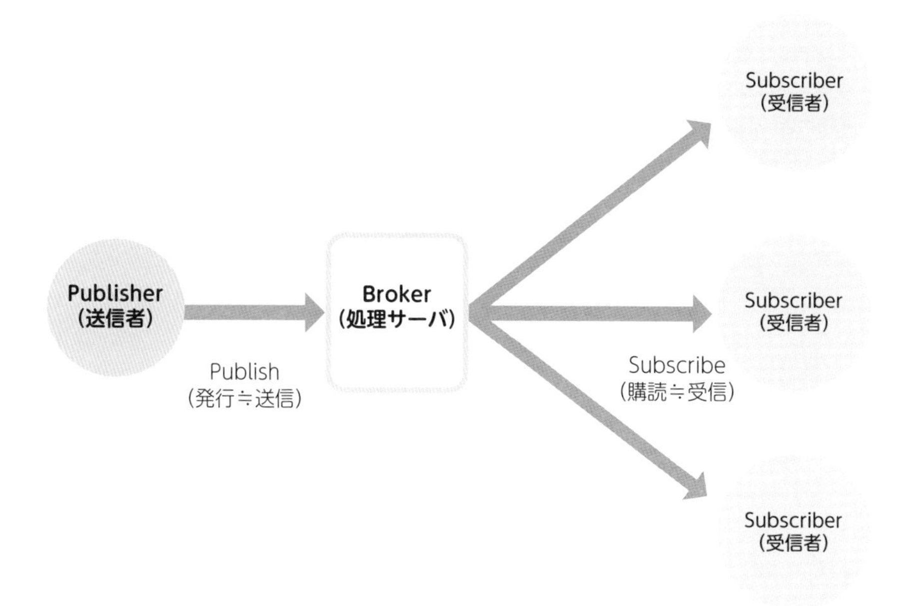

あえて「Pub/Sub型」にしている理由は「非同期通信」を実現するためです。従来型の「クライアント―サーバ型」は双方向の「同期通信」であるため、「クライアント」と「サーバ」がお互いに同期を取るための処理負荷がありました。「Pub/Sub型」の「非同期通信」はこの処理負荷を省くことができます。「Publisher」(送信者)は送信することに専念する一方で、「Subscriber」(受信者)は受信したい情報を取捨選択すればよいのです。

・MQTTの「Topic」

「MQTT」のMは「Message」の略であり、「MQTT」経由でやり取りするデータは「メッセージ」と呼ばれます。この「メッセージ」は「**Topic**」と呼ばれる階層構造で管理されており、この「Topic」によって「送信したい（受信したい）メッセージ」を指定することができます。

■ MQTTのTopic

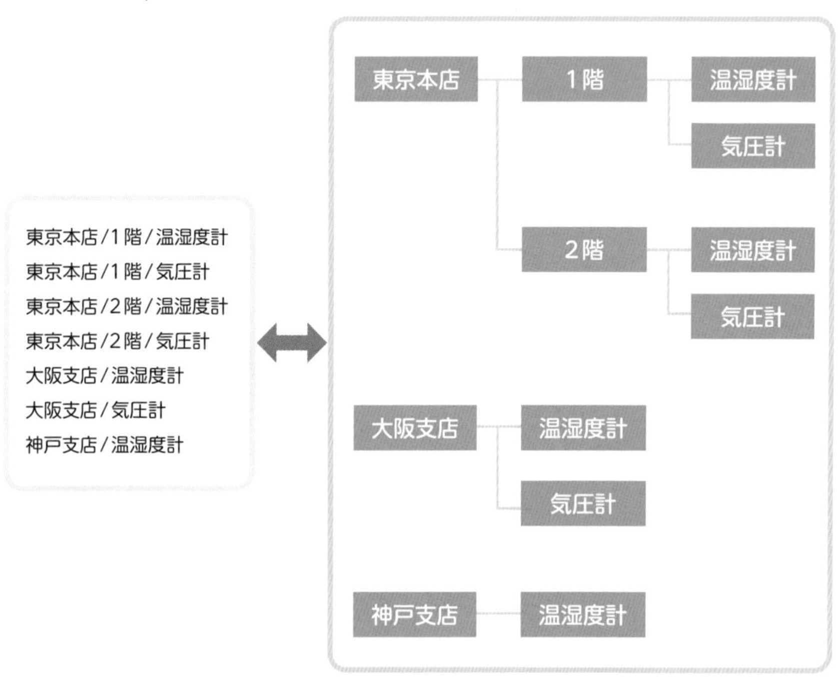

たとえば、上記の「Topic」の例の場合、「Subscriber」（受信者）は「東京本店の2階の気圧計」のデータを受信したいのであれば、「東京本店/2階/気圧計」というTopicを指定して「Broker」（処理サーバ）に対してデータを要求することになります。Topicにはワイルドカード（+と#）も使えます。

・「東京本店/#」と指定すれば「東京本店に関するすべてのデータ」を示します。
・「東京本店/+/気圧計」と指定すれば「東京本店の気圧計すべてのデータ」を示します。

WebSocketの概要

「MQTT」以外に、IoTに関連する通信プロトコルとして「**WebSocket**」が挙げられます。「MQTT」と「WebSocket」は、クライアント側として想定する対象が異なります。「MQTT」はクライアント側（PublisherまたはSubscriber）として「IoTデバイス」を想定しているのに対して、「WebSocket」はクライアント側として「Webブラウザ」を想定しています。

■ HTTPとWebSocketの違い

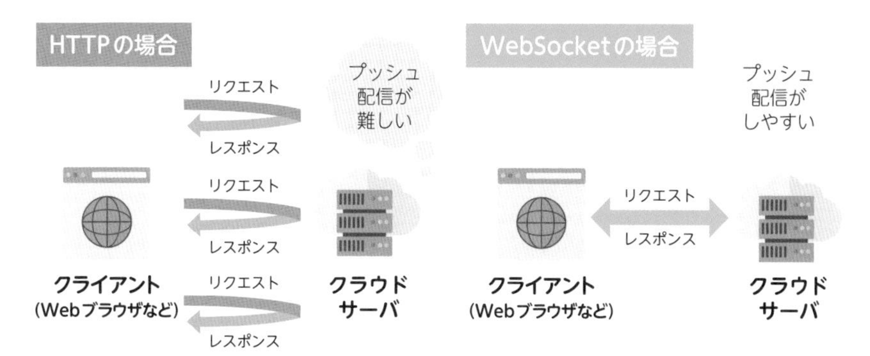

- 片方向通信（リクエストの後にレスポンス）
- コネクション確立の頻度は高い
（リクエスト＆レスポンスごとにコネクションを確立し直す必要があるため）

- 双方向通信（「Webブラウザ→サーバ」だけでなく「サーバ→Webブラウザ」という通信もできる）
- コネクション確立の頻度は低い
（いったんコネクションを確立したら、コネクションを維持するため）

従来から多用されてきた「HTTP」は「**プッシュ配信**」を苦手とするという弱点がありました。「プッシュ配信」とは「クラウドサーバ側からクライアント側に対して情報を配信（push）する」ことを指します。「HTTP」は「プッシュ配信」に適していないため、クライアント側からの明示的なリクエストがない限りはクラウドサーバ側からは情報を配信できないしくみでした。つまり「クライアント側から働きかけない限り、クラウドサーバ側は何もできない」状況でした。

この「主体性（積極性）のなさ」に加えて、「HTTP」はリクエストのたびにコネクションを確立し直す仕様であるため、コネクション確立の処理負荷が高い傾向にありました。このような「HTTP」の弱点を克服すべく開発された通信プロトコルが「WebSocket」です。

「WebSocket」は「コネクションを張り直さない双方向通信」を実現することで「プッシュ配信」に対応しています。

WebSocketのコネクションを確立するために、クライアント側は「ハンドシェイク要求」を最初に送り、クラウドサーバ側は「ハンドシェイク応答」を返します。

■ WebSocketのリクエストとレスポンス

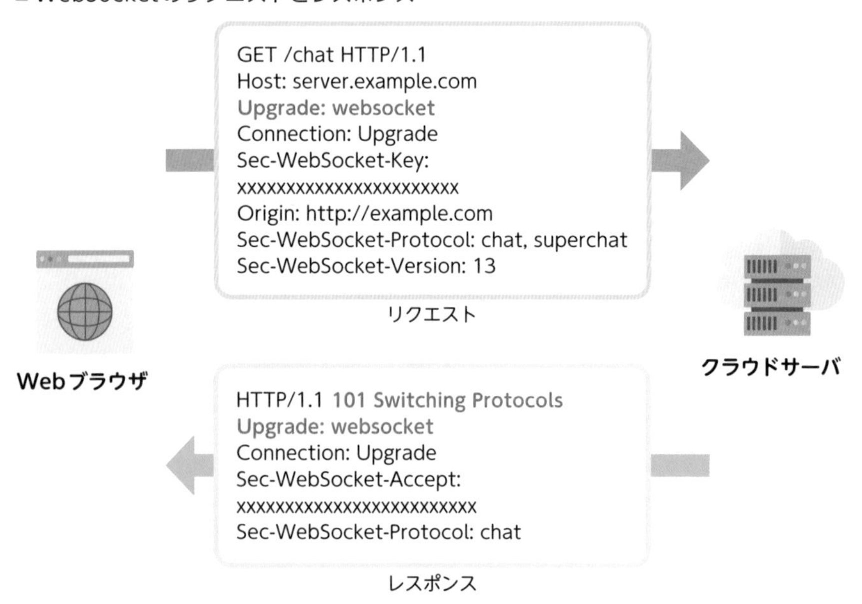

クラウドサーバ側は「ハンドシェイク要求」を確認してWebSocket通信の開始を判断し、その旨を「ハンドシェイク応答」としてクライアント側に返却します。この「ハンドシェイク」以降はWebSocket通信が継続します。

WebSocketはMQTTと併用することも可能です。「AWS IoT Core」などのクラウドサービスが「MQTT over WebSocket」という通信手段を提供しており、「Webブラウザ上でMQTTを扱いたい」というニーズに対応しています。

軽量プロトコルの優位点

WebSocketと同様に、MQTTは「双方向通信」のしくみ（Pub/Sub型）を採用しており、コネクションを張り直さない分だけ処理が軽いと言えます。「双方向通信」に加えて、MQTTが軽いと言える理由として「ヘッダサイズ（ヘッダ部のデータ長）が小さい」こともあります。データ通信におけるデータの基本単位は「**パケット**」（packet）と呼びます。「パケット」は「小包」を意味します。データ通信の際には、まさに「小包」のように、大きなデータを小分けにした上で複数回に分けて送信しています。この「パケット」の構成要素は、データ本体の「**ペイロード**」（payload）と付随情報の「**ヘッダ**」（header）に大別されます。「小包」にラベルを貼るように、データ通信の際には、「ペイロード」に関する情報を記した「ヘッダ」が必須です。「HTTP（HTTPS）」パケットと「MQTT」パケットの両者ともに、「ペイロード」に「ヘッダ」が付随しています。しかし、MQTTパケットのヘッダはHTTP（HTTPS）パケットのヘッダよりもデータ長が短くなっています。

■ 軽量プロトコルの優位点

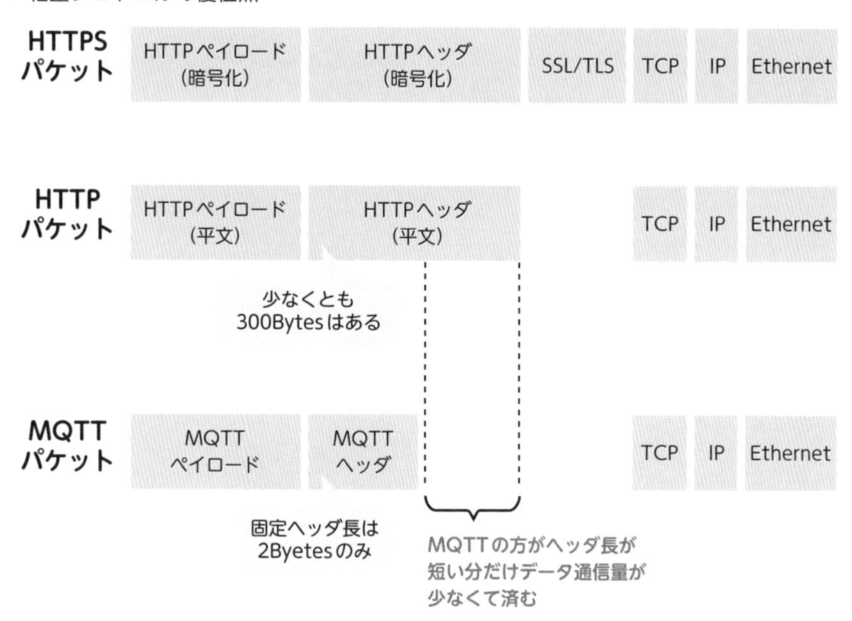

「HTTP（HTTPS）」の場合、通信が発生するたびに、最低でも300Bytes程度のヘッダ部を送信する必要があり、通信量が増大してしまいます。それに対して、「MQTT」の場合、通信が頻繁に発生しても、ヘッダ部のデータ長が最小2Bytesで済むことから、通信量を抑制できます。

MQTTヘッダのうち「可変ヘッダ」は必須ではありません。つまり、「固定ヘッダ」のみならば、ヘッダ長は「2 Bytes」（英数字換算で2文字相当）で済みます。それに対して、HTTPヘッダの記述は、英数字2文字では済みません。

「HTTPヘッダ」と「MQTTヘッダ」を比較してみましょう。

■ HTTPとMQTTヘッダの比較

HTTPヘッダの例

```
GET / HTTP/1.1
Accept: image/gif, image/jpeg, */*
Accept-Language: ja
Accept-Encoding: gzip, deflate
User-Agent: Mozilla/4.0 (Compatible; MSIE 6.0; Windows NT 5.1;)
Host: www.xxx.com
Connection: Keep-Alive
```

MQTTヘッダの例

固定ヘッダ（最小で2Bytes）			可変ヘッダ（0Bytes～可変長）	
パケット種別（4bit）	フラグ（4bit）	残りのデータの長さ（1～4Bytes）	パケット識別子	パケット種別ごとの情報

「ペイロード」に比べると「ヘッダ」は軽視されがちです。MQTTの最大メッセージサイズは256MBytesということを考慮すると、「ヘッダ」のサイズは誤差の範囲に思えてしまいます。

しかし、現実問題として、IoTデバイスで扱うのは「センサ計測値」が多く「ペイロード」のサイズが微小（数十Bytesほど）である可能性があります。

その「微小（数十Bytes程）」なデータ本体に対して、HTTP（HTTPS）のように付随情報が「数百Bytes」も追加されるとすれば、明らかにアンバランスでしょう。以上を考えると、MQTTは「豆鉄砲が大量に撃たれる」ようなIoT通信に適したプロトコルと言えます。

「ビッグデータ」とは

IoTと言えば「ビッグデータ」と言っても過言ではないほどに、IoTとビッグデータは密接な関係にあります。究極的に、IoTの目的はビッグデータを収集し、ビッグデータに潜む法則性を探り出すことに集約されます。

「ビッグデータ」（big data）は読んで字のごとく「巨大なデータ」を意味します。IoTの文脈においては「塵も積もれば山となる」がごとく、微小なデータが膨大に集積される様子を示します。IoTデバイスに搭載されているセンサの計測結果は単一で見ると微小です。しかし、世に出回っているIoTデバイスの数量が膨大である上に、センサによる計測回数（頻度）も多いため、インターネット（クラウド）上にアップロードされるデータは雪だるま式に膨れあがっていきます。

大量のデータ量を確保できると、「統計分析」が威力を発揮するようになります。母数となるデータ量が増えるほどに分析結果の精度が良くなる上に、データ量が少ないときには見えなかった法則性が明らかになってくるからです。ビッグデータに埋もれた法則性はビジネスの切り札となるお宝です。

まとめ

- **「MQTT」は「HTTP」（「HTTPS」）の軽量版であり、「Pub/Sub型」のしくみである**
- **「WebSocket」は「コネクションを張り直さない双方向通信」を実現することで「プッシュ配信」に対応している**
- **「MQTT」が軽い理由として「ヘッダサイズが小さい」ことが挙げられる**

28 暗号化と認証技術 ～改ざん・なりすまし・盗聴の対策～

情報セキュリティ対策として「暗号化」や「認証」は基本です。しかし、知識を積み上げる必要があるため、最初でつまずいたらすべて転びます。2種類の鍵が出てくる「公開鍵方式」の理解が鬼門になることが多いです。

サイバー攻撃の種類

「浜の真砂は尽きるとも、世に盗人の種は尽きまじ」と言ったのは石川五右衛門ですが、世の中のサイバー攻撃の種も尽きそうにありません。

サイバー攻撃を行う「悪意の第三者」は「クラッカー」(cracker)と呼ばれます。世間一般には「ハッカー」(hacker)という用語の方が有名ですが、元々「ハッカー」は「ITの熟練者」を意味する中立的な用語です。「クラッカー」は「悪のハッカー」と考えてよいでしょう。

クラッカーが仕掛けてくるサイバー攻撃は多種多様ですが、その代表例として「**改ざん**」、「**なりすまし**」、「**盗聴**」が挙げられます。

■ サイバー攻撃の代表例

種類	内容
改ざん	データを不正に書き換える
なりすまし	システムに不正ログインして、正規ユーザーに偽装する
盗聴	通信路に流れるデータをこっそりと盗み見る

サイバー攻撃の種類を整理しましょう。クラッカーは悪知恵が働くので「いたちごっこ」のように新たなサイバー攻撃を生み出してきます。サイバー攻撃の種類は「**クラッカーによる攻撃**」、「**マルウェア**」、「**Webサイト絡みの攻撃**」に大別されます。

「マルウェア」(malware)は「malicious software」(悪意あるソフトウェア)の略語です。

■ サイバー攻撃の種類と詳細

種類	名称	内容
クラッカー(cracker)による攻撃	ブルートフォースアタック(brute force attack)	直訳すると「力ずく攻撃」である。「総当たり攻撃」とも呼ばれる。たとえば、「想定しうるパスワードを片っ端から試して不正ログインを図る」といったサイバー攻撃が挙げられる
	バッファオーバーフロー攻撃(buffer overflow attack)	「バッファオーバーフロー」(buffer overflow)はプログラムが確保したメモリ領域(バッファ)からデータがあふれ出てしまう状況を指す。「バッファオーバーラン」(buffer overrun)とも呼ばれる。この状況に陥ると、クラッカーが不正なプログラムを実行してコンピュータを乗っ取ってしまう恐れがある
	DoS攻撃(Denial of Service attack)	「DoS」(Denial of Service)は「サービス妨害」を意味する。たとえば、Webサービスに大量のリクエストや巨大なデータを送りつけることで、サービスの可用性を損なう
	ゼロデイ攻撃(zero-day attack)	「脆弱性の修正プログラムが提供される日」(one day)より前の「zero day」の時点で脆弱性を突くサイバー攻撃を指す。「one day」の到来まで丸腰状態になってしまう
マルウェア(malware)	コンピュータウイルス(computer virus)	「自己複製能力」と「他システムへの拡散(感染)能力」を有する「マルウェア」を指す
	ワーム(worm)	「コンピュータウイルス」とほぼ同義だが、「宿主となるファイルを必要としない」点が異なる
	ランサムウェア(ransom ware)	「ランサム」(ransom)は「身代金」を意味する。システムの利用制限(データの暗号化など)を勝手にかけてしまい、「制限を解除したければ身代金を支払え」と要求する
	スパイウェア(spy ware)	「スパイ」(spy)のように、情報をコンピュータから盗み取る
	トロイの木馬(Trojan horse)	無害なプログラムであるように偽装されており、人知れずサイバー攻撃を行う
	ボット(bot)	「ロボット」(robot)の短縮形である。クラッカーに乗っ取られて、サイバー攻撃の踏み台にされる「ゾンビコンピュータ」(zombie computer)を指す
Webサイト絡みの攻撃	SQLインジェクション(SQL injection)	Webサイトの脆弱性を突いて、想定されていないSQL文を実行させることで、データベースを不正に操作する
	クロスサイトスクリプティング(cross-site scripting)	「クロスサイト」(cross-site)は「サイト横断」を意味する。脆弱性があるWebサイトを踏み台にして、悪意のあるスクリプト(小規模プログラム)を実行する。「XSS」とも表記される
	ドライブバイダウンロード攻撃(Drive-by download attack)	Webサイトの脆弱性を突いて、ユーザーが気付かぬうちに「マルウェア」をダウンロードさせる

■ サイバー攻撃の種類

多種多様なサイバー攻撃があるように見えますが、突き詰めれば「他人様のコンピュータを乗っ取って、何か悪さをしたい」という一点に尽きます。

それにしても、悪人ながらも発想力が豊かです。この才能をよい方向に活用すればよいのに……と思います。

暗号化技術の概要

サイバー攻撃の代表とも言える「改ざん」、「なりすまし」、「盗聴」の対策として有効な技術が「**暗号化技術**」です。「暗号化」方式は「**共通鍵方式**」と「**公開鍵方式**」に大別されます。

■ セキュリティ対策の例

対策	内容
「改ざん」対策	平文データを「暗号化」してしまえば、クラッカーがデータを不正に閲覧（編集）するのを抑止できる
「なりすまし」対策	「**電子署名**」や「**電子証明書**」を活用することで、クラッカーのなりすましを抑止できる
「盗聴」対策	暗号化技術の応用技である「**SSL暗号化通信**」を行えば、通信路を流れるデータが盗聴されるのを防止できる

- **「共通鍵方式」と「公開鍵方式」**

「改ざん」対策として有効なのが「**暗号化**」(encrypt) です。平文データを「暗号化」してしまえば、クラッカーがデータを不正に閲覧(編集)するのを抑止できます。

「暗号化」したデータを閲覧(編集)したい場合は「**復号**」(decrypt)する必要があります。「復号」できない「暗号化」データは破壊されたに等しいです。「暗号化」と「復号」は必ずワンセットです。

「暗号化」及び「復号」には「**鍵**」を用います。暗号化のために使う「**暗号化用の鍵**」と復号のために使う「**復号用の鍵**」の2種類があります。この「鍵」という観点から、「暗号化」方式は「**共通鍵方式**」と「**公開鍵方式**」に大別されます。

- **「共通鍵方式」の概要**

「共通鍵方式」は「**秘密鍵方式**」とも呼ばれます。「暗号化用の鍵」と「復号用の鍵」が「共通」(同一)であり、鍵を「秘密」にしておく必要があります。もし「鍵」が公開されてしまう(漏洩してしまう)と、暗号化データを不正に復号されてしまいます。

「共通鍵方式」による暗号化を行って機密データを送信する事例を考えてみましょう。余談ですが、情報セキュリティの説明では、AliceとBobという人物名がよく登場します。人物名をアルファベット1文字(AとB)で済ませると、紙面上で判別しにくいからです。本書ではAliceと"Bando"にしておきます。

送信者Aliceは「暗号化用の鍵」を持ち、受信者Bandoは「復号用の鍵」を持ちます。「共通鍵方式」(秘密鍵方式)なので、「暗号化用の鍵」と「復号用の鍵」は等しく、送信者Aliceと受信者Bandoの両者ともに「鍵」を「秘密」にしています。

「共通鍵方式」の場合、「秘密鍵」の受け渡しが鬼門となります。結論から申し上げると、筆者にもベストな解は分かりません。恐らく、デジタルな手段よりもアナログな手段の方が安全であろうと筆者は考えています。

ITを駆使したデジタルな手段は、ITの玄人であるハッカーに破られる恐れがあるからです。極論すれば「紙に手書きする」や「口頭で伝える」といった原始的な手段の方が安全(マシ)かもしれません。しかし、それでも盗撮や盗聴の恐れがあります……。

■ 共通鍵方式

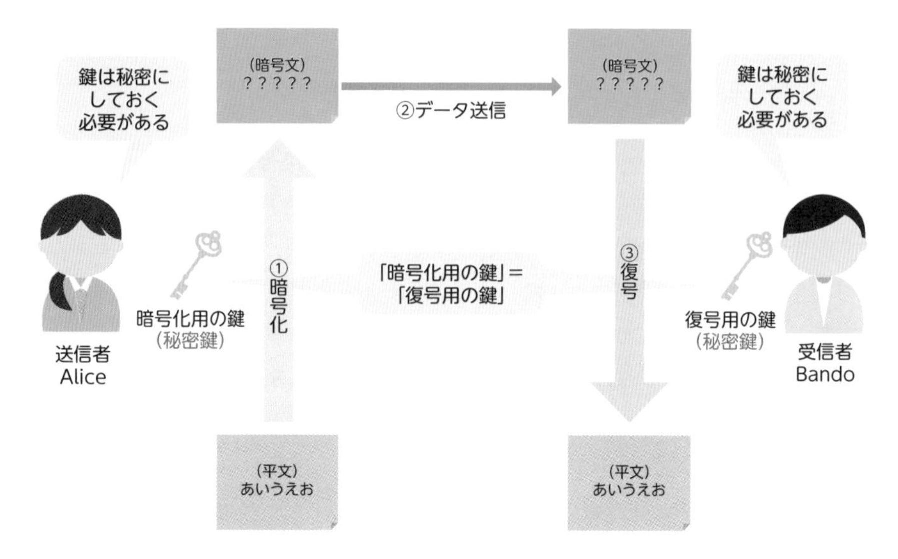

■ 共通鍵方式の手順

手順	内容
手順①	送信者Aliceは「暗号化用の鍵」を用いて、平文データを暗号化する
手順②	送信者Aliceは暗号化データを受信者Bandoに送信する
手順③	受信者Bandoは「復号用の鍵」(=「暗号化用の鍵」)を用いて、暗号化データを復号する

・「公開鍵方式」の概要

「公開鍵方式」は「公開鍵基盤」(PKI: Public Key Infrastructure) というしくみにより実現されます。PKIの具体例として「X.509」という規格があります。「公開鍵方式」の場合、「暗号化用の鍵」と「復号用の鍵」が異なり、「暗号化用の鍵」を「公開」して、「復号用の鍵」は「秘密」にします。

「公開鍵方式」による「**データの暗号化通信**」を行う事例を考えてみましょう。「データの暗号化通信」を行う場合は、「暗号化用の鍵」は「公開」し、「復号用の鍵」は「秘密」にします。もし「復号用の鍵」が「公開」されてしまうと、暗号化データを誰でも復号できることになってしまいます。

■ 公開鍵方式（データの暗号化通信）

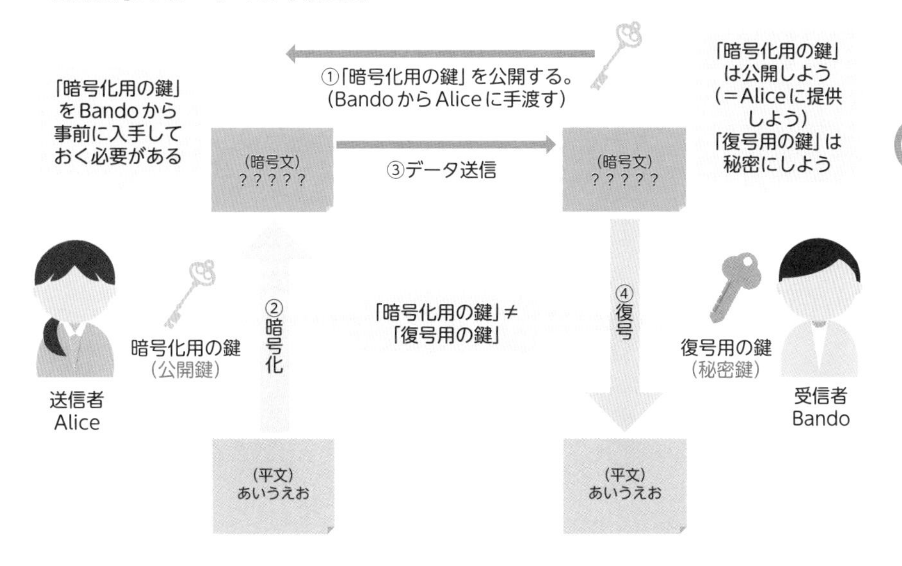

■ 公開鍵方式の手順

手順	内容
手順①	受信者Bandoは「暗号化用の鍵」を「公開」して、送信者Aliceに手渡す。「暗号化用の鍵」は「公開」されるので、送信者Alice以外の第三者も入手可能である
手順②	送信者Aliceは「暗号化用の鍵」（公開鍵）を用いて、平文データを暗号化する
手順③	送信者Aliceは暗号化データを受信者Bandoに送信する
手順④	受信者Bandoは「復号用の鍵」（秘密鍵）を用いて、暗号化データを復号する

・**「電子署名」**

「**電子署名**」（digital signature）は読んで字のごとく「電子的な署名」です。「デジタル署名」とも言います。「署名」の前提条件として「本人が署名を行った」という事実（本人性）を担保する必要があります。

「電子署名」を行う場合は、「署名鍵」は「秘密」にしておき、「検証鍵」は「公開」します。「電子署名」のポイントは「署名できるのは、秘密の署名鍵を持つ送信者Aliceただ1人しかいない」という事実です。

■ 電子署名

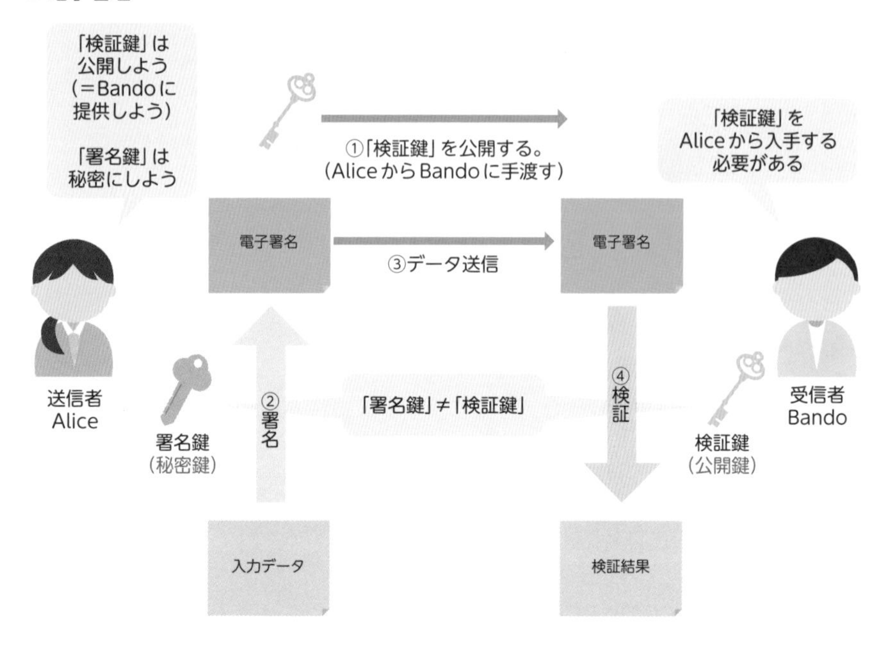

■ 電子署名の手順

手順	内容
手順①	送信者Aliceは「検証鍵」を「公開」して、受信者Bandoに手渡す。「検証鍵」は「公開」されるので、受信者Bando以外の第三者も入手可能である
手順②	送信者Aliceは「署名鍵」(秘密鍵) を用いて署名を行う
手順③	送信者Aliceは電子署名を受信者Bandoに送信する
手順④	受信者Bandoは「検証鍵」(公開鍵) を用いて、電子署名を検証する

上記の「手順④」の検証作業が運命の分かれ目となります。「電子署名」の検証の成功に加えて、「検証鍵」を公開している人物が「送信者Alice」であることを担保できるならば、この「電子署名」は「送信者Alice」の本人性を担保することができます。

・**「電子証明書」**

「電子署名」の応用技として「**電子証明書**」(digital certificate) があります。「デジタル証明書」とも言います。証明したい情報を記した証明書に対して、「**認証局**」(CA : Certificate Authority) が「電子署名」を行います。

「認証局」は「信頼された第三者」です。一般的に、「認証局」(CA) は、相応の信用力がある政府機関や大手IT企業等が担います。

「電子証明書」の一種として「**SSLサーバ証明書**」が挙げられます。「SSL」(Secure Sockets Layer) はセキュリティを要求される通信を行うためのプロトコルです。

厳密に言うと、現在は「SSL」の後継規格である「TLS」(Transport Layer Security) が使われています。しかしながら、「SSL」の知名度がすでに高いことから「TLS」を便宜上「SSL」と呼んだり「SSL/TLS」と並記したりします。

「SSLサーバ証明書」の目的は「サイトの実在性の証明」と「SSL暗号化通信」にあります。「サイトの実在性の証明」とは、ユーザーから"詐欺サイト"に間違われないように、「サイトの実在性確認」のための「認証局」のお墨付きがほしいということです。

「SSLサーバ証明書」の内容は「証明者の情報」、「証明対象の情報」、「証明書の有効期限」、「公開鍵」、「CAの電子署名」に大別されます。

■「SSLサーバ証明書」の内容

項目	内容
証明者の情報 (Issuer)	証明者 (Issuer) の「識別名」(DN: Distinguished Name) を記す。「識別名」には組織名や所在地の情報が含まれている
証明対象の情報 (Subject)	証明対象 (Subject) の「識別名」を記す。この証明対象は、実在性を証明して欲しいクラウドサーバを指す
証明書の有効期限 (Validity)	有効期限切れの証明書は無効となる
公開鍵	SSL暗号化通信のプロセスで用いる。具体的な手順は後述する
CAの電子署名	サイトの実在性確認のために使う。信頼力があるCAが証明書に電子署名をすることで、CAが当該サイトの実在性を担保する

クラウドサーバの「SSLサーバ証明書」に対して「認証局 (CA)」が「電子署名」を付与することで、「サイトの実在性の証明」と「SSL暗号化通信」を実現することができます。

■「SSLサーバ証明書」と認証局（CA）

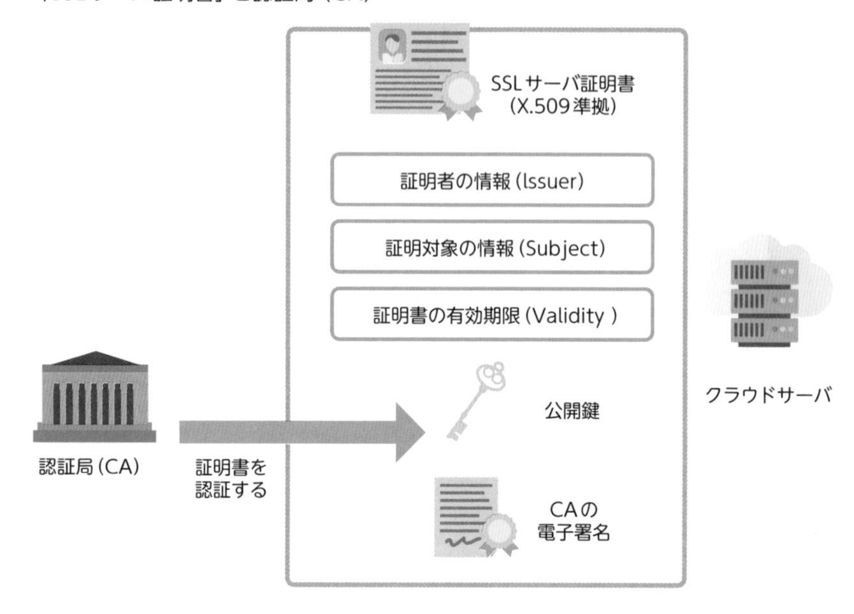

参考までに、「技術評論社」のWebサイトの「SSLサーバ証明書」の例を示します。一般的なWebブラウザであれば、URL入力欄の「鍵マーク」をクリックすることで、「SSLサーバ証明書」の情報を閲覧することができます。

■技術評論社のSSLサーバ証明書の例

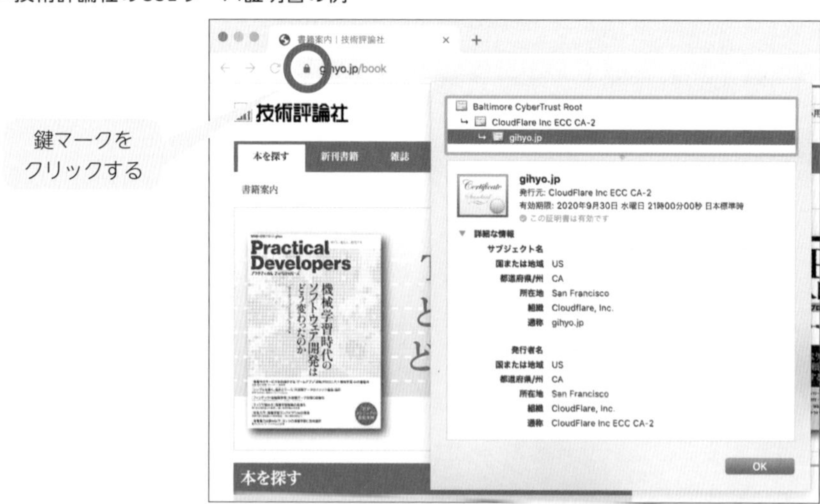

・「電子署名」と「電子証明書」の運用例

「電子署名」と「電子証明書」の運用例を示します。手順は複雑そうに見えますが、突き詰めれば、「受信者Bandoが送信者Aliceの"本人性"を確認する」ことが最終目的です。

■ 電子署名と電子証明書

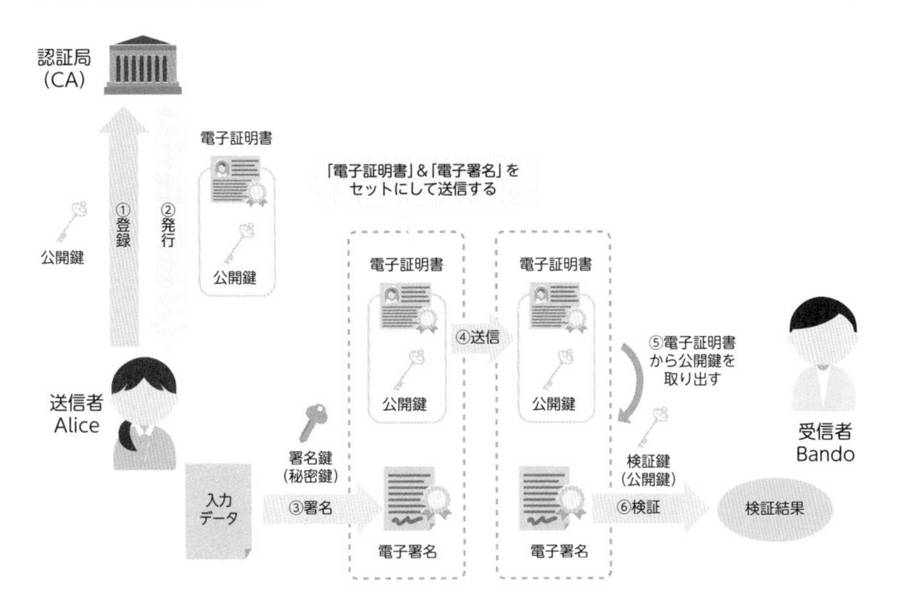

■ 電子署名と電子証明書の手順

手順	内容
手順①	送信者Aliceは「認証局」に「公開鍵」(検証鍵)を登録する
手順②	「認証局」は送信者Aliceに対して「電子証明書」(公開鍵を含む)を発行する
手順③	送信者Aliceは「署名鍵」(秘密鍵)で「電子署名」を作成する
手順④	送信者Aliceは下記をセットにして受信者Bandoに送信する ・「電子証明書」(公開鍵を含む) ・「電子署名」
手順⑤	受信者Bandoは「電子証明書」に埋め込まれた「公開鍵」(検証鍵)を取り出す
手順⑥	受信者Bandoは「電子署名」を「検証鍵」で検証する

・SSLサーバ証明書と認証局（CA）

上記の「手順⑥」で電子署名の検証に成功すれば、下記の通り“本人性”の裏付けがとれます。

・電子署名によって、データ送信者は「送信者Alice」であることがわかる。
・電子証明書によって、「送信者Alice」は「認証局」によって“本人性”が認証されていることがわかる。

・SSL暗号化通信

「公開鍵」を含む「SSLサーバ証明書」を使うことで「**SSL暗号化通信**」を行うことができます。「SSL暗号化通信」はセキュリティを要求される通信で幅広く利用されています。たとえば、オンラインショッピングでクレジットカード番号を送信する場合に用いられています。 「SSL暗号化通信」は2段階（「事前準備」と「本番」）を踏んで実施されます。「事前準備」段階では、「共通鍵」を生成するための処理が行われます。この「共通鍵」は「本番」段階における送信者の暗号化と受信者の復号の両方に用いる鍵（秘密鍵）を指します。

■ SSL暗号化通信（事前準備）

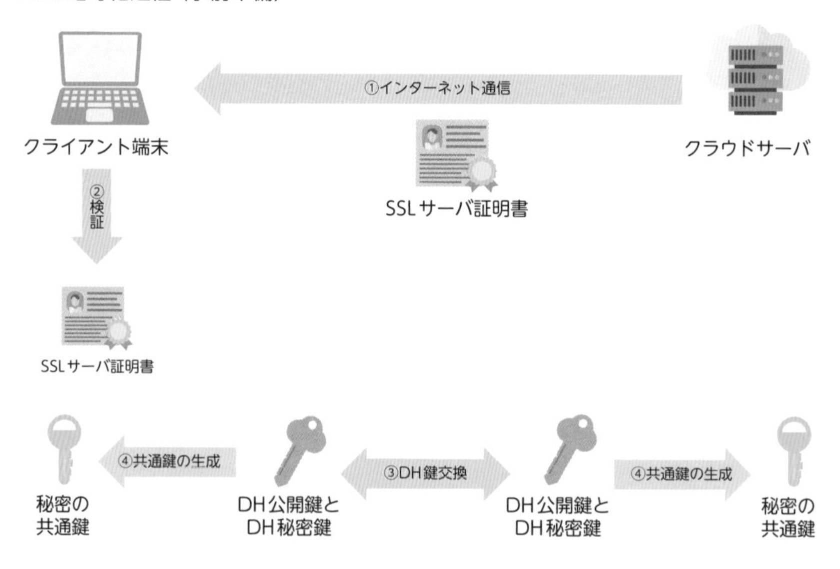

■ 送信者の本人性の裏付け

手順	内容
手順①	「SSLサーバ証明書」をクラウドサーバからクライアント端末に送信する
手順②	クライアント端末は「SSLサーバ証明書」を検証する
手順③	「DH (Diffie-Hellman) 鍵交換」により、クライアント端末とクラウドサーバ間で、DH公開鍵の交換を行う
手順④	クライアント端末とクラウドサーバはDH公開鍵とDH秘密鍵を用いて、秘密の「共通鍵」を生成する

当然のことながら、「本番」段階で用いる「共通鍵」を平文のまま手渡してしまうと、「共通鍵」を盗聴されたら誰でもデータを復号し放題になってしまいます。そこで、「SSLサーバ証明書」を検証して、クラウドサーバの正当性を確認した上で、「DH鍵交換」というしくみを使って「秘密の共通鍵」を生成します。

「本番」段階では、「準備」段階に生成された「共通鍵」(秘密鍵)を用いて、データの暗号化と復号の両方を行います。

■ SSL暗号化通信（本番）

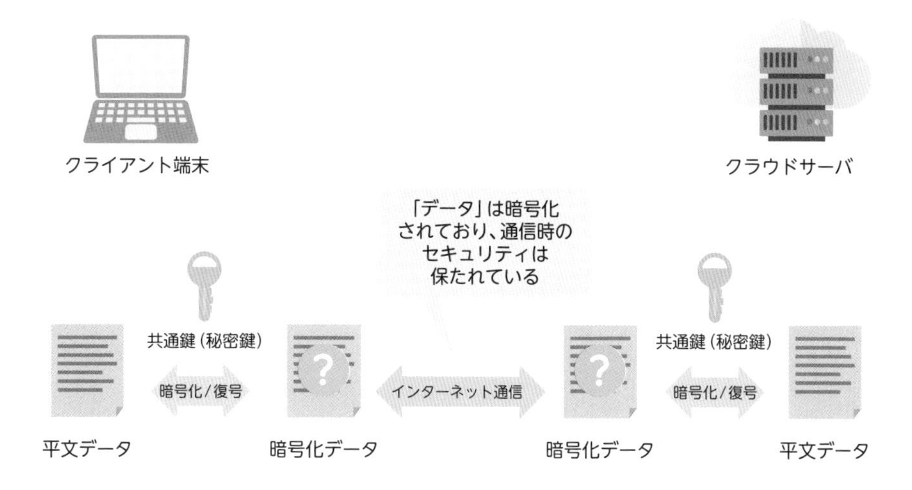

「共通鍵」(秘密鍵)を生成するという煩雑な手順を踏んでいる理由として、「共通鍵方式」の方がシンプルなしくみであり処理負荷が低いからです。クラウド

サーバとクライアント端末が通信を行うたびに、処理負荷が高い「公開鍵方式」による暗号化を行うのは非効率です。最初に「共通鍵」(秘密鍵)を安全に生成するため、やむを得ず手間のかかる方法を採用しています。

認証技術の概要

クラッカーによる不正アクセスを防ぐためには、正規ユーザーの「認証」を行う必要があります。つまり、「アクセスしようとしている人が正規ユーザーであること」を確実に担保するためのしくみが必要です。

「認証技術」の種類を示します。認証技術は「**知識による認証**」、「**モノによる認証**」、「**生体(バイオメトリクス)認証**」に大別されます。

■ 認証技術の種類

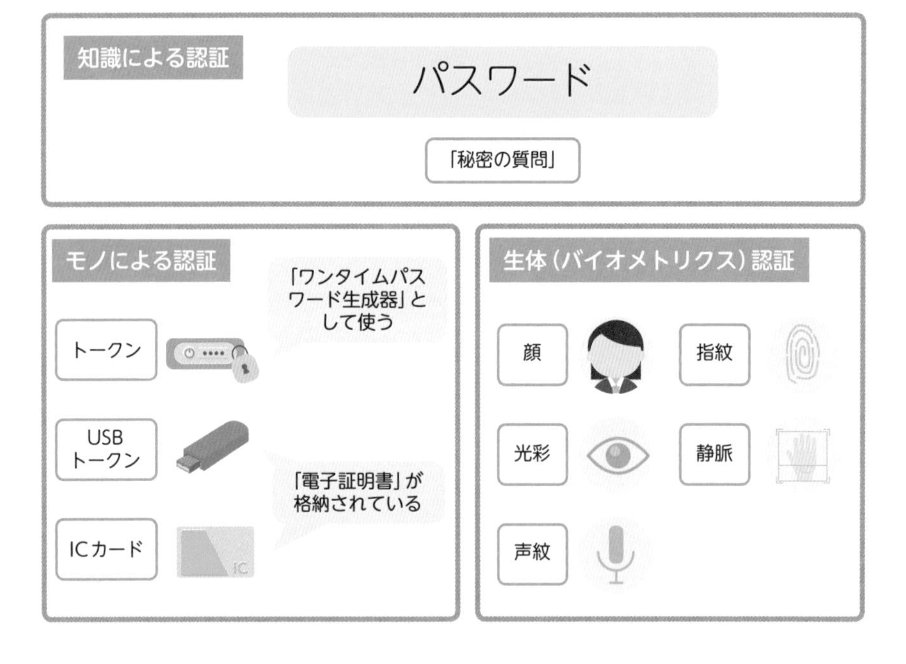

認証を強化するために、「知識による認証」、「モノによる認証」、「生体(バイオメトリクス)認証」のいずれか2つを組み合わせることを「二要素認証」と呼びます。3つすべてを組み合わせる場合は「多要素認証」です。

たとえば、「知識による認証」と「モノによる認証」を組み合わせれば、パスワードを盗み見られて「知識による認証」を破られたとしても、「モノによる認証」で不正アクセスを食い止めることができます。「二要素認証」と混同されがちな「二段階認証」は「認証プロセスを二段階に分ける認証」を指す用語です。「二要素認証≠二段階認証」です。たとえば、「パスワード入力後に、"秘密の質問"に回答する」ような認証プロセスは「知識による認証」を2回くり返していることから「二段階認証」であっても「二要素認証」ではありません。

■ 認証技術の種類の詳細

認証の種類	内容
知識による認証	正規ユーザーしか知り得ない「知識」を認証に用いる。「パスワード」(password)が代表例であり、圧倒的なシェアを占めている。「秘密の質問」は本人しか回答できない質問を行う。たとえば、「母親の旧姓は?」など。「知識」を他者に知られてしまうリスクがある。たとえば、「キーロガー」(key logger)によるパスワードの盗み見など
モノによる認証	正規ユーザーしか持っていない「モノ」を認証に用いる。「モノ」を紛失したり盗難されたりするリスクがある
生体(バイオメトリクス)認証	正規ユーザーの「生体情報」(バイオメトリクス)を認証に用いる。「知識」のように他者に漏れたり、「モノ」のように紛失盗難に遭ったりするリスクはない。ただし、己の「生体情報」を利用されることへの生理的抵抗感や生体認証の誤検知といった課題がある

まとめ

- **クラッカーが仕掛けてくるサイバー攻撃の代表例として「改ざん」、「なりすまし」、「盗聴」が挙げられる**
- **情報セキュリティ対策の例として「暗号化」、「電子署名」、「電子証明書」が挙げられる。「暗号化」方式は「共通鍵方式」と「公開鍵方式」に大別される**
- **認証技術は「知識による認証」、「モノによる認証」、「生体(バイオメトリクス)認証」に大別される**

「ビッグデータ」の意義

p.163でビッグデータがビジネスの切り札になると述べましたが、ビッグデータの意義（活用法と効果）を下記に示します。

・ブラックボックスの除去

ビッグデータ解析では、「ブラックボックス（意味不明）」の除去を目指すことが重要です。

企業のビジネス活動において生まれる情報を有効活用できている企業は多くありません。情報の量が多すぎて、人間が処理（認識）しきれないからです。結局、処理できない情報はブラックボックスのままです。人間でカバーしきれないビッグデータの解析は人工知能に任せるのが得策です。

・法則性の発見

ビッグデータ解析の際に人工知能の力を借りれば、人間では気づけない法則性の発見が可能です。

たとえば、機械製品の動作音や振動を検知するセンサの計測結果を統計分析すると、故障の前触れとなる異常な徴候（異音や激しい振幅など）を見破れるかもしれません。故障の予防保守が可能ならば、企業と顧客の双方にメリット（コスト削減、時間の節約、顧客満足度向上）があります。 あるいは、法則性を把握して未来の予測精度を向上できるならば、世の中の流行を先読みし、売上機会の増大（先行者利益の獲得）を狙える可能性があります。

・振り返り

人工知能の活用によって、未来を予測できると同時に、過去を振り返ることも容易になります。

今まで無駄に捨てていたビッグデータを時系列で分析することで、過去の問題点を洗い出して改善できます。たとえば、消費者の購買活動を分析して在庫量の最適化（仕入れ過ぎの抑止）を図ったり、製品やサービスの付加価値の向上（他社との差別化）を目指したりすることが考えられます。

・オープンデータの活用

自社のみでデータを大量に収集できない場合は、オープンデータの活用ができます。たとえば、政府や官庁などの巨大な組織が収集したビッグデータは一般公開されています。「政府 CIOポータル」の「オープンデータ 100」というWebサイト（https://cio.go.jp/opendata100）が参考になります。

4章

IoTデータの処理と活用

本章の主題である「ビッグデータ」はIoTシステムを構築する目的と言えます。IoTはデータこそ命です。「塵も積もれば山となる」がごとく、デバイスから収集した微細なデータをクラウド上に蓄積していけばビッグデータになります。ビッグデータ自体に価値はありません。人工知能（AI）がビッグデータを統計分析することで得られる「法則性」こそがIoTの真の価値なのです。

29 構造化データと非構造化データ
～分析に役立つXMLデータとJSONデータ～

データを処理する上で重要なのは「データの構造」です。IoT時代には、構造が明確であるデータを扱いつつも、構造が明確でないデータも扱えるようにする必要があります。

構造化データと非構造化データ

IoTに限らずITで扱うデータの種類は「**構造化データ**」(structured data)と「**非構造化データ**」(unstructured data)に大別されます。「非構造化データ」という用語は構造化データ以外を意味するので、「データが構造化されているか否か」がポイントです。

■構造化データと非構造化データ

構造化データ

社員ID	氏名	部署
00001	坂東大輔	開発部
00002	A田B作	営業部
00003	α原β太郎	総務部
・・・	・・・	・・・
・・・	・・・	・・・

CSV ファイル

MS Excel ファイル

RDBMS (関係データベース管理システム)

+

メタデータ
(データに関するデータ)

・「構造化データ」と「非構造化データ」

「構造化データ」の構造とは「関係モデル」(relational model)を意味します。「関係モデル」はデータベースの一形態であり、数学（集合論と述語論理）によって定義されています。わかりやすく言うと「表計算ソフトのようにセル状（行×列）にデータが格納されている構造」です。一言で「構造化データ＝表形式」と覚えればよいでしょう。

それに対して、「非構造化データ」は「構造化データではないデータすべて」を意味します。そのため、「非構造化データ」は対象範囲が極めて広く、インターネット上に公開されているデータの多くが「非構造化データ」です。

・メタデータ

「非構造化データ」には「**メタデータ**」(meta data) というデータの詳細を説明するための補足情報を付加することがあります。生身（バイナリ）の「非構造化データ」のみだとコンピュータが処理し難いため、参考情報を「メタデータ」として付加することで処理しやすくします。たとえば、動画の検索をする際に、動画データの「メタデータ」（動画に関連するキーワード）が検索処理の手掛かりとなります。ほかの例としては、ファイルの右クリックメニューから表示できる「プロパティ情報」が挙げられます。たとえば、デジタルカメラの画像ファイル（JPEG形式など）のプロパティ情報としては、画像の解像度、カメラの絞り値（F値）、シャッタースピード、ISO感度、撮影場所（GPSと連動）などの付加情報が付与されているケースが多くあります。

・XMLとJSON

IoTでは「非構造化データ」を主に扱うことになります。IoTで扱う「ビッグデータ」は「センサから収集したデータ」が主となり、この「センサから収集したデータ」は「関係モデル」的な構造を有していないため、「非構造化データ」です。「非構造化データ」の記述、あるいは、「非構造化データ」に付加される「メタデータ」の記述には「**XML**」と「**JSON**」が用いられます。「XML」と「JSON」は「ある程度の規則性がある非構造化データ」であることから「半構造化データ」(semi-structured data) とも呼ばれます。

XMLの概要

「**XML**」（Extensible Markup Language）は「W3C」（World Wide Web Consortium）より勧告されたデータ形式です。

XMLは「マークアップ言語」の一種です。「マークアップ」は、要素を「タグ」（tag）で挟むことによりデータ構造を表現します。XML以外の「マークアップ言語」としては、「HTML」（Hyper Text Markup Language）が有名です。HTMLはWebページの記述言語として幅広く用いられています。HTMLのタグはWebページの記述に特化している一方で、XMLのタグは用途に応じて自由に定義できます。

・XMLの記述例

XMLはテキスト形式のドキュメントであり、「半構造化データ」です。「半構造化データ」のXMLを用いて、「構造化データ」（表形式）を記述することができます。

たとえば、「構造化データ」として「社員の一覧表」を考えてみましょう。

■ 社員の一覧表

社員ID	氏名	部署
00001	坂東大輔	開発部
00002	A田B作	営業部
00003	α原β太郎	総務部
・・・	・・・	・・・
・・・	・・・	・・・

社員の「社員ID」、「氏名」、「部署」を表形式で管理していると仮定します。この「社員の一覧表」をXMLで記述してみます。

「構造化データ」が有する構造をXMLで表現するために、XMLのタグとして「Employee（社員）」、「EmployeeID（社員ID）」、「Name（氏名）」、「Department（部署）」を定義しています。

「EmployeeID（社員ID）」、「Name（氏名）」、「Department（部署）」という要素は「Employee（社員）」に属する下位要素となります。「社員は社員ID、氏名、部署の情報を有する」という関係性だからです。このように、「要素間の親子関係」がある構造をXMLで表現できます。

XMLの表現としては、< EmployeeID >や<Name>や<Department>のタグで挟まれた「子の要素」は、「親の要素」である<Employee>タグで挟み込まれることになります。

■ XMLの概要

```
<?xml version="1.0" encoding="Shift_JIS"?>
<root>
        <Employee>
                <EmployeeID>00001</EmployeeID>
                <Name>坂東大輔</Name>
                <Department>開発部</Department>
        </Employee>
        <Employee>
                <EmployeeID>00002</EmployeeID>
                <Name>A田B作</Name>
                <Department>営業部</Department>
        </Employee>
        <Employee>
                <EmployeeID>00003</EmployeeID>
                <Name>α原β太郎</Name>
                <Department>総務部</Department>
        </Employee>

                .
                .
                .
</root>
```

XMLのタグは「DTD」(Document Type Definition)によって定義されます。「社員の一覧表」のXMLをDTDで示した具体例は下図のようになります。

■ DTDの概要

```
<!DOCTYPE root[
    <!ELEMENT root (Employee+))>
    <!ELEMENT Employee (EmployeeID, Name, Department)>
    <!ELEMENT EmployeeID (#PCDATA)>
    <!ELEMENT Name (#PCDATA)>
    <!ELEMENT Department (#PCDATA)>
]>
```

DTDはXMLファイル内に記述する、あるいは、独立した別ファイルに記述することができます。

JSONの概要

「**JSON**」(JavaScript Object Notation)は「RFC 8259」として規格化されたデータ形式です。元々はJavaScriptでObjectの内容を表現するための記法でした。名称に"JavaScript"と入っていますが、JavaScriptに限らず、主要なプログラミング言語(Java、PHP、Ruby、Pythonなど)におけるデータ交換のために幅広く用いられています。

・JSONの記述例

JSONはテキスト形式のドキュメントであり、「半構造化データ」です。XMLと同様に、JSONを用いても「構造化データ」(表形式)を記述することができます。

「XMLの記述例」で示した「社員の一覧表」をJSONで表現してみます。

■ JSONの概要

```
[
    {
        "EmployeeID": "00001",
        "Name":  "坂東大輔",
        "Department": "開発部"
    },
    {
        "EmployeeID": "00002",
        "Name":  "A田B作",
        "Department": "営業部"
    },
    {
        "EmployeeID": "00003",
        "Name":  "α原β太郎",
        "Department": "総務部"

    },

                    ・
                    ・
                    ・
]
```

XMLの場合と同様に、JSONでも「構造化データ」が有する構造（要素間の親子関係）を保持しつつ、データを過不足なく表現できています。

同一内容の「構造化データ」で比較すると、JSONはXMLより簡潔に（少ない記述量で）表現できます。

XMLと見比べて、JSONの方がスッキリとシンプルに見えます。XMLは「要素をタグで挟み込む」というルールを厳守する必要があるため、記述が冗長になりがちです。このようなXMLの冗長さを避けるため、IoT向けにはデータ量が少なくて済むJSONが多用されています。

そのほかJSONが好まれる理由として、IoT特有の事情があります。それは、IoTデバイスからクラウドに対して、データをアップロードする際には、「データサイズの最小化」を図る必要があるということです。IoTデバイスのハードウェア資源（処理能力やデータ保存容量）や無線通信（従量課金）の制約、さらには、IoTデバイスの数量の多さも考慮すると、「1バイト（1文字）分でもデータサイズを削りたい」という切実な事情によって、JSONが多く選ばれる傾向にあります。

まとめ

- **データの種類は「構造化データ」と「非構造化データ」に大別される**
- **「XML」と「JSON」は「半構造化データ」に分類される**
- **「JSON」は「XML」よりデータサイズを小さくできる**

30 IoTのためのデータストア ～NoSQLと分散キーバリューストア～

SQL（関係データベース）は「非構造化データ」を扱えません。そこで、「非構造化データ」を蓄積するのに適した「分散キーバリューストア」、及び、「非構造化データ」を操作するのに適した「NoSQL」が開発されました。

NoSQLの概要

従来のデータ処理においては「構造化データ」（関係モデル）を前提とした「**SQL**」（Structured Query Language）を用いてデータ操作（データの検索/追加/更新/削除）を行っていました。しかし、IoT時代の「ビッグデータ」は「非構造化データ」の割合が高くなってきています。「SQL」の処理は「関係モデル」に基づいているため、「非構造化データ」を扱うことができません。そこで、「非構造化データ」を扱うことができる「**NoSQL**」と呼ばれるデータベース技術が登場しました。

■ NoSQLの概要

NoSQLの概要

NoSQL=Not only SQL (≠ No SQL)	「トランザクション」(ACID特性)はない
SQLは使わない	「結果整合性」(BASE特性)に留まる
「関係モデル」を採用していない	スケールアウトに適している
スキーマレス	読み書きの速度を重視している

NoSQLはビッグデータを処理するのに向いている

NoSQLはビッグデータ処理に特化しており、SQL以上に**読み書きの速度を重視**しています。換言すれば、NoSQLは速度を最優先した結果として、SQLが有する厳密性を犠牲にしています。あるいは、SQLにはできるが、NoSQLにはできないことがあります。

■ SQLとNoSQL

SQL	NoSQL
「**スケールアップ**」により処理性能の向上を図る ⇒ 性能向上が困難である	「**スケールアウト**」により処理性能の向上を図る ⇒性能向上が容易である
排他制御（ロック）や2相コミットを行う ⇒厳格な「**トランザクションの一貫性（ACID特性）**」が担保されている	排他制御（ロック）や2相コミットを行わない ⇒緩い「**結果整合性（BASE特性）**」に留まる
厳格に定義された表構造（**スキーマ**）を前提にしている ⇒処理途中にデータ構造が変わることはない	表構造を前提としない「**スキーマレス**」である ⇒処理途中でデータの構造に変化が生じる可能性がある
「関係モデル」に基づく ⇒表同士の結合（JOIN）演算、あるいは、表同士のリレーションの設定が可能である	「関係モデル」に基づかない ⇒結合（JOIN）演算やリレーションの設定はできない

・「スケールアップ」と「スケールアウト」

最初に抑えるべきなのは、SQLとNoSQLは性能向上の仕方に大きな違いがあるということです。SQLの性能向上に適している手法は「スケールアップ」（scale up）であるのに対して、NoSQLの性能向上に適している手法は「スケールアウト」（scale out）です。

「スケールアップ」は「1台のマシンの性能を向上する」ことで処理性能を高めるという発想なのに対して、「スケールアウト」はマシン単体での性能向上はしない代わりに「複数台のマシンに分散処理させる」ことで処理性能を高めるという発想です。一般的には「スケールアップ」は「スケールアウト」よりも高いコストを要し、性能向上が難しい傾向にあります。その一方で、「スケールアウト」は性能向上が容易である反面、1台のマシン内で処理が完結する「スケールアップ」とは異なり、各マシン間のデータの一貫性（最新性）を保つ上でボトルネックとなってくる「CAP定理」に対処する必要が出てきます。

■ スケールアップとスケールアウト

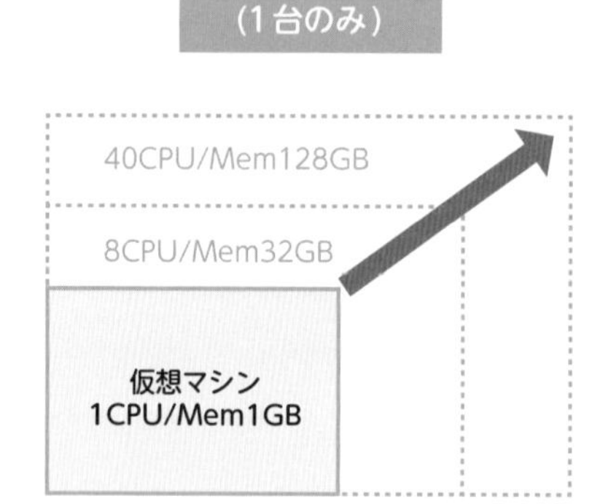

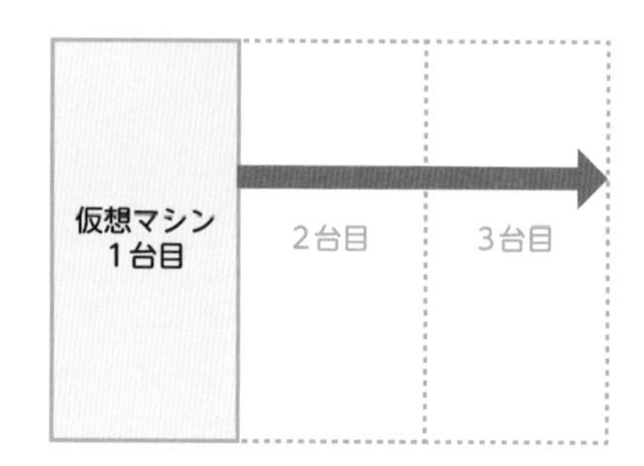

出典：https://www.idcf.jp/words/scaleup.html

・CAP定理

「複数台の分散処理」が困難であることは「CAP定理」で数学的に証明されています。「CAP」とは「**Consistency（一貫性）**」、「**Availability（可用性）**」、「**Partition-tolerance（分断耐性）**」の頭文字です。

■ CAP定理の概要

名称	内容
一貫性 (Consistency)	すべてのマシンが「同一の最新データ」を保持している ⇒マシン間でデータの矛盾がない
可用性 (Availability)	あるマシンがダウンしても、ダウンしていない生存マシンは機能し続ける（常に応答を返す） ⇒「単一障害点」（システム全体のダウンを引き起こす致命的な弱点）が存在しない
分断耐性 (Partition-tolerance)	マシン間で通信不能となる事態（「ネットワーク分断」）に陥っても、システムは稼働し続ける ⇒ネットワーク分断時は、マシン間でデータ不整合が起こりうる

CAP定理の結論は「C+A+Pのすべてを充足する分散処理システムは存在しえない」(2つをとると、残り1つが必ず犠牲になる) ということです。「C+A+P」のすべてを満たそうとしても、矛盾 (トレードオフ) が必ず生じます。

■ CAP定理のトレードオフ

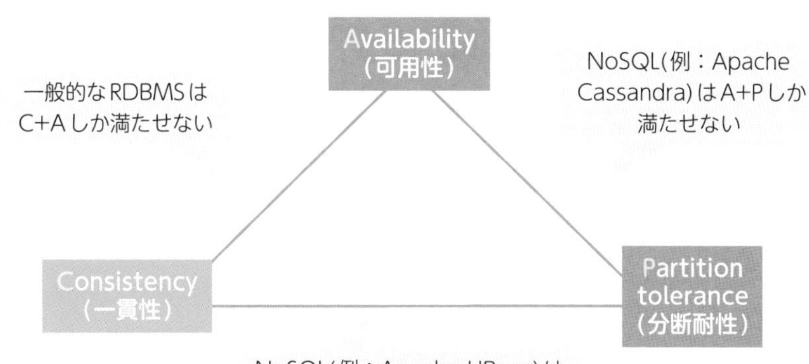

■ CAP定理のトレードオフの詳細

名称	内容
「C+A」の重視	片方のデータ更新をもう片方にも常に伝播すること (「データ同期」) で、複数マシン間でデータの一貫性 (最新性) を保つ ⇒「データ同期」は、ネットワーク分断に対して脆弱なしくみである (Pを充足しない)
「A+P」の重視	ネットワーク分断時であっても、各マシンが手持ちのデータを返却する ⇒データが最新である保証がない (Cを充足しない)
「C+P」の重視	ネットワーク分断時に、データの一貫性 (最新性) を保証できなければエラーを返却する ⇒一部のマシンがダウンしたら、正常な応答が返らなくなる (Aを充足しない)

このように「C+A+P」のすべてを充足できないということは、犠牲にする特性をどれか1つ決める必要が出てきます。SQLは「C+A」を重視しており、複数マシン間のデータの一貫性 (最新性) を保持するために「データ同期」を行い

ます。「ネットワーク分断」が起きれば「データ同期」は維持できません。よって、SQLは「ネットワーク分断」に対して脆弱であり、Pを充足していません。それに対して、NoSQLはPの充足を重視しています。複数台のマシンによる「スケールアウト」を考えると「分断耐性」は必須の特性だからです。

・ACID特性とBASE特性

トランザクションの一貫性に関して、NoSQLはSQLより低いです。「トランザクション」(transaction)とは「データ操作(検索／追加／更新／削除)の開始から終了までの処理」を指します。

トランザクションの一貫性とは「トランザクションの間にデータ不整合が生じないこと」を意味します。つまり、複数のトランザクションが同じデータを同時に更新しようとしても、そのデータに矛盾がないようにするということです。トランザクションの一貫性のレベルとして、SQLは厳格なレベルの「ACID特性」を担保しているのに対して、NoSQLは緩いレベルの「BASE特性」に留まります。

■ ACID特性とBASE特性

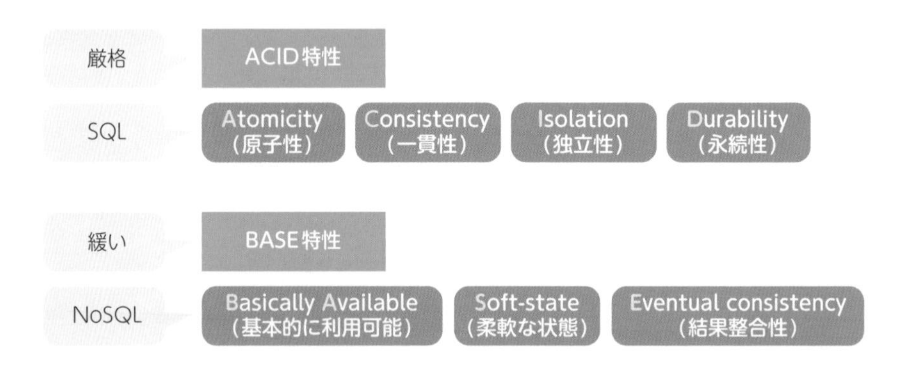

「ACID特性」は「トランザクションの一貫性」を担保するために必要な前提条件をまとめたものです。

■ ACID特性

名称	内容
Atomicity （原子性）	データベース操作は「失敗」あるいは「成功」のどちらかのみ（中途半端な状態にならないこと）
Consistency （一貫性）	トランザクション実行結果が整合性条件（「ユニーク制約」や「Not NULL制約」など）に従うこと
Isolation （独立性）	複数のトランザクションを同時並行で実行しても、お互いに悪影響を及ぼさないこと
Durability （永続性）	トランザクション完了後の結果が永続的に保存されること（突然失われることがないこと）

たとえば、銀行のネットバンキングサービスのトランザクションは「ACID特性」を満たすことが絶対条件です。「銀行振込処理の途中で障害が発生して預金残高の値が狂ってしまう」といった事態は絶対に許されません。

ACID特性を充足するために必要なしくみとして「排他制御（ロック）」や「2相コミット」があります。「排他制御（ロック）」は、トランザクションがデータ操作中にほかのトランザクションがデータを勝手に書き換えないよう「ロック」（lock）をかける処理です。「2相コミット」は、複数のサーバにデータベースが分散して配置されている場合に、すべてのサーバのデータベースの整合性を保つようにする処理です。たとえば、1台のサーバがシステム障害でダウンした場合に、そのサーバに格納されたデータベースだけが未更新のままという事態を避けるようにします。

「ACID特性」に対して、「BASE特性」はNoSQLにおけるトランザクションの設計思想をまとめたものです。

■ BASE特性

名称	内容
Basically **A**vailable （基本的に利用可能）	可用性を最重要視する
Soft-state （柔軟な状態）	処理途中は整合性を保証しない
Eventual consistency （結果整合性）	最終結果の整合性のみ担保する

「ACID」特性と比べて、「BASE特性」はトランザクションの一貫性が低いことがわかります。

NoSQLはトランザクションの一貫性を「BASE特性」に抑えることで処理の高速化を実現しています。仮に「ACID特性」を保とうとすると「排他制御（ロック）」や「2相コミット」が頻発し、処理のオーバーヘッドが大きくなってしまいます。「BASE特性」に留めるのであれば、処理のオーバーヘッドを低減し、その分だけ、データ操作の速度を上げることができます。

・スキーマとスキーマレス

SQLは「スキーマ」（schema）という表構造が前提となっており、処理途中で構造を変更できません。

■ スキーマの概要

「スキーマ」とはデータ構造を意味する。関係モデルの「列」に相当する

「スキーマ」はSQLのDDL(データ定義言語)にて記述する

この表のすべてのレコードは同一スキーマに従う

社員ID	氏名	部署
00001	坂東大輔	開発部
00002	A田B作	営業部
00003	α原β太郎	総務部
・・・	・・・	・・・
・・・	・・・	・・・

```
CREATE TABLE '社員表' (
        '社員ID' char(5) NOT NULL,
        '氏名' char(20) NOT NULL DEFAULT '',
        '部署名' char(20) NOT NULL DEFAULT '',
        PRIMARY KEY ('社員ID')
);
```

社員ID	氏名	部署
00001	坂東大輔	開発部
00002	A田B作	営業部
00003	α原β太郎	総務部
・・・	・・・	・・・
・・・	・・・	・・・

年齢
35
・・・
・・・

表の一部だけに、事前に定義していない列を追加することはできない

SQLの「スキーマ」は事前に定義しておく必要があるため、データ構造を柔軟に変更できない代わりに「データ構造が一定である」という意味で厳密性が保証されています。そのため、SQLは明確な構造を持つ「構造化データ」の操作に向いていると言えます。

それに対して、NoSQLはスキーマを前提としない「スキーマレス」です。そのため、NoSQLは明確な構造を持たない「非構造化データ」の操作に向いていると言えます。

NoSQLの具体例

NoSQLを実装しているソフトウェアの具体例を示します。

■ NoSQLの具体例

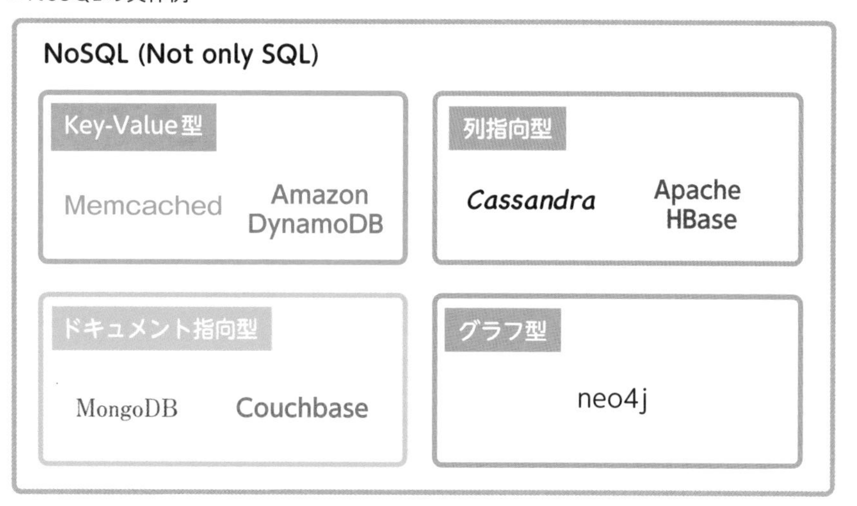

NoSQLの種類は「**Key-Value型**」、「**列指向型**」、「**ドキュメント指向型**」、「**グラフ型**」に大別されます。

■ NoSQLの種類

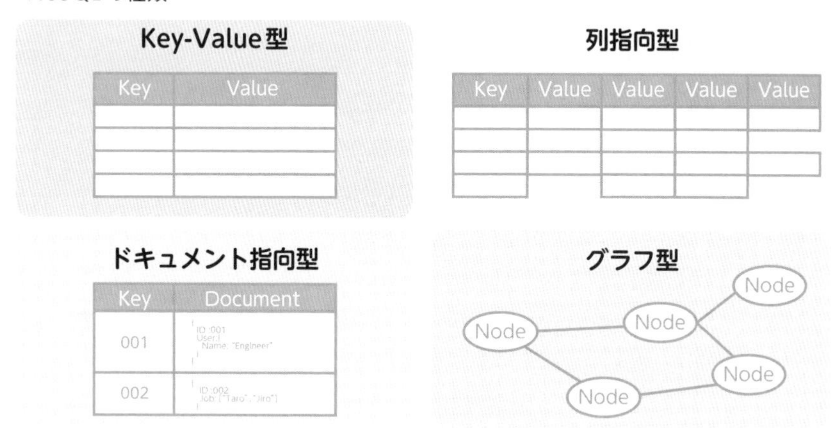

出典：https://thinkit.co.jp/article/11882

■ NoSQLの種類の詳細

種類	説明	ソフトウェア名称
Key-Value型	Key（一意の識別子）とValue（データ値）の組。1つのKeyは1つのValueを取る（KeyとValueは「1:1対応」となる）	・Memcached ・Amazon DynamoDB
列指向型	「Key-Value型」の発展形。 1つのKeyは複数のValueを取り得る（KeyとValueは「1:N対応」となる）	・Apache Cassandra ・Apache HBase
ドキュメント指向型	「Key-Value型」の発展形。 XMLやJSONのドキュメントがValueに相当する	・MongoDB ・Couchbase
グラフ型	データ間の関係性をグラフ構造で表現する	・neo4j

NoSQLの種類は複数に分かれますが、「非構造化データ」の「分散処理」を行うことに適しているという共通点があります。

分散キーバリューストアの概要

「**データストア**」（data store）はデータを蓄積しておく領域を指します。「スケールアウト」構成の場合、「データストア」を複数サーバに分散させます。

■ データストアの概要

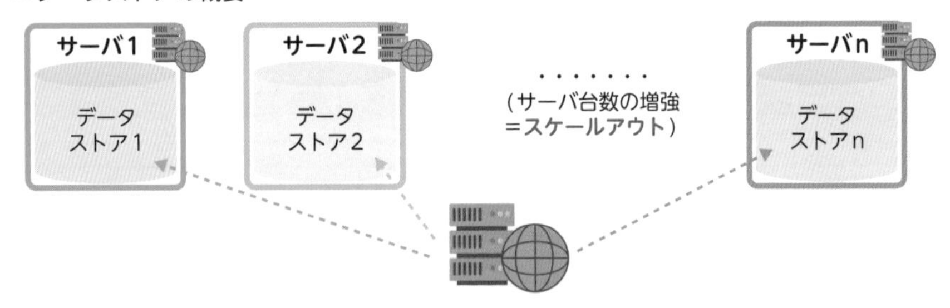

NoSQLの「Key-Value型」データベースの場合、「**キーバリューストア**」（key value store）と呼ばれる領域に、キーと値の組を蓄積（ストア）しています。この「キーバリューストア」を複数サーバに分散する構成は「**分散キーバリューストア**」と呼ばれます。

■ 分散キーバリューストアの概要

キー　値

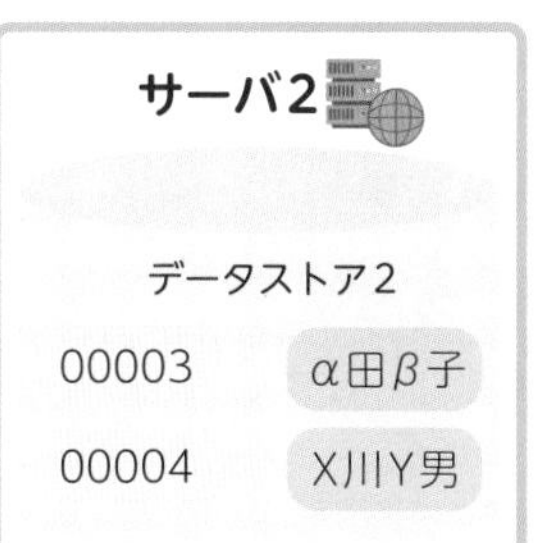

上記の例では、企業の社員情報が「分散キーバリューストア」に格納されています。「社員ID」がキー（Key）であり、社員IDに紐付く「氏名」が値（Value）という「1:1対応」の関係性です。「1:1対応」が担保されている限りは、データが複数のデータストアに分散されたとしても、キーを条件にして検索すれば目的のデータを読み出すことが可能です。「分散キーバリューストア」には以下の機能もあり、ビッグデータの分散処理に適したデータ管理のしくみと言えます。

・キー値に応じて、データをどのデータストアに配置するかを決定する。
・複数のデータストアにおいて同一キーのデータを重複（レプリケーション）させる。

まとめ

- **NoSQLは、SQLの厳密性を犠牲にする代わりに、データ操作の速度を向上している**
- **NoSQLの種類は「Key-Value型」、「列指向型」、「ドキュメント指向型」、「グラフ型」に大別される**
- **「分散キーバリューストア」は、「キーバリューストア」（「データストア」の一種）を複数サーバに分散する構成である**

31 ドキュメント指向型データベース
〜多様なデータを処理する〜

従来の「データベース」は、SQLで操作する「関係データベース」が圧倒的多数派でした。しかし、「非構造化データ」の増加に伴い、「スキーマ」に縛られない「ドキュメント」形式を扱えるデータベースが用いられています。

ドキュメント指向型データベースの意義

「**ドキュメント指向型データベース**」(document-oriented database)とは、ドキュメント形式(XMLやJSON)で記述されたデータが保管されるデータベースを指します。

関係データベースと比較すると、ドキュメント指向型データベースの意義は「**スケールアウトの容易さ**」、「**データ読み書きの高速化**」、「**自由な形式によるデータ記述**」、「**データ間の階層構造の扱いやすさ**」が挙げられます。

■ドキュメント指向型データベースの意義

スケールアウトの容易さ

データ読み書きの高速化

自由な形式によるデータ記述

データ間の階層構造の扱いやすさ

ドキュメント形式は「関係モデル」に基づかない「非構造化データ」であることから、ドキュメント指向型データベースはNoSQLの一種です。

また、「スケールアウトの容易さ」、「データ読み書きの高速化」、「自由な形式によるデータ記述」はNoSQLに共通するポイントです。特に、ドキュメント指向型データベースは「データ間の階層構造の扱いやすさ」に優れています。

データ管理の単位を見ると、「関係データベース」(SQL)は表単位(行×列で構成される)であるのに対して、「ドキュメント指向型データベース」(NoSQL)はドキュメント単位(文の羅列で構成される)であることがわかります。

・自由な形式によるデータ記述

「スキーマレス」であるため、自由な形式によるデータ記述ができます。ドキュメントの途中で、属性の変更や入れ子構造の追加などが可能です。

■ スキーマレスの概要

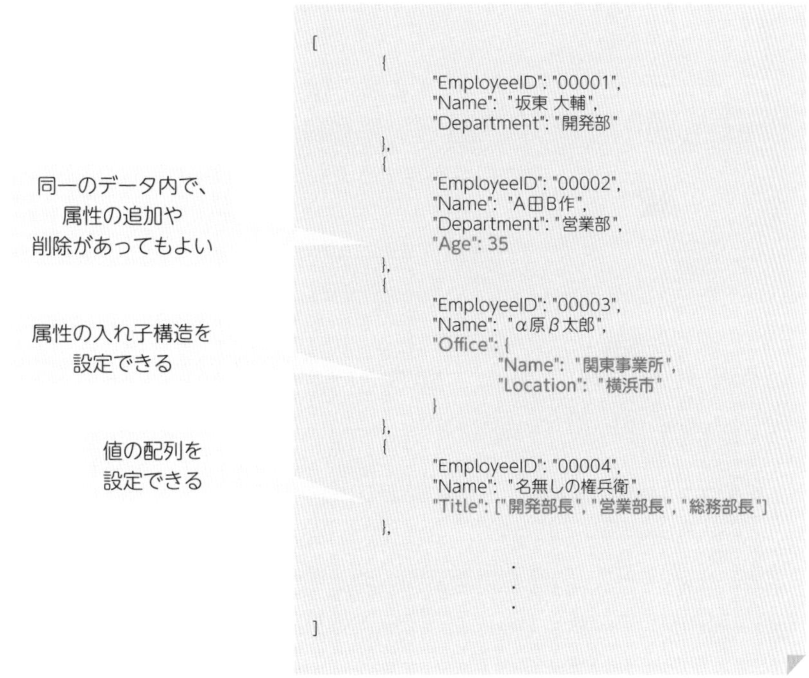

同一のデータ内で、属性の追加や削除があってもよい

属性の入れ子構造を設定できる

値の配列を設定できる

```
[
    {
        "EmployeeID": "00001",
        "Name": "坂東 大輔",
        "Department": "開発部"
    },
    {
        "EmployeeID": "00002",
        "Name": "A田B作",
        "Department": "営業部",
        "Age": 35
    },
    {
        "EmployeeID": "00003",
        "Name": "α原β太郎",
        "Office": {
            "Name": "関東事業所",
            "Location": "横浜市"
        }
    },
    {
        "EmployeeID": "00004",
        "Name": "名無しの権兵衛",
        "Title": ["開発部長", "営業部長", "総務部長"]
    },
            ・
            ・
            ・
]
```

JSON

データ構造を厳格かつ事前に定義しておく必要がないため、状況の変化（管理対象となる属性の追加など）に柔軟に対応できます。

・データの階層構造の扱いやすさ

世間一般のデータは「階層構造」で管理されていることが多くあります。たとえば、コンピュータのファイル群を階層構造のディレクトリ構成で管理することが挙げられます。あるいは、企業の体制図も階層構造を成していると言えるでしょう。階層構造を成しているデータを効率的に管理するためには、階層構造を記述できる形式のデータベースが必要になります。

「ドキュメント指向型データベース」のデータ管理単位であるドキュメント（JSONやXML）であれば、複雑な階層構造を自然に記述することができます。

■ データの階層構造の扱い

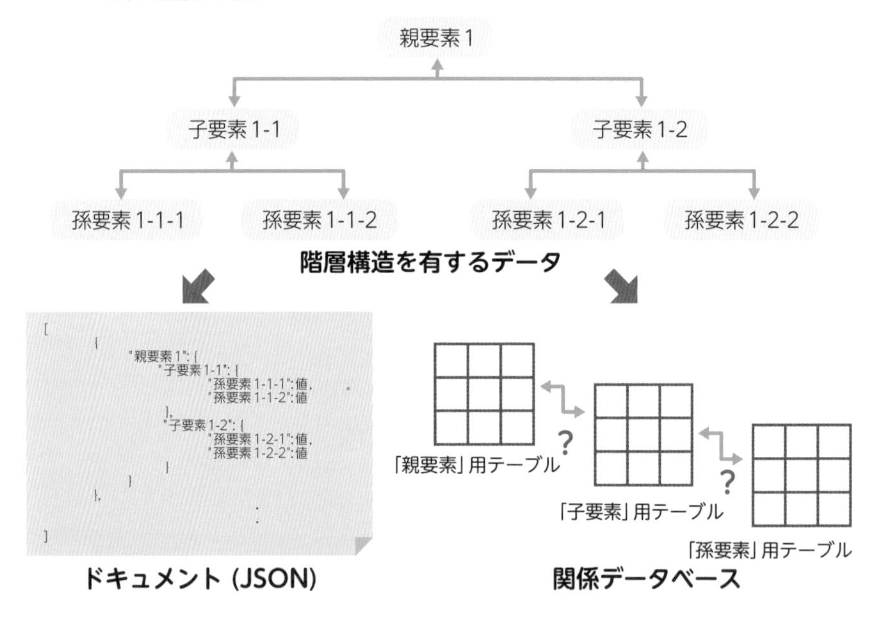

「関係データベース」の場合、要素間の親子関係を表現するのが困難です。仮に親子関係を記述できたとしても、データが複数のテーブルにまたがってしまいます。その結果、データがバラバラの表に散在してしまい、データ管理の効率性が悪化してしまいます。

「ドキュメント（JSON）」の場合、要素間の親子関係（すなわち、階層構造）を自然に表現できています。

1つのドキュメントだけで階層構造を無理なく表現できることから、階層構造を構成するデータ一式を1つのドキュメント内に集約すること（データの局所化）ができます。

ドキュメント指向型データベースの具体例

ドキュメント指向型データベースの具体例として「**MongoDB**」や「**Couchbase**」が挙げられます。

本節では「MongoDB」を説明します。

ドキュメント指向型データベースにおけるデータ操作例を説明する前に、「関係データベース」（SQL）と「MongoDB」（NoSQL）のデータ構造の違いを押さえておきましょう。

「MongoDB」は「ドキュメント指向型データベース」ですので、基本的なデータ管理単位は「Document（ドキュメント）」になります。この「Document（ドキュメント）」は関係データベースにおける「Row（行）」に相当します。

■ 関係データベースとMongoDBの比較

関係データベース	MongoDB
Database（データベース）	Database（データベース）
Table（表）	Collection（コレクション）
Row（行）	**Document（ドキュメント）**
Column（列）	Property（属性）

「MongoDB」に関しては、基本となる「Document（ドキュメント）」単位のデータ操作を考えるのがわかりやすいでしょう。

SQLと同様に、MongoDBにもデータ操作コマンド（「選択」、「更新」、「挿入」、「削除」）があります。MongoDBとSQLの比較のために、同じデータ操作を並べて示します。

「MongoDB」でもSQL相当のデータ操作が可能であることから、SQLの記述と似通った点があると言えます。

一見すると「MongoDB」はSQLと大きな違いがないように見えますが、ドキュメント指向型データベースである「MongoDB」の利点は、階層構造を有するデータをそのまま扱えることです。

SQLの場合、データ間の階層構造は複数の表をまたいで表現するしかないため、階層構造を有するデータを検索する場合には複雑なSQL（複数テーブルのJOIN演算）を発行する必要があります。それに対して、「MongoDB」であれば煩雑なコマンドを打たずに済みます。

■ ドキュメント指向型データベースの操作例（MongoDB）

挿入(INSERT)

MongoDBの場合

```
db.mycollection.insert(
                {
                "EmployeeID": "00001",
                "Name":  "坂東大輔",
                "Department": "開発部"
        }
)
```

SQLの場合

```
INSERT INTO MYTABLE(EmployeeID, Name, Department) VALUES (' 00001' , ' 坂東大輔' , ' 開発部' );
```

削除(DELETE)

MongoDBの場合

```
db.mycollection.remove(
                {"EmployeeID": "00001"}
)
```

SQLの場合

```
DELETE FROM MYTABLE WHERE EmployeeID = ' 00001' ;
```

更新(UPDATE)

MongoDBの場合

```
db.mycollection.update(
                {
                "EmployeeID": "00001"},
                {$set: {"Department": "人事部"}
                }
)
```

SQLの場合

```
UPDATE MYTABLE SET Department = '人事部' where EmployeeID = '00001';
```

選択(SELECT)

MongoDBの場合

```
db.mycollection.find(
                {"EmployeeID" : "00001"}
)
```

→

```
{
        "_id" : ObjectId("5dc5507b90c9c4d39a0798a3"),
        "EmployeeID" : "00001",
        "Name" : "坂東大輔",
        "Department" : "開発部"
}
```

SQLの場合

```
SELECT * FROM MYTABLE WHERE EmployeeID = '00001';
```

EmployeeID	Name	Department
00001	坂東大輔	開発部

まとめ

- ドキュメント指向型データベースは、ドキュメント形式（XMLやJSON）で記述されたデータを保管する
- ドキュメント指向型データベースの意義は「階層構造を扱いやすい」ことである
- ドキュメント指向型データベースの代表例は「MongoDB」である

32 リアルタイム処理と分散処理 〜Apache HadoopとApache Spark〜

IoT時代には「ビッグデータ」の「リアルタイム処理」が求められます。とは言え、大量データを即時で処理することは困難です。現実的な解として、複数台のサーバで「分散処理」を行うしくみを検討することになります。

ビッグデータ処理に必要な特性

IoTで扱うデータは大量のIoTデバイスから収集されるため、自ずと「ビッグデータ」になります。「ビッグデータ」の定義として「**ビッグデータの4V**」が有名です。一般的には、4Vの特性に該当するデータを「ビッグデータ」と呼んでいます。換言すれば、IoTシステムには4Vに対応しきれるだけの実力が必須です。

■ ビッグデータ処理に必要な特性

■ ビッグデータの定義①

名称	説明
Volume（規模）	データ量が巨大（Big）であること
Variety（種類）	データの種類が幅広いこと 特に、ビッグデータは「非構造化データ」（テキスト、音声、画像、動画などの多種多様の形式）を含むことを指す
Velocity（スピード）	「リアルタイム処理」を行うこと

4つ目のVは、下記2つのうちどちらかであると言われています（定義がぶれています）。

■ ビッグデータの定義②

名称	説明
Veracity（正確性）	限られたサンプル（標本）のみでなく、すべてのデータ（母数）を対象とし、分析の精度が正確であること

あるいは、以下の定義も存在します。

■ ビッグデータの定義③

名称	説明
Value（価値）	何らかの目的に用いるために収集する価値が大いにあること

上記の4Vすべてを満たすのは非常に困難です。特に、「Velocity（スピード）」の充足は困難です。巨大な量のデータを「リアルタイム処理」するのが困難であることは容易に想像がつくでしょう。ビッグデータのリアルタイム処理は1台のサーバだけでは困難であるため、複数台のサーバ群による「**分散処理**」を行います。

複数台のサーバ群による「分散処理」を行うシステムの具体例として「Apache Hadoop」と「Apache Spark」を本節では解説します。両者共にビッグデータのリアルタイム処理を行うという目的は同じですが、用途に応じて両者を使い分けることになります。

Apache Hadoopの概要

ビッグデータのリアルタイム処理を行うシステムとして「**Apache Hadoop**」が有名です。「Hadoop」(ハドゥープ) とは風変わりな名前ですが、開発者の子供が持っていた「黄色い象のぬいぐるみ」の名前に由来しています。「Apache Hadoop」は分散処理を前提としており、主に「**HDFS (分散ファイルシステム)**」と「**MapReduce (分散処理)**」で構成されているシステムです。

■ Apache Hadoopの概要

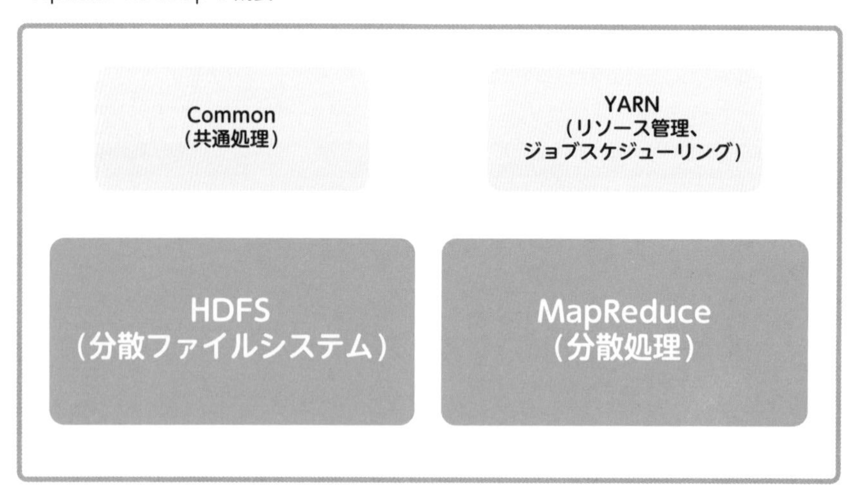

ビッグデータを分散処理したいならば、「データ処理を複数サーバで分担する」必要があります。そのためには「ビッグデータを分割して複数サーバ間に配置する」必要も出てきます。Apache Hadoopは「ビッグデータを分割して複数サーバ間に配置する」しくみには「HDFS」(分散ファイルシステム)を採用し、「データ処理を複数サーバで分担する」しくみには「MapReduce」(分散処理)を採用しています。

・MapReduce (分散処理)

「MapReduce」というしくみは「**Map処理**」(データの分割) と「**Reduce処理**」(データの集約) で構成されています。「MapReduce」の概要を示します。

■MapReduceの概要

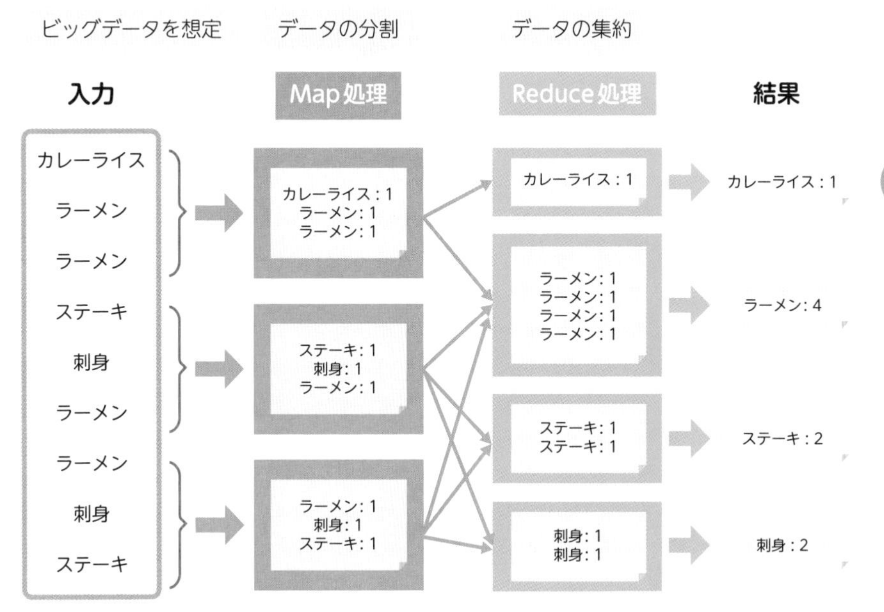

「カレーライス」、「ラーメン」、「ステーキ」、「刺身」という入力データを大量に処理する必要があると仮定します。

複数サーバ間で「分散処理」するためには、まずは「Map処理」(データの分割)を行います。

各サーバでしかるべき処理を行った後には、分散処理したデータを1つに統合するために、「Reduce処理」(データの集約)を行います。この「Reduce処理」の結果として、大量の入力データ(ビッグデータ)の集計結果が算出されることになります。

この「集計結果」こそがビッグデータに潜む法則性であり、ビジネスにおけるお宝です。上記であれば「ラーメンはカレーライスの4倍の量がある」という法則性が判明したわけです。この法則性を知ることができれば、原材料の仕入れ戦略などに大いに役立てることが可能です。

Apache Sparkの概要

「Apache Hadoop」以外の例として、「**Apache Spark**」もビッグデータのリアルタイム処理を行うシステムです。「Apache Hadoop」(の「MapReduce」) と対比した形で、「Apache Spark」の概要を示します。

■ Apache HadoopとApache Sparkの対比

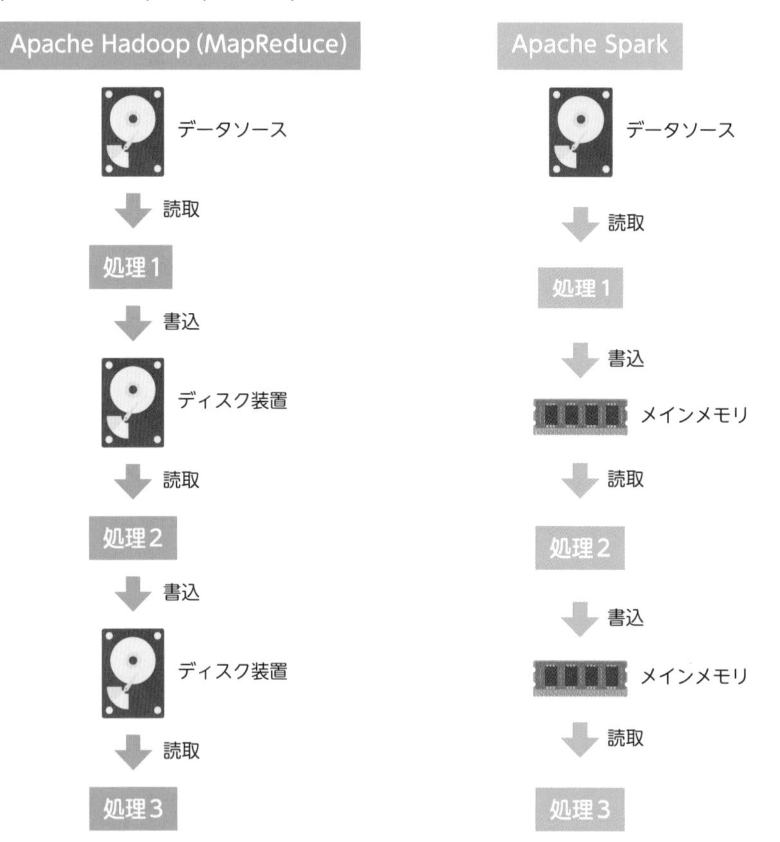

「Apache Hadoop」と「Apache Spark」の大きな違いは「データ処理を行う場所」です。「Apache Hadoop」は「ディスク装置」を用いるのに対して、「Apache Spark」は「インメモリ (「**主記憶装置**」内)」で処理を完結することを前提にしています。「主記憶装置」と「ディスク装置」の性質の違いを示します。

■ 主記憶装置とディスク装置の違い

	主記憶装置	ディスク装置
処理速度	高速	低速
データ格納領域	小さい	大きい
データの永続性	揮発性 （電源オフ後はデータが消える）	不揮発性 （電源オフ後もデータが残る）
媒体	メインメモリ	・SSD（半導体ディスク） ・HDD（磁気ディスク）

要するに、「ディスク装置は大容量データを扱えるが処理速度は遅い」のに対して、「主記憶装置は小さい容量のデータしか扱えないが処理速度は速い」ということです。両者は一長一短のトレードオフがあるため、「Apache Hadoop」と「Apache Spark」は用途に応じて使い分けることになります。処理速度を最優先する場合は「Apache Spark」が有利です。

まとめ

- 「ビッグデータ」の定義は「ビッグデータの4V」の条件を充足するデータである
- 「Apache Hadoop」は「MapReduce」という分散処理のしくみを有している
- 「Apache Spark」は「インメモリ」のデータ処理を採用することで処理性能を優先している

33 IoTと機械学習 ～人工知能は学習して賢くなる～

一般的なプログラム（ソフトウェア）と「人工知能」との大きな違いは「機械学習」の有無にあります。人間が学習を行うことで賢くなっていくように、「人工知能」は「機械学習」を行うことで賢くなっていきます。

機械学習の概要

「人工知能」（AI: Artificial Intelligence）と一言で括られがちですが、実際には「人工知能」の種類は細分化されています。「人工知能」の種類を示します。

■ 人工知能の構成要素

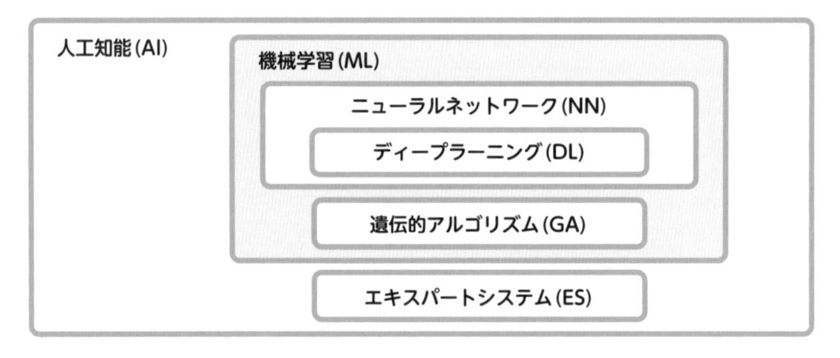

最古参の人工知能と言えるのが「**エキスパートシステム**」（ES：Expert System）です。読んで字のごとく「エキスパート（専門家）」の専門知識を人工知能で再現しようとする試みです。当初のエキスパートシステムの専門家は医師を想定していました。医師が患者の症状を診断する行為を人工知能に再現させようとしたのが始まりです。

人間が学習を行うことで賢くなるように、人工知能も学習させて賢くしようという試みが「**機械学習**」（ML：Machine Learning）です。「機械学習」のしくみの例として「**遺伝的アルゴリズム**」（GA: Genetic Algorithms）や「**ニューラルネットワーク**」（NN: Neural Network）が挙げられます。

■「機械学習」のしくみの例

名称	説明
遺伝的アルゴリズム (GA: Genetic Algorithms)	生物の遺伝子が適者生存や突然変異で進化する様子を模倣した
ニューラルネットワーク (NN: Neural Network)	生物の神経回路が外部の刺激を認識する様子を模倣した

機械学習の技術は自然界のしくみ（遺伝子や神経回路）をお手本にして開発されてきました。つまり、機械学習は自然界のしくみをITで模倣しようとする試みとも言えます。

注目を浴びている「**ディープラーニング**」（DL：Deep Learning）はニューラルネットワークの発展進化形となります。

機械学習の種類

「機械学習」の分類法として、「遺伝的アルゴリズム」や「ニューラルネットワーク」といった技法別に分類する以外に、人工知能に学習させる手本である「**教師データ**」（training data）の有無で分類することもあります。

機械学習を「教師データの有無」で分類すると「**教師あり学習**」、「**教師なし学習**」、「**強化学習**」に大別されます。

■機械学習の種類

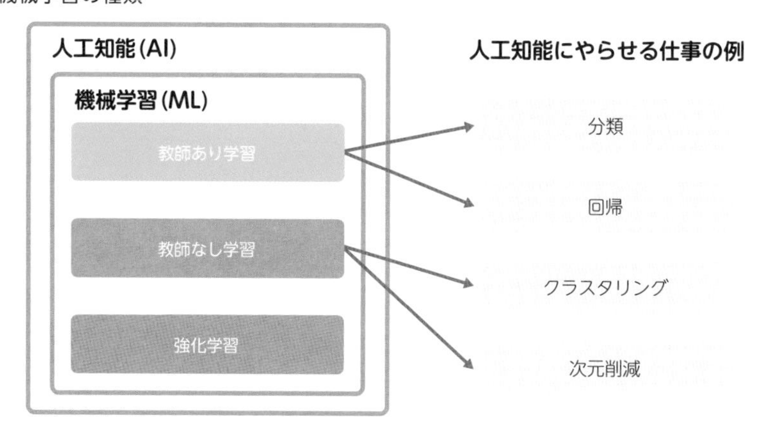

■ 機械学習の種類の詳細

名称	説明
教師あり学習 (supervised learning)	入力データに対応する「教師データ」を（人間が）準備して、人工知能に学習させる
教師なし学習 (unsupervised learning)	「教師データ」なしで、入力データのみを探索する
強化学習 (reinforcement learning)	己の報酬を最大化できる行動を学習する

・「教師あり学習」と「教師なし学習」

「教師あり学習」は人間が「教師データ」を準備する必要があるため、人間の労力を多大に要します。それに対して、「教師なし学習」は「教師データ」を準備しない方式です。この事実だけ聞くと、「教師なし学習」の方が優れているように思えます。しかし、「教師あり学習」は人間の意図を正確に反映した「教師データ」に基づいて人工知能に学習させるため、人工知能が「人間の意図に適切に沿った回答」を返す可能性が高まります。一言で言うと「回答の精度（妥当さ）が高い」のです。それに対して、「教師なし学習」の場合、人工知能が頼りにできるのは「入力データ」のみであるため、限られた情報源のみで処理を行う必要があります。結果として、「人間の労力」と「回答の妥当さ」はトレードオフになるため、状況に応じて「教師あり学習」と「教師なし学習」は使い分けることになります。

・「強化学習」

「強化学習」は「人工知能が試行錯誤をくり返す」ことによって賢くなる学習の方式です。

「強化学習」で有名な例は、Google DeepMind社が開発した囲碁専門の人工知能「AlphaGo」です。AlphaGoの強化学習は「人工知能同士で教え合い学習し合う」ことによって精度を上げていきました。AlphaGo同士が対戦し合って切磋琢磨した結果、AlphaGoは人間界最強の棋士と言われたイ・セドル棋士を打ち破るまでに成長しました。

■ 強化学習

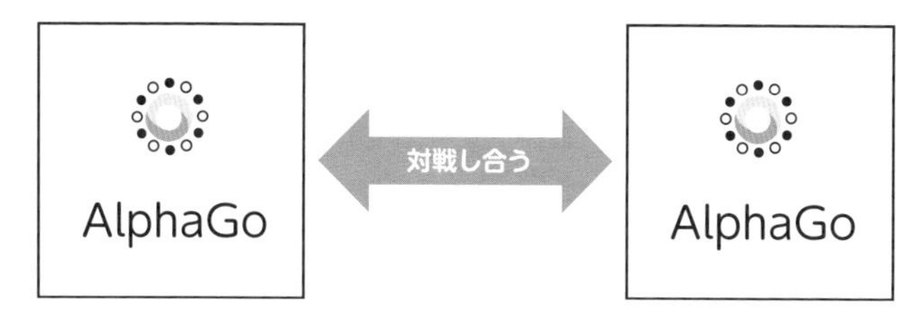

人工知能は人間と違い、下記の特長を有します。

・「複製（クローン）」が容易である。
・動作が高速である。
・疲労しない。

これらの特長により、人工知能は反復学習を超高速で行い、半永久的に継続できます。一言で言うと、「強化学習」の真価は、人工知能が人間とは桁違いの速度で進化することに尽きます。

・人工知能に適した仕事

人間が人工知能にやらせる仕事（換言すれば「人工知能ができる仕事」）は「**分類**」、「**回帰**」、「**クラスタリング**」、「**次元削減**」に類型化することができます。

■ 人工知能にやらせる仕事の例

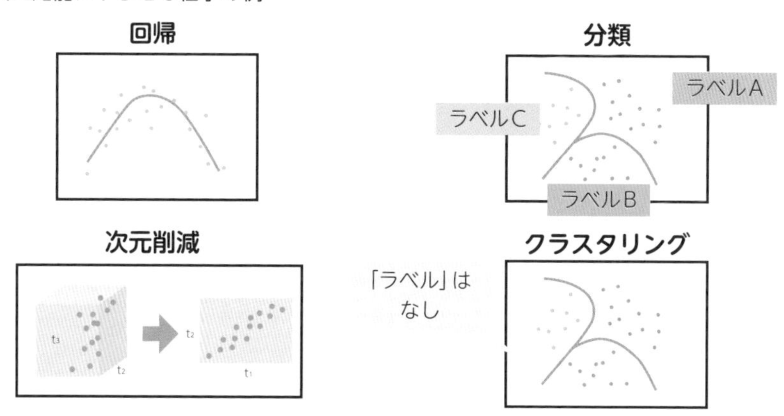

■人工知能にやらせる仕事の詳細

名称	説明	教師データの要否
分類 (classification)	教師データに基づき、データが属する「クラス」を予測する	教師あり学習
回帰 (regression)	教師データに基づき、「数値」を予測する	
クラスタリング (clustering)	入力データを複数の「クラスタ(群れ)」に分ける	教師なし学習
次元削減 (dimensionality reduction)	有意性を保ちつつ、データ量を圧縮する	

「回帰」や「分類」の場合、教師データに基づいて人工知能が入力データを処理します。「回帰」と「分類」の違いは、人工知能が予測する対象です。

「回帰」は「数値」を予測します。たとえば、最寄り駅からの距離に基づいて、借家の家賃の"金額"[数値]を予測します。

それに対して、「分類」はデータが属する「クラス」を予測します。たとえば、画像に基づいて、画像に写っている動物の"種類[クラス]"を予測します。「分類」の場合、人間が「ラベル」を貼ること(ラベリング)をした上で、教師データを人工知能に学習させます。たとえば、未知の画像に写る動物を「犬」であると人工知能に予測させるためには、「犬」というラベルを貼った教師データ(「犬」の正解例の画像)を学習させる必要があるということです。

「クラスタリング」は、外観上「分類」と類似しています。「分類」と異なる点は、「クラスタリング」は「教師なし学習」であるため、人工知能が参照できる「ラベル」がありません。よって、入力データから得られる情報源のみを頼りにして、入力データを複数の「クラスタ(群れ)」に分けることになります。よって、「クラスタリング」の結果をどう役立てるかは人間次第ということになります。

「次元削減」は、悪影響(精度の低下)を最小限にしつつ、データ処理量を圧縮(削減)することを指します。「次元圧縮」とも言います。「次元」はデータが有する変数の種類を指します。たとえば、3つの変数を扱う「3次元データ」のうち、1つの変数を除去して2つの変数に圧縮した「2次元データ」に変換することを指します。当然、変数をやみくもに削除するだけでは処理の精度に悪影響が出るため、各々の変数の関係性（相関）を分析した上で「次元削減」を行うことになります。「次元削減」の意義は、限られたマシン資源で「ビッグデータ」を処理しきれるように、処理対象のデータ量を低減することにあります。

機械学習のポイント

機械学習のポイントをまとめます。

■ 機械学習のポイント

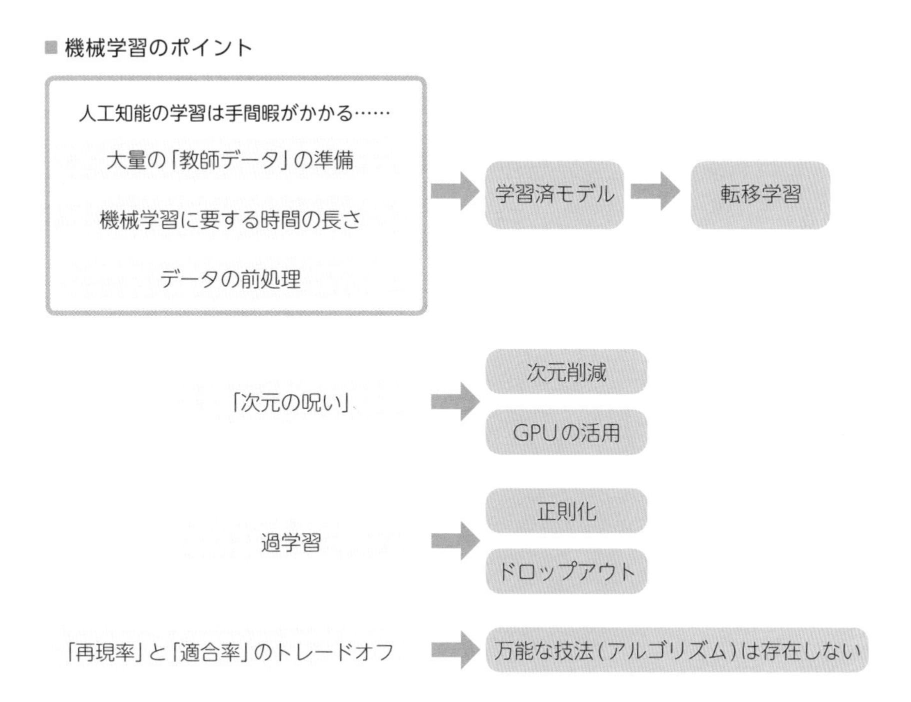

人工知能の機械学習には多大な手間暇がかかります。具体的には「**大量の教師データの準備**」、「**機械学習に要する時間の長さ**」、「**データの前処理**」が必要です。それだけの手間暇をかけて人工知能に学習させた成果物として「学習済モデル」ができ上がります。人工知能が学んだ知識がデータ化されたものです。人工知能の学習には多大な労力を要するため、一度でき上がった学習済モデルをほかの用途でも再利用（流用）する「**転移学習**」（transfer learning）を行うことがあります。

・**次元の呪い**

入力データや教師データが有する変数（「次元」）が非常に多く、データ処理の負荷が非常に高まってしまう状態に陥ることを「**次元の呪い**」（the curse of dimensionality）と言います。「次元の呪い」に陥ってしまうと、人工知能の機械学習が実運用に耐えうる時間内に完了できない恐れがあります。よって、データの「**次元削減**」を試みることで、機械学習の負荷（所要時間）を低減するようにします。「次元削減」以外の機械学習の高速化の手法として、CPUのみでなく**GPUの活用**も行います。

・**過学習**

「教師あり学習」には「**過学習**」（overfitting）という大きな弱点がありました。人間が事前準備できる「教師データ」は有限である一方で、実世界のデータはほぼ無限にあります。「過学習」は、ごく少数の教師データのみを学習しすぎて、人工知能が頭でっかちになってしまった状態を指します。人工知能が「過学習」状態に陥ってしまうと、未知のデータを正確に処理できなくなります。

■ 過学習

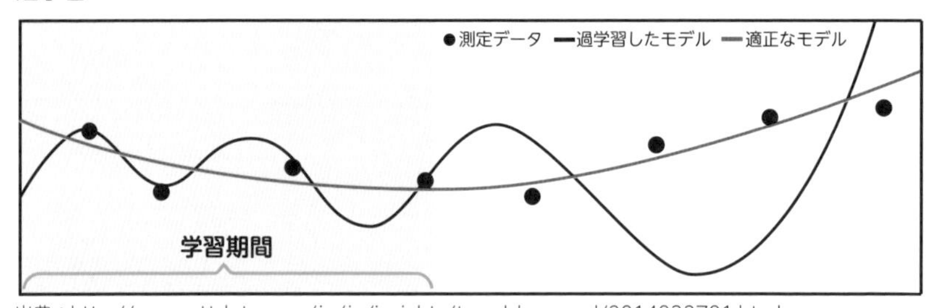

出典：http://www.nttdata.com/jp/ja/insights/trend_keyword/2014032701.html

上記の場合、赤線のモデルが実世界に則した正解です。しかし、学習期間における少数の測定データ（黒丸）を誤解釈してしまい、人工知能が実世界とかけ離れた黒線のモデルを導出してしまっています。

過学習を抑止する手法として「**正則化**」と「**ドロップアウト**」があります。

「正則化」も「ドロップアウト」も突き詰めれば「複雑になりすぎたモデルを単純化する」ことになります。「Simple is best」の格言にも通じますが、「モデルの断捨離は精度向上に効果的である」ということです。

■過学習を抑止する技法

名称	説明
正則化 (normalization)	過学習の傾向として「実世界より複雑すぎるモデル」ができ上がることが多い。よって、人工知能が機械学習する際に「正則化」によって「モデルの複雑さが増すことに対するペナルティ」を加味して、モデルが過度に複雑になることを抑止する
ドロップアウト (drop-out)	「ニューラルネットワーク」の内部構造の一部をランダムに無効化（ドロップアウト）する技法である 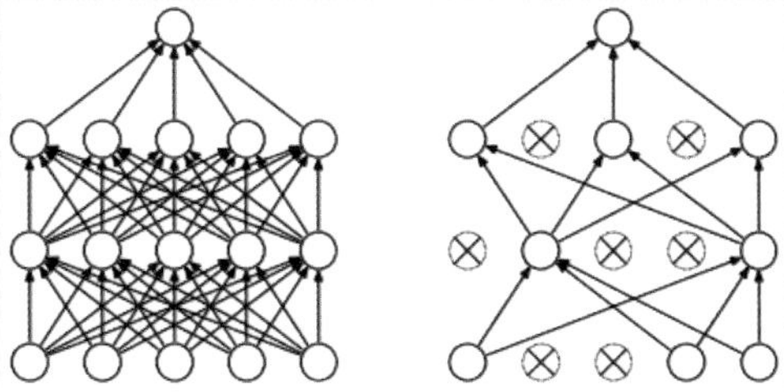 (a) Standard Neural Net　(b) After applying dropout. ランダムな「ドロップアウト」を行うことで、「教師データ」を追加する必要なく、単一のニューラルネットワークの内部構造を擬似的に変化させることができる。ニューラルネットワークの内部構造の詳細については、**Sec.34**にて解説する 「ドロップアウト」の目的は「アンサンブル学習」を擬似的に実現することである。「アンサンブル学習」(ensemble learning) は、複数の内部構造を有するニューラルネットワークの出力結果を照合することで学習効率を向上する手法である

出典：http://jmlr.org/papers/volume15/srivastava14a/srivastava14a.pdf

•「再現率」と「適合率」のトレードオフ

機械学習を済ませた人工知能の予測結果の評価指標として「**再現率**」(Recall)、「**適合率**」(Precision)、「**精度**」(Accuracy)、「**特異度**」(Specificity)、「**F値**」が挙げられます。人工知能の予測結果は「**正**」(Positive) と「**負**」(Negative) の二者択一と仮定します。

「正」(Positive) と「負」(Negative) の違いは、ウイルス感染症の「陽性」と「陰性」の違いにたとえるとわかりやすいです。「正」は「陽性＝ウイルスに感染している (Positive)」と判定することで、「負」は「陰性＝ウイルスに感染していない (Negative)」と判定することに相当します。

■ 機械学習の評価指標

		真の結果	
		正	負
予測結果	正	**TP (True Positive)**	**FP (False Positive)**
	負	**FN (False Negative)**	**TN (True Negative)**

再現率 Recall= $\frac{TP}{TP+FN}$ = $\frac{予測の「正」}{真の「正」}$ ⟺ トレードオフ ⟺ 適合率 Precision= $\frac{TP}{TP+FP}$ = $\frac{真の「正」}{予測の「正」}$

精度 Accuracy= $\frac{TP+TN}{TP+FP+TN+FN}$

特異度 Specificity= $\frac{TN}{FP+TN}$

F値 $\frac{2 \times Recall \times Precision}{Recall+Precision}$

■ 機械学習の評価指数の詳細

名称	説明
再現率（Recall）	実際に「正」であるデータのうち、「正」と予測されたデータの割合 たとえば「実際にウイルス感染している人のうち、陽性であると判定された人の割合」を指す
適合率（Precision）	「正」と予測されたデータのうち、実際に「正」であるデータの割合 たとえば「陽性であると判定された人のうち、実際にウイルス感染している人の割合」を指す
精度（Accuracy）	「正」または「負」の予測結果の精度
特異度（Specificity）	実際に「負」であるデータのうち、「負」と予測されたデータの割合 「実際にウイルス感染していない人のうち、陰性であると判定された人の割合」を指す
F値	「再現率」と「適合率」の調和平均

機械学習済みの人工知能の「予測結果」と「真の結果」の組み合わせに関して、「**True（真）**」は「予測結果＝真の結果」、「**False（偽）**」は「予測結果≠真の結果」を意味します。「Trueの割合が大きい（＝Falseの割合が小さい）ほど好ましい」と覚えればよいでしょう。

重要なポイントは、「再現率」と「適合率」はトレードオフの関係性であるということです。つまり、「再現率アップは適合率ダウンにつながる」あるいは「適合率アップは再現率ダウンにつながる」ということです。

再現率アップは「正（Positive）の取りこぼし（見逃し）を抑止する」ことを意味します。「正（Positive）と判断する基準を緩くする」とも言えます。それに伴い、「FP（False Positive）が増加する」ことになります。つまり、「本当は負なのに、正（Positive）であると誤（False）判定される」ことが増えます。その結果として、正（Positive）の取りこぼし（見逃し）が減少する反面、ノイズ（嘘）が紛れ込む可能性が高まります。

適合率アップは「正（Positive）の誤判定（負（Negative）が紛れ込むこと）を抑止する」ことを意味します。「正（Positive）と判断する基準を厳しくする」とも言えます。それに伴い、「FN（False Negative）が増加する」ことになります。つまり、「本当は正なのに、負（Negative）であると誤（False）判定される」ことが増えます。その結果として、ノイズ（嘘）が紛れ込む可能性が減る反面、正（Positive）を見逃す可能性が高まります。

よって、「再現率」と「適合率」のバランスを考慮した上で、機械学習の結果を評価して、状況に応じた適切な技法（アルゴリズム）を選択する必要があります。

まとめ

- **「人工知能」の分類は「人工知能」→「機械学習」→「ニューラルネットワーク」→「ディープラーニング」の順に細分化されている**
- **「機械学習」の種類は「教師あり学習」、「教師なし学習」、「強化学習」に大別される**
- **「機械学習」には万能な技法（アルゴリズム）が存在しないため、状況に応じて使い分ける必要がある**

34 ディープラーニング用フレームワーク
～異常検知やデバイス制御に活用～

ディープラーニングは「人工知能→機械学習→ニューラルネットワーク→ディープラーニング」という段階を追って理解していく必要があります。換言すれば、ディープラーニングは過去の人工知能研究の延長線上の技法です。

ニューラルネットワークの概要

「**ニューラルネットワーク**」(NN: Neural Network) は直訳すると「神経網」を意味します。その名の通り、人間の「神経細胞（ニューロン)」のしくみを模した人工知能で、人間の知能のうち「認識(五感)」を再現します。「ニューラルネットワーク」は「**入力層**」(input layer)、「**中間層**」(hidden layer)、「**出力層**」(output layer) の三大要素からなります。「中間層」(hidden layer) は「**隠れ層**」とも呼ばれます。ニューラルネットワークの各層には「人間のニューロン」に相当する「ユニット」が存在しています。

「教師あり学習」の「ニューラルネットワーク」の例を示します。

■ ニューラルネットワークの概要

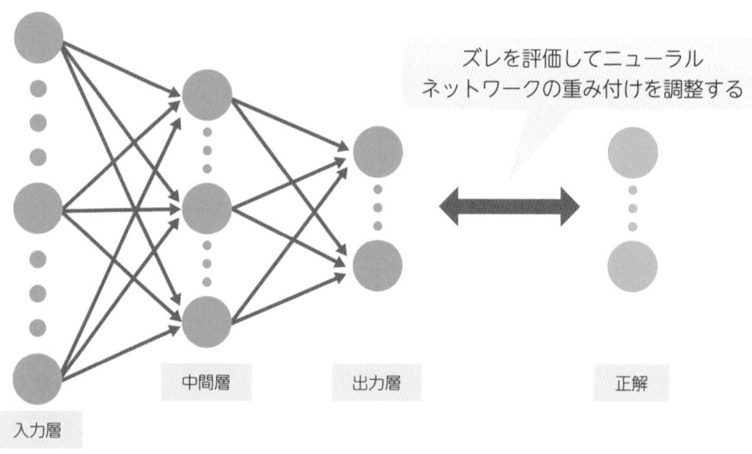

出典：https://www.itmedia.co.jp/makoto/articles/1507/27/news067.html

■ ニューラルネットワークの詳細

名称	説明
入力層	外部からのデータが入力される層
中間層 （隠れ層）	データを処理する層 （この中間層が、**Sec.33**で言及した「ニューラルネットワークの内部構造」の正体である） 機械学習により処理の精度を向上できる 独自の重み付け（閾値）に従い発火する 「教師データ」と照合して「中間層」の重み付けを調整する （「教師あり学習」）
出力層	データ処理の結果が出力される層

・人間の「ニューロン」

人間の脳の中では、個々の「**ニューロン**」（neuron）が相互に接続し合っています。ニューロン間は電気信号で交信しているため、デジタルの電子回路に近い構造です。

■ 人間のニューロン（参考資料）

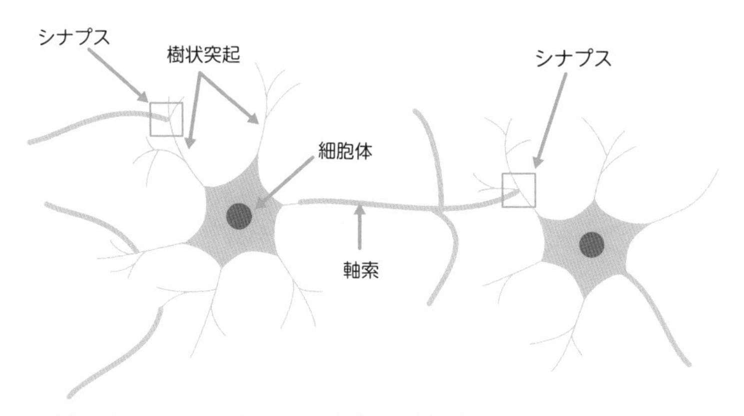

出典：http://ipr20.cs.ehime-u.ac.jp/column/neural/chapter2.html

ニューロン間のネットワークは複雑に張り巡らされており、隣接し合うニューロンがお互いに刺激し合うしくみが特徴です。受けた刺激がニューロンの閾値を超えた場合には、そのニューロンが発火して、ほかのニューロンを刺激します。刺激がドミノ倒しのように次から次へと伝播していく構造です。

反対に言えば、受けた刺激がニューロンの閾値を下回る場合は、刺激の伝播がそのニューロンで止まってしまいます。このように独自の重み付け（閾値）に従い発火する構造を模した人工知能が「ニューラルネットワーク」となります。

ディープラーニングの概要

「**ディープラーニング**」（DL: Deep Learning）は「ニューラルネットワーク」の一種（発展進化形）となります。ディープラーニングを直訳して「**深層学習**」と呼ぶこともあります。この「深層学習」という訳語の方がディープラーニングの性質を理解しやすいでしょう。「層が深い学習」ということで、ディープラーニングは「中間層の階層が深いニューラルネットワーク」を指します。

■ ディープラーニングの概要

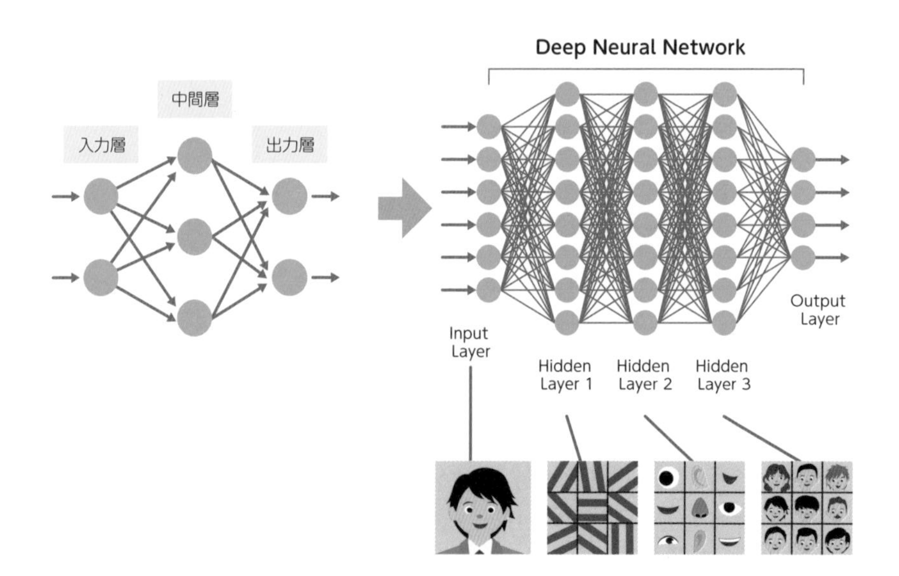

出典：https://www.saagie.com/blog/object-detection-part1/

ニューラルネットワークの「中間層」の階層を増やすほど、処理の負荷が大きくなります。ディープと言えるほどのディープラーニングが普及してきた背景として「ディープラーニングの厳しい要件を満たすほどにハードウェア性能が向上してきた」ことがあります。ディープラーニングの原理自体は、コンピュータ黎明期にすでに考案されていました。

高い負荷にもかかわらず「中間層」の階層を増やしたい理由は、「中間層」の階層を深くするほど「入力データの重要な"特徴量"を絞り込む（個体差を排除する）」という「抽象化」に有利だからです。この「抽象化」こそがディープラーニングの要点です。その理由は、人間らしさの根拠であると信じられてきた「抽象的思考」のレベルにまで人工知能が到達することを意味するからです。

・**「特徴量」**

「**特徴量**」（feature）は、ある事物の特徴を示すデータです。たとえば、猫の顔には「猫」と識別しうる猫独自の「特徴量」（猫らしさ）があります。

■ 特徴量

猫特有の「耳」、「ヒゲ」、「瞳」、「縞模様」、「ω（口元）」と言った特徴量（猫らしさ）を総合的に判断して、人間は多くの種類の動物の中から「猫」を見分けています。ここで言う「猫らしさの総合的な判断」は、「猫の概念」そのものです。「概念」はその概念が指し示す事物に共通する重要な特徴量の集合体（束）です。大雑把に言ってしまうと、人間が知覚しうる猫らしさの集合体が「猫の概念」になります。人間の認知の場合、視覚的に猫らしさが優勢であるから、目の前

の動物を「猫」であると判断しているわけです。

ディープラーニングの場合は、入力された猫の画像を「**次元削減**」することで、猫独自の特徴量を絞り込みます。

たとえば、猫の特徴量が100種類（次元）あると仮定するならば、その100種類（次元）のうち猫らしさを特に強く象徴するような重要な特徴量10種類（次元）に絞り込む（圧縮する）といった処理イメージです。この絞り込みは、人工知能が猫の具体的な個体差を無視して、猫という**「概念」**を獲得すること、言い換えれば「**抽象化**」を意味します。この「抽象化」プロセスに活用される技法がディープラーニングです。

・ディープラーニングの課題

ニューラルネットワークの「中間層」の階層を深くすることで人工知能を進化させるという構想は昔からありました。しかし、当時の貧弱なマシン性能の制約があり、ディープラーニングの構想を具現化できませんでした。このマシン性能の課題に加えて、ディープラーニングの実現を阻む課題はほかにもありました。ディープラーニングの課題として「**過学習**」と「**勾配消失問題**」が挙げられます。

■ ディープラーニングの課題

名称	説明
過学習 (overfitting)	「教師データ」に適応しすぎることにより、未知のデータを適切に処理できなくなってしまう
勾配消失問題 (vanishing gradient problem)	ニューラルネットワークの中間層の階層が深くなるにつれて、機械学習をしても処理精度が向上しなくなってしまう。その原因は、階層を経るにつれて「勾配（是正すべき誤差）」が徐々に失われてしまい、中間層を伝播しなくなる（機械学習が進まなくなる）ことにある

「過学習」はニューラルネットワーク全般の課題ですが、「勾配消失問題」はディープラーニング固有の課題です。ディープラーニングを実用可能とするためには、「過学習」と「勾配消失問題」の課題を解消する必要があります。この課題を解消するための技法として、「オートエンコーダ」が挙げられます。

・「オートエンコーダ」

ディープラーニングにおける次元削減には、「オートエンコーダ」(自己符号化器)という技法を用います。

■ オートエンコーダ(自己符号化器)

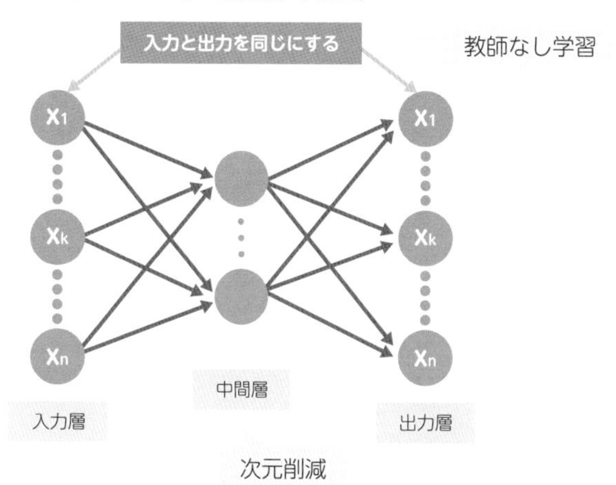

出典:https://www.itmedia.co.jp/makoto/articles/1507/27/news067_2.htmlより一部改変

「オートエンコーダ」(auto encoder)の要点は**「教師なし学習」**と**「次元削減」**です。

■ オートエンコーダの要点

名称	説明
教師なし学習	「入力層」と「出力層」の両者が全く同一の内容となるように「中間層」を調整していく。「入力層」の入力と「出力層」の出力を一致させればよく、人間が「教師データ」を準備する必要はない
次元削減	「入力層」と「出力層」に挟まれている「中間層」のユニット数が、「入力層」または「出力層」のユニット数よりも少なくなる(圧縮される)

オートエンコーダは「次元削減」を実現するために「教師なし学習」を行う技法です。オートエンコーダのしくみは、入力層から入力されたデータが**中間層で圧縮された**(絞り込まれた)上で、入力層と同一のデータが出力層から出力(再

現)されるようになっています。このオートエンコーダの動作原理には「過学習」と「勾配消失問題」を解消する効果があります。

■ オートエンコーダの効果

名称	説明
「過学習」の解消	「次元削減」は「ドロップアウト」と同じ効果をもたらす **Sec.33**で言及したように、「ドロップアウト」は、機械学習時に、ニューラルネットワークの中間層に存在するユニットのうちのいくつかをランダムに無効化(ドロップアウト)する技法である 「次元削減」は中間層にあるユニットを除去(ドロップアウト)することに等しい
「勾配消失問題」の解消	ディープラーニングの層を分割して「オートエンコーダ」による「教師なし学習」を行う。層を徐々にスライドするようにして学習を進めていく 一度の学習において、層の深さを抑えれば、勾配は消失しない

■ 「勾配消失問題」の解消

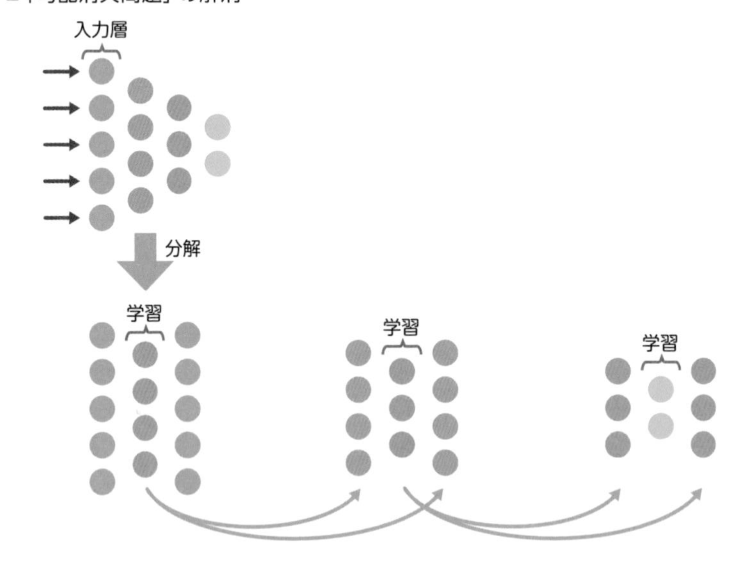

このように、オートエンコーダの効果によって、「過学習」と「勾配消失問題」が解消され、実世界での運用に耐えうるディープラーニングが実現可能となりました。

ディープラーニング用フレームワークの具体例

ディープラーニング用フレームワークの具体例を示します。

■ ディープラーニング用フレームワークの具体例

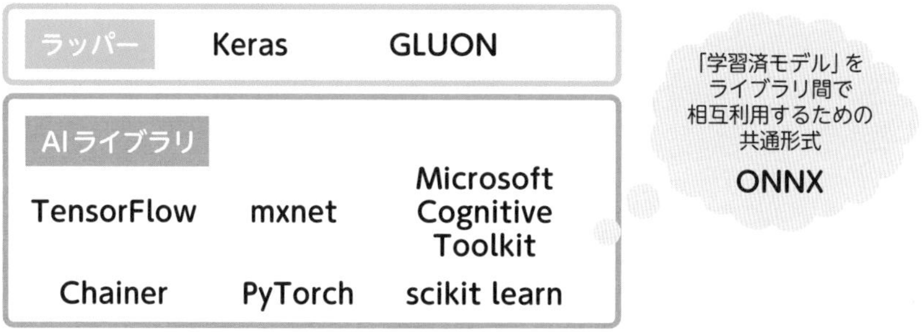

ラッパー
Keras　GLUON

AIライブラリ
TensorFlow　mxnet　Microsoft Cognitive Toolkit
Chainer　PyTorch　scikit learn

「学習済モデル」を
ライブラリ間で
相互利用するための
共通形式
ONNX

ディープラーニングの分野は熾烈な競争がくり広げられており、群雄割拠の状況です。ディープラーニングの中核である「AIライブラリ」の代表格は、Google社が開発した「TensorFlow」です。日本産の「Chainer」もありますが、Facebook社が開発した「PyTorch」に移行されることになっています。

・学習済モデルの共通形式「ONNX」

AIライブラリで機械学習した結果の成果物である「学習済モデル」は各ライブラリに固有の形式であるため、データ互換性がありません。「学習済モデル」の相互利用を行うために、AIライブラリ間の互換性を保つ共通形式「ONNX」が定められています。

・ラッパー

「TensorFlow」は高機能なAIライブラリである反面、プログラミングが難しい（多くの行数をコーディングする必要がある）ことが難点です。そこで、

「Keras」などの「ラッパー」(wrapper) が準備されています。AIライブラリを「包み込む (wrap)」存在なので「ラッパー」と呼ばれます。プログラマーは「ラッパー」経由でAIライブラリを間接的に操作できます。「ラッパー」の意義は、難解なAIライブラリを直接的に操作せずとも、人間にとってわかりやすいインタフェースである「ラッパー」の操作だけで済むことです。

まとめ

- 「ニューラルネットワーク」は人間の「神経細胞 (ニューロン)」のしくみを模した人工知能である
- ディープラーニングは「中間層の階層が深いニューラルネットワーク」を指す
- ディープラーニング用のフレームワークとして「TensorFlow」、「Keras」、「ONNX」などが存在する

5章

クラウドの活用

本章の主題である「クラウド」はIoTシステムの頭脳と言えます。インターネット上のクラウドサーバで稼働するIoTプラットフォームはIoTシステムの司令塔の役割を果たします。具体的には、ビッグデータの蓄積、人工知能（AI）による統計処理、プログラムの実行、デバイスの管理などを行います。「IoTプラットフォームを制する者はIoTを制す」と言っても過言ではないでしょう。

35 IoTのためのPaaS
～アプリケーション開発の迅速化～

業績が好調なIT企業の特徴は、巨大なクラウドサービス（PaaS）を掌握していることです。「サブスクリプション」（会費制）のビジネスモデルを採用しているため、会員数が増大するほどに莫大な利益が定期的に入ってきます。

PaaSの概要

「**PaaS**」（Platform as a Service）はクラウドの一種であり、その名の通りに“Platform”（「OS環境」）をクラウドサービスとして提供するものです。この「OS環境」にはOSに付随するアプリケーションの実行環境である「ランタイム」やデータベース管理システム（DBMS）やWebサーバなどの「ミドルウェア」も含まれます。

クラウドサービスとして提供する範囲（レベル）に応じて「**IaaS**」（Infrastructure as a Service）、「**PaaS**」（Platform as a Service）、「**SaaS**」（Software as a Service）と大別されます。「IaaS」、「PaaS」、「SaaS」などは「**XaaS**」という総称で一括りに呼ばれることもあります。

■XaaS (X as a Service)

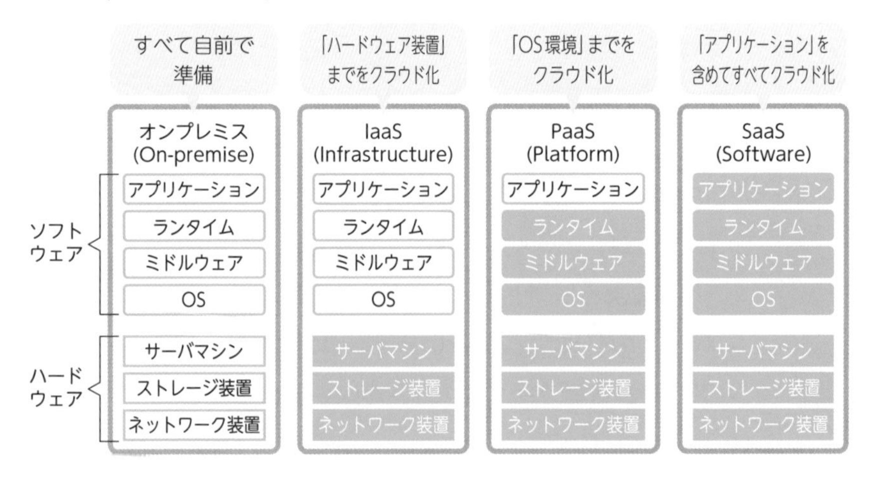

重要なポイントは「どこまでを自前で準備して、どこまでをクラウドサービスに担わせるか」という分担の割合です。すべて自前で準備するのが「**オンプレミス**」(on-premise)であり、すべてクラウドサービスに担わせるのが「SaaS」です。

一見すると、すべてクラウドサービスに担わせる「SaaS」が楽そうなのでベストのように思えますが、ユーザーの自由度が低い(自由にカスタマイズできない)ことに注意しましょう。「SaaS」の場合、クラウドサービス事業者が「アプリケーション」の主導権を完全に握っているため、ユーザーがアプリケーションを改造できる余地は少ないです。

そこで、「OS環境」(Platform)の整備までをクラウドサービスに担わせて、ユーザーがアプリケーション開発に専念できるようにしたのが「PaaS」です。

PaaSの優位点

「PaaS」の優位点をまとめてみましょう。一言で表すと「開発者が環境構築の手間をかけず、アプリケーション開発に専念できる」ことに尽きます。

■ PaaSの優位点

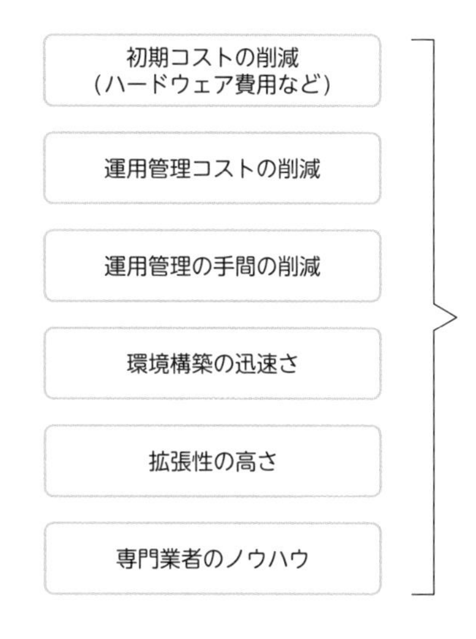

このように「環境構築の手間をかけず」とサラッと書いてしまうと何とも思われないかもしれませんが、開発者にとって環境構築は最大の難関です。筆者の実感からしても「環境構築が無事に終われば、開発は半分完了」、いや、「開発は環境構築が9割」というくらいに、環境構築は過酷な試練です。

しかも、環境は構築すれば終わりと言うわけではなく、環境を維持（運用管理）するのも構築以上に大変です。構築は最初の1回だけで済みますが、運用管理は長期間にわたって継続するからです。さらには、せっかく構築した環境が不意に破壊されてしまうと、その復旧（リカバリ）を行う必要も生じてくるでしょう。「PaaS」を活用することで、環境の「構築」、「運用管理」、「復旧」といった過酷な試練を自力で行う代わりにクラウドサービスに任せることができます。

PaaSの具体例

本節では「PaaS」の具体例を示します。「PaaS」の三大巨頭として「**AWS**」（Amazon Web Services）、「**Microsoft**」、「**Google**」が挙げられます。各社のIoT向けクラウドサービスを示します。

■ PaaSの具体例

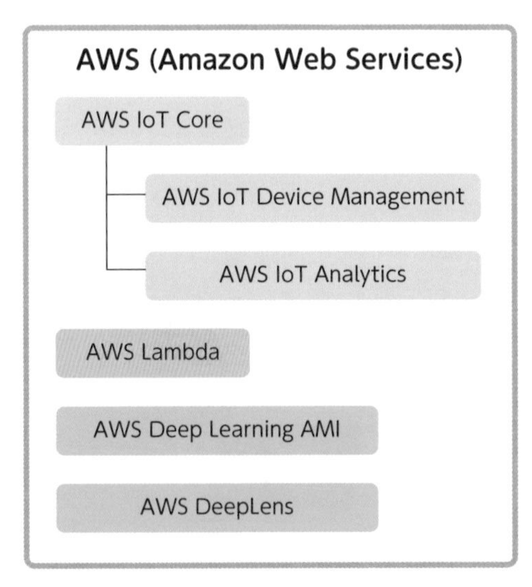

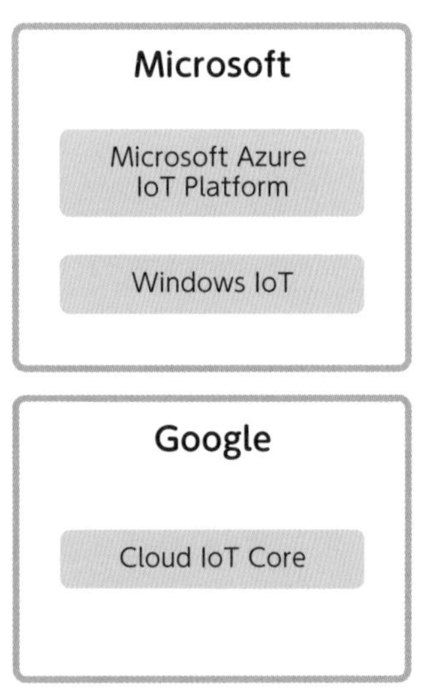

■ PaaSの具体例の詳細

名称	説明
AWS (Amazon Web Services)	・クラウドサービス業界の最古参にして最大手である。クラウドサービスの「デファクトスタンダード」(事実上の標準) の地位を占めている ・主たるIoT向けサービスは「AWS IoT Core」である ・商用ライセンス (Oracleなど) のサポート範囲が広い ・歴史が古いためドキュメントなどの日本語対応が進んでいる
Microsoft	・クラウドサービス業界ではAWSに次ぐ2番手である ・主たるIoT向けサービスは「Microsoft Azure IoT Platform」である ・IoTデバイス向けOSは「Windows IoT」である ・圧倒的なシェアを誇るMicrosoft社製のソフトウェアやサービス (Active Directoryなど) との相性がよい
Google	・クラウドサービス業界ではAWS、Microsoftに次ぐ3番手である ・主たるIoT向けサービスは「Google Cloud IoT Core」である ・Google社の検索エンジンなどと同等の強固なインフラを利用できる ・Google社はAIライブラリの標準と言える「TensorFlow」を輩出しており、人工知能処理に定評がある

IoT向けクラウドサービスにはさまざまなものがありますが、世界的には「AWS」、「Microsoft」、「Google」の寡占状況になっています。より正確には、「AWS」が世界シェアの半分近くを占めていることから、事実上「AWS」の独り勝ちと言ってもよいでしょう。

まとめ

- **クラウドサービスとして提供する範囲（レベル）に応じて「IaaS」（ハードウェア装置）、「PaaS」（OS環境）、「SaaS」（アプリケーション）に大別される。「IaaS」、「PaaS」、「SaaS」などは「XaaS」という総称で呼ばれる**
- **「PaaS」の優位点は「開発者が環境構築の手間をかけず、アプリケーション開発に専念できる」ことに尽きる**
- **「PaaS」の三大巨頭として「AWS」（Amazon Web Services）、「Microsoft」、「Google」が挙げられる**

AWSの IoTクラウドサービス
～AWS IoT Coreによる安全なデバイス接続～

AWSは年間1,430回以上（2017年）のバージョンアップを実施していると言われています。クラウドサービスの利点はバージョンアップの容易さにあるとは言えども、世界的大企業のAmazon社だからこそ達成できる回数でしょう。

AWSが提供するIoTサービス

「**AWS**」（Amazon Web Services）は、米国Amazon社が提供する世界最大級のクラウドサービスです。「AWS」の有名なサービスには「Amazon Elastic Compute Cloud（EC2）」（IaaS）と「Amazon Simple Storage Service（S3）」（オンラインのストレージ）があります。AWS上でインスタンス（仮想マシン）を立ち上げようとする場合、「Amazon EC2」と「Amazon S3」を利用することが多くあります。なお、AWSのサービスは170を超えているため、本書ではそのすべてをカバーできません。そこで、AWSの主なIoTサービスに絞って解説します。

■ AWSが提供するIoTサービス

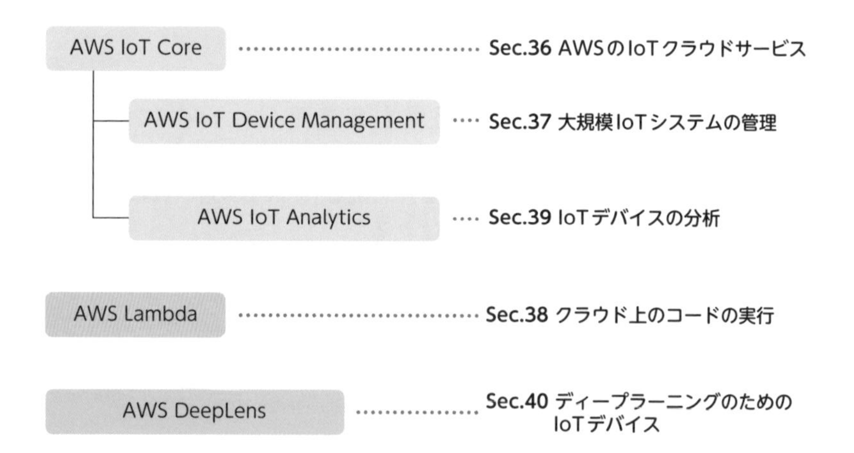

■ AWSの主なIoTサービス

名称	説明
AWS IoT Core	デバイスをクラウドに接続し、デバイスからアップロードされたメッセージを処理する
AWS IoT Device Management	クラウドに接続したデバイスを登録、編成、監視、リモート管理する
AWS IoT Analytics	膨大な量のIoTデータを分析する
AWS Lambda	サーバを準備することなく、コードを実行できる
AWS DeepLens	深層学習に対応しているビデオカメラである

AWSが提供するIoTサービスは他にも「FreeRTOS」、「IoT 1-Click」、「IoT Events」、「IoT SiteWise」、「IoT Things Graph」などのサービスが挙げられます。これらのサービスの詳細は述べませんが、本書で挙げたIoTサービスに慣れると応用が利くでしょう。

クラウド連携の意義

IoTの"I"に相当するInternetは「小さなネットワークの集合体としての大きなネットワーク」を意味します。「小さなネットワーク」はIoTの末端（edge=エッジ）に位置する「エッジデバイス間の相互接続」を意味し、それらの集合体である「大きなネットワーク」は「クラウド」（cloud=雲）にたとえられます。

インターネットが雲にたとえられる理由は、正体が漠然としており、我々の日常生活に溶け込みすぎて特に意識しない存在だからです。そして、雲が水蒸気を吸い込んで巨大化するように、「クラウド」は「ビッグデータ」（人類の営みが生み出す情報）を吸収して巨大化しています。そういった意味では、「クラウド」（インターネット）は、人類の知識を網羅している世界規模の巨大な脳と考えられます。IoTシステムの成否の鍵は「世界規模の巨大な脳」の活用（クラウド連携）にかかっています。

・クラウド連携をしない運用（スタンドアロン）の場合、エッジデバイスは小さな脳のみで孤軍奮闘する必要がある。
・クラウド連携を行うならば、エッジデバイスは「超巨大な脳」を間借りできるため、小さな脳だけ持ち合わせておけば十分である。

・AWSの「リージョン」

AWSを運用する際に注意すべきなのは「**リージョン**」(region)です。「リージョン」は「地域」と訳し、自分が利用中のクラウドサーバの物理的な所在位置を示します。クラウドサーバはリージョンごとに独立(隔離)して運営されています。AWSの利用時は、このリージョンを確実に把握する必要があります。たとえば、「リージョンAで登録したデバイスは、リージョンBのAWSコンソール上では見えない」というケースがあった場合、それはリージョンの仕様です。ですが、自分がログインしているのが「リージョンB」であることに気付かない限り、「デバイス一覧にデバイスが表示されないのは、デバイス登録に失敗したからだ」と勘違いしてしまう恐れがあります。

AWSに慣れてしまうとむしろ見落としがちなので、AWSコンソール上に表示されるリージョンを見落とさないように注意しましょう。

■ AWSのリージョン

リージョン別の管理をしている目的は、リスク回避と通信の効率化です。

■「リージョン」別の管理の目的

目的	説明
リスク回避	特定の「リージョン」で発生した障害をほかの「リージョン」に波及させないようにする
通信の効率化	インターネット回線が高速化したとは言え、物理的に離れた外国よりも自国内に所在するクラウドサーバの方が通信のレスポンスタイムは有利である

AWS IoT Coreの概要

AWSが提供するIoTサービスの中心となるのは「**AWS IoT Core**」です。「AWS IoT Core」は「Google Cloud IoT Core」や「Microsoft Azure IoT Hub」に相当するようなIoTの中核機能を実現します。

■ AWS IoT Coreの概要

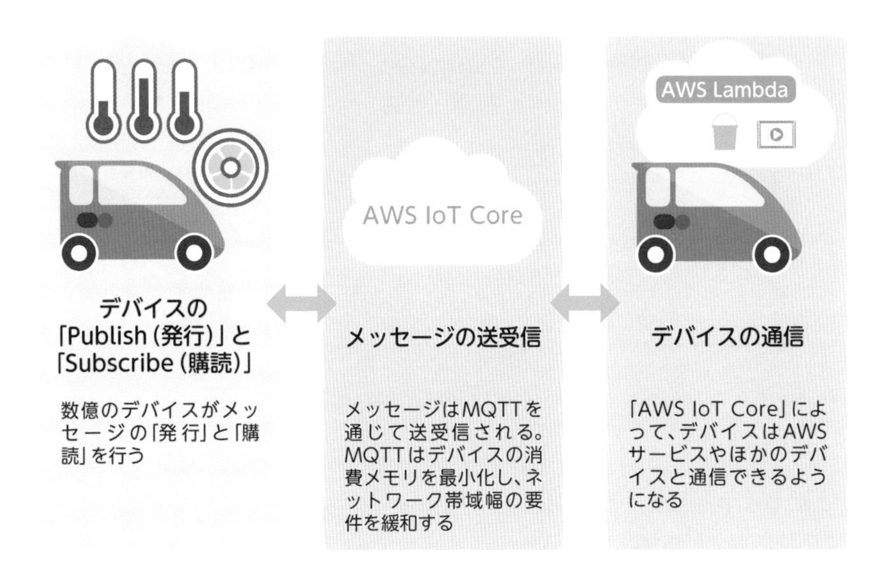

出典：https://aws.amazon.com/jp/iot-core/

「AWS IoT Core」自体はシンプルなサービスです。「AWS IoT Core」はMQTTによるメッセージングサービスを担当しています。クラウドにおける個々のサービス単体は単機能（1つのユースケース）に絞ったものが多くあります。クラウドサービスの基本的な設計思想として、豊富に揃った単純なサービスを取捨選択して組み合わせることで、複雑な要件（ニーズ）を実現することが挙げられます。

AWS IoT Coreへのデバイス登録

「AWS IoT Core」にデバイスを登録するためには「電子証明書」を用います。「AWS IoT Core」上で「電子証明書」を生成し、デバイスが「AWS IoT Core」にアクセスするための“通行手形”として用いられます。

■ AWS IoT Coreへのデバイス登録

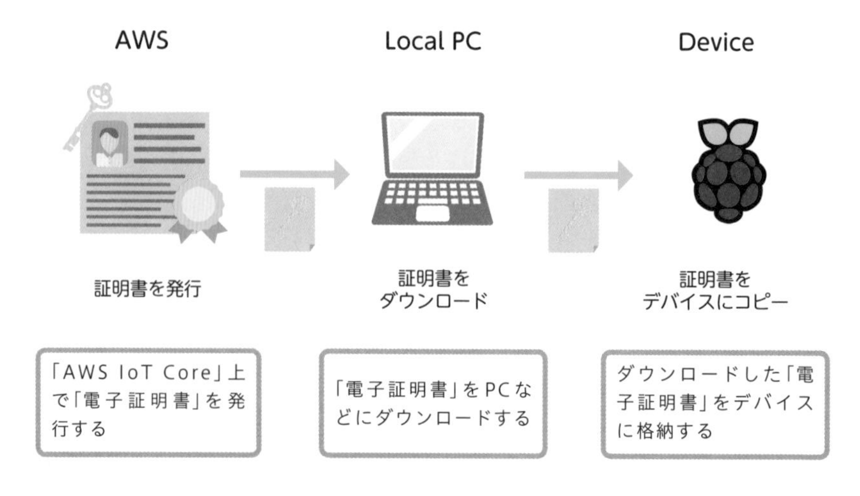

出典：https://sorazine.soracom.jp/entry/2019/08/28/soracomkrypton

上記のような登録手順の前提として「AWS IoT Core」上でしか発行できない「電子証明書」が格納されているデバイスは「正規デバイス」であると判断しています。実際に「AWS IoT Core」にアクセスするためには、IoTデバイス用の「電子証明書」以外に、SSL通信用の鍵や「ルートCA証明書」も必要です。

■「AWS IoT Core」にアクセスするために必要な要素

名称	説明
モノの証明書	IoTデバイス用の「電子証明書」である。接続元のデバイスが不審なデバイスでないことを担保する証明書である
パブリックキー	SSL通信用の「公開鍵」である
プライベートキー	SSL通信用の「秘密鍵」である
ルートCA証明書	・AWSクラウドサーバを認証するための「電子証明書」である。デバイスの接続先のクラウドサーバが不審なサーバでないことを担保する証明書である ・Amazon社は「ルートCA」(Root CA)を運営している。「ルートCA」は最上位の認証局であり、厳しい監査基準を満たす必要がある。「ルートCA」ならば、電子証明書を自己に発行できる

Sec.28で述べた「電子証明書」の技術がデバイス登録に用いられています。

- **「AWS」(Amazon Web Services)は、米国Amazon社が提供する世界最大級のクラウドサービスである。AWSのIoTサービスの中心は「AWS IoT Core」である**
- **「AWS IoT Core」自体はシンプルなサービス(MQTTによるメッセージングサービス)である。クラウドサービスの基本的な設計思想は、豊富に揃った単純なサービスを取捨選択して組み合わせることで、複雑な要件(ニーズ)を実現することにある**
- **「AWS IoT Core」にデバイス登録するためには、IoTデバイス用の「電子証明書」、SSL通信用の鍵、「ルートCA証明書」が必要である**

37 大規模IoTシステムの管理 ～AWS IoT Device Managementのデバイス管理～

AWSのユーザーが「AWS IoT Device Management」単体を特別に意識することは少ないです。「AWS IoT Core」のようなIoTプラットフォームにとって「デバイス管理」は当たり前の機能であり、"縁の下の力持ち"的な存在です。

デバイス管理の概要

IoTにおける「クラウド連携」の処理は「上り」と「下り」に大別されます。一般的には「IoTデバイスが何らかのデータをクラウドサーバにアップロードする」という「上り」が注目されがちです。それと同じく、「クラウドサーバが何らかのデータをIoTデバイスにダウンロードする」という「下り」も重要です。

「下り」の重要な処理として「**デバイス管理**」が挙げられます。「クラウド連携」の大きな利点は、膨大な数のIoTデバイスの「デバイス管理」を実現できることにあります。一般的なIoTプラットフォームが提供している「デバイス管理」機能の概要を示します。

■ デバイス管理の概要

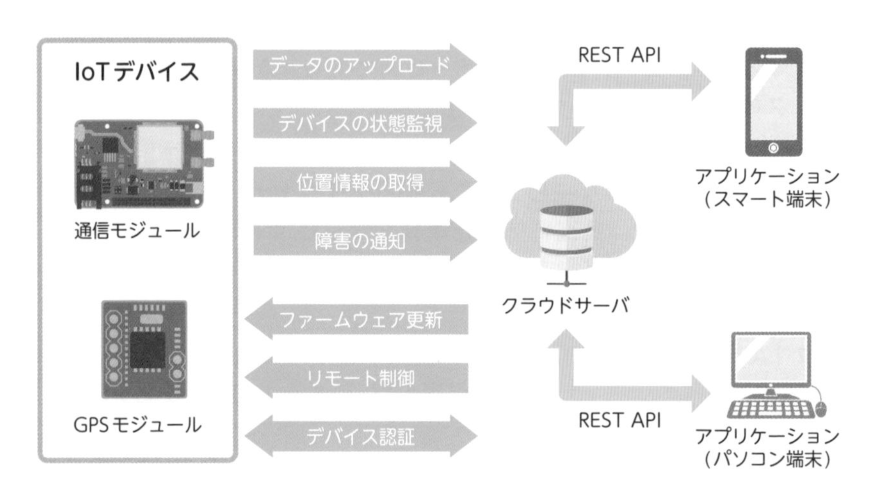

「デバイス管理」においては「**データのアップロード**」、「**デバイスの状態監視**」、「**位置情報の取得**」、「**障害の通知**」といった「上り」の処理は必要不可欠ですが、「上り」の処理だけでは不十分です。

IoTシステムの障害発生時には、「上り」の処理によりIoTデバイスに関する情報を把握した上で、IoTデバイスに遠隔で対策を施す必要があります。

遠隔地に分散する大量のIoTデバイスまで出向いて現地作業を行うのは現実的ではありません。

「上り」の処理に加えて、下記のような「下り」の処理を実現することで、IoTシステムの障害解消（トラブルシュート）が現実的なレベルに達します。

■ デバイス管理

名称	説明
ファームウェア更新	ファームウェアのバグ改修やセキュリティ脆弱性の解消のため、ファームウェアを遠隔で更新する
リモート制御	下記に示すような操作を遠隔で行えるようにする ・コマンドの実行 ・IoTデバイスの設定変更 ・電源のOn/Off
デバイス認証	IoTデバイスのクラウド連携を許可する前に「認証」（正規のデバイスであることの確認処理）を厳密に行う必要がある。認証をパスしないIoTデバイスはクラウドサーバにアクセスさせないようにする。「認証」後であっても、挙動が怪しいデバイスは「認証」を取り消して接続拒否する 一般的なデバイス認証の流れは下記の通りであり、「上り」と「下り」の双方向の処理である ① IoTデバイスが認証情報をクラウドサーバに送信する（「上り」） ② クラウドサーバは認証情報の正否を判断する ③ クラウドサーバは「認証」の是非をIoTデバイスに返却する（「下り」）

ここでは「デバイス管理」の具体例として「AWS IoT Device Management」を紹介します。

「デバイス管理」はAWSに限らずIoTプラットフォームの必須機能です。

AWS IoT Device Managementの概要

「**AWS IoT Device Management**」はAWSのデバイス管理サービスです。セキュリティを保ちつつ、IoTデバイスを登録、組織化、監視、遠隔管理することができます。

■ AWS IoT Device Management

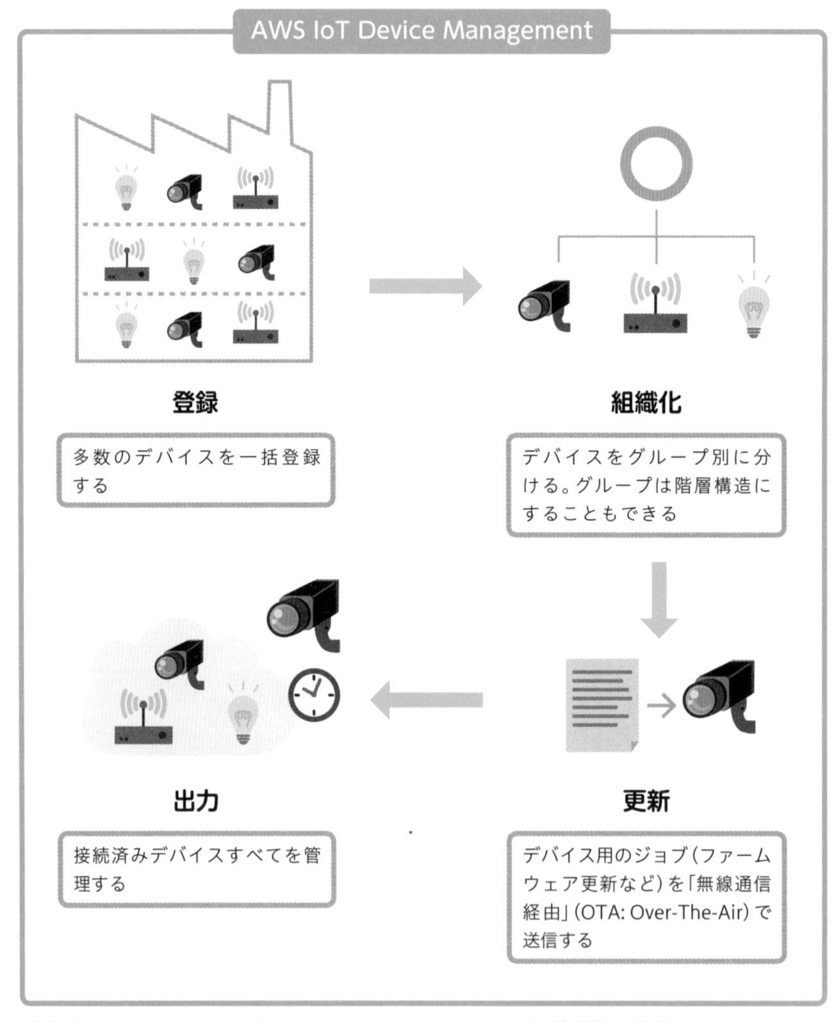

出典：https://aws.amazon.com/jp/iot-device-management/ より筆者訳にて抜粋

「AWS IoT Device Management」は「AWS IoT Core」の一機能として完全に溶け込んでいます。「AWS IoT Device Management」に相当する機能は、視覚的には「AWS IoT Core」のコンソール上のメニューの一部を占めています。

■ AWS IoT Device Managementの概要

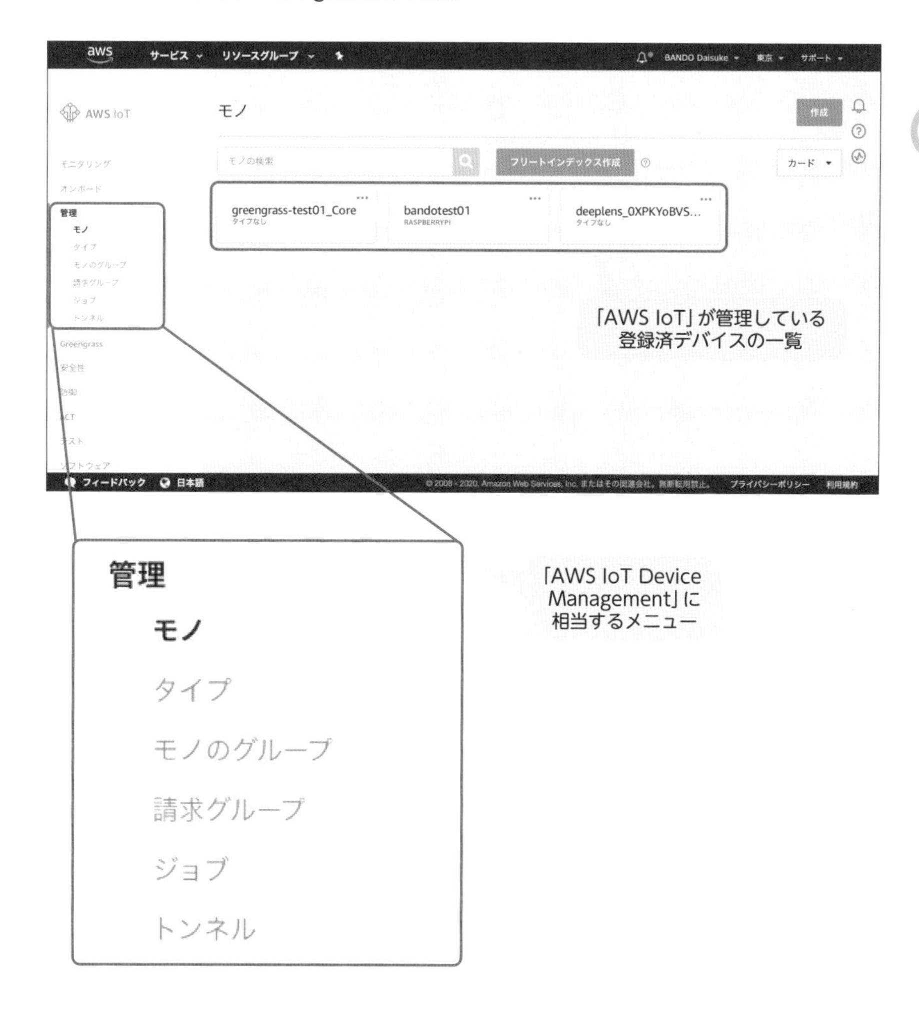

AWS公式サイトで挙げられている「AWS IoT Device Management」の特徴を示します。単なるデバイス管理以上に、デバイスに関する情報の統計分析を意識した機能が実装されています。

■「AWS IoT Device Management」の特徴

機能	説明
接続されたデバイスを一括で登録	「AWS IoT Core」にIoTデバイス(「AWS IoTモノ」)を登録する方法は ・単一の AWS IoTモノの登録 ・AWS IoTモノの一括登録 の2通りがある 複数の「AWS IoTモノ」を「一括登録」したい場合は、複数の「AWS IoTモノ」の情報をJSON形式の「テンプレート」に記述することで登録する
接続されたデバイスをグループ別に組織化する	デバイスをグループ化することにより、グループに属するデバイス全体に対して下記の操作を行うことができる ・アクセスポリシーの管理 ・運用メトリクスの表示 ・デバイスへのアクションの実行 「モノの動的グループ」機能によって、デバイスの組織化を自動化することもできる ・指定された条件を満たすデバイスの自動追加 ・条件を満たさなくなったデバイスの自動削除
フリートのインデックス作成と検索	「フリート」(fleet)は「船団」を意味する。ここでは「IoTデバイスの集合体」というニュアンスである。登録済みのIoTデバイス全体(「フリート」)に対するインデックス(index:索引)を作成することで、IoTデバイスに関する集計データを検索できるようにする。下記のAPIが提供されている ・GetStatistics(平均値、最小値、最大値、分散、標準偏差などの統計データを取得する) ・GetPercentiles(小さい順に並べて任意の%に位置する値である「パーセンタイル」(percentile)の推定値を取得する。たとえば、25%に位置する「パーセンタイル」が71である場合は「全体の25%が71未満の値である」ことを意味する) ・GetCardinality(クエリ(問い合わせ)の条件に一致する一意(ユニーク)なレコードのカウント数(概算値)を取得する SQLのCount関数にイメージが近い。なお、“cardinality”は「(数学用語の)濃度」と訳す)
きめ細かなデバイスのログ記録	問題発生時のログデータ(エラーコードなど)を収集する
接続されたデバイスのリモート管理	ファームウェア更新などの「ジョブ」を定義して、IoTデバイスに実行命令を送信する
セキュアトンネリング	ファイアウォール越しにセキュア(安全)な通信を実現するための「トンネル接続」を実現する

上記を整理すると、「AWS IoT Device Management」は本節の冒頭で述べた「デバイス管理」機能（＋α）を実現しています。この「＋α」の部分に、AWSならではの付加価値（差別化要因）があります。

AWS IoTによるデバイスの管理

「AWS IoT Device Management」は「Device Shadow」という管理単位でデバイスを管理しています。「Device Shadow」の正体は、デバイスの状態情報が保存されているJSONドキュメントです。「Device Shadow」の具体例を示します。

■「Device Shadow」の具体例

```
{
     "version": 3,
    "thingName": "MyLightBulb",
    "defaultClientId": "MyLightBulb",
    "thingTypeName": "LightBulb",
    "attributes": {
            "model": "123",
            "wattage": "75"
    }
}
```

出典：https://docs.aws.amazon.com/ja_jp/iot/latest/developerguide/iot-thing-management.html

デバイス情報の更新（update）・取得（get）・削除（delete）には「RESTful API」または「MQTT」を用います。

AWS IoT Device Defenderの概要

「**AWS IoT Device Defender**」は、IoTデバイスをセキュリティ保護するための「フルマネージド」型サービスです。「AWS IoT Core」や「AWS IoT Device Management」と連動する形で動作します。

■「AWS IoT Device Defender」の概要

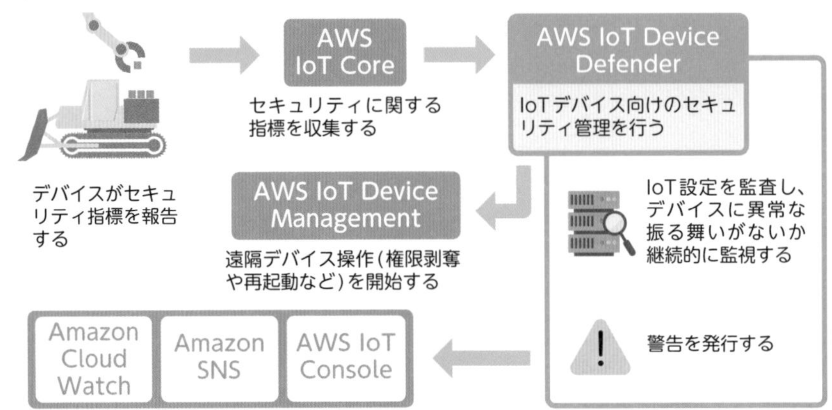

出典：https://aws.amazon.com/jp/iot-device-defender/より筆者訳にて抜粋

AWS公式サイトで挙げられている「AWS IoT Device Defender」の特徴を示します。

■「AWS IoT Device Defender」の特徴

特徴	説明
セキュリティの脆弱性についてデバイス設定を監査する	デバイス設定が事前に設定した監査項目に抵触する場合は、セキュリティ警告を発行する
異常を識別するためにデバイス動作を継続的にモニタリングする	事前に定義したデバイス動作と実際のデバイス動作を比較して、挙動の異常（セキュリティ違反の疑い）を監視する。デバイス動作に関する情報の取得方法は下記の通りである ・クラウドサーバにアップロードされた指標を使う ・「デバイスエージェント」をデバイスにデプロイ（配置）する
アラートの受信とアクションの実行	「監査の不合格」または「動作異常の検知」の場合、セキュリティ警告を下記に対して発行する ・AWS IoT コンソール ・Amazon CloudWatch ・Amazon SNS セキュリティ警告に対して取り得るアクションは下記の通りである ・アクセス権限の取り消し ・デバイスの再起動 ・工場出荷時のデフォルトへのリセット ・すべての接続デバイスへのセキュリティ修正のプッシュ

上記を整理すると、「AWS IoT Device Defender」は「デバイス設定の監査」と「動作異常の検知」によってセキュリティ異常を判断しています。当然のことながら、監査基準の設定や動作異常の定義を行う作業はユーザーの自己責任として行います。

COLUMN

AmazonとAWS

Amazon社は元々「書籍のオンライン店舗」が祖業でした。その後、自社のハードウェア基盤をクラウド化（IaaS）したビジネスが「AWS」の始まりです。現在では、「AWS」がAmazon社の利益の稼ぎ頭へと成長を遂げました。

Amazon社の本業は「電子商取引サイト」であると同時に「クラウドサービス」と言えるでしょう。

まとめ

- **「デバイス管理」は「上り」側の処理（データのアップロード、デバイスの状態監視、位置情報の取得、障害の通知）と「下り」側の処理（ファームウェア更新、リモート制御、デバイス認証）に大別される**
- **「AWS IoT Device Management」はAWSのデバイス管理サービスである。セキュリティを保ちつつ、IoTデバイスを登録、組織化、監視、遠隔管理することができる**
- **「AWS IoT Device Management」は「Device Shadow」という管理単位（デバイスの状態情報が保存されているJSONドキュメント）でデバイスを管理している**
- **「AWS IoT Device Defender」は、IoTデバイスをセキュリティ保護するための「フルマネージド」型サービスである。「デバイス設定の監査」と「動作異常の検知」によってセキュリティ異常を判断している**

38 クラウド上のコードの実行 〜AWS Lambdaを利用したプログラムの実行〜

「AWS Lambda」の名前の由来は「ラムダ計算」(lambda calculus) という計算機科学の学術用語です。「ラムダ計算」はLISPなどの関数型プログラミング言語の土台とも言えます。Pythonは「lambda式」を扱うことができます。

AWS Lambdaの概要

「**AWS Lambda**」は「**サーバレス**」(server-less) なプログラム実行環境を提供するクラウドサービスです。"Lambda"は「ラムダ」と発音します。また「サーバレス」は「サーバを意識しない」という意味です。クラウドサーバの準備や運用管理を行う手間が省けるため、開発者はプログラミングに専念することができます。「AWS Lambda」の概要を示します。

■ AWS Lambda の概要

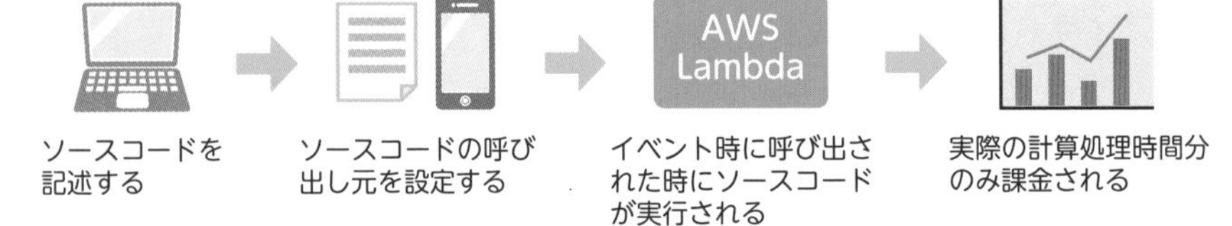

出典：https://aws.amazon.com/jp/lambda/より筆者訳にて抜粋

・「Lambda関数」

「AWS Lambda」の場合、自分が開発したプログラム（ソースコード）を「Lambda関数」としてAWSに登録します。「Lambda関数」の登録後は、下記のような「AWSイベント」の発生をトリガーに「Lambda関数」が実行されます。

・AWS以外のシステムから「Amazon API Gateway」越しに呼び出される。
・ほかのAWSサービス (Amazon Kinesisなど) から呼び出される。
・AWS内部のデータベース (Amazon DynamoDBやAmazon S3など) が更新される。

「Lambda関数」の開発言語は一般的なプログラミング言語（Java、Go、PowerShell、Node.js、C#、Python、Ruby）に対応しています。つまり、「AWS Lambda」専用のプログラミング言語を新たに学ぶ必要はなく、自分が使い慣れたプログラミング言語で開発を行うことができます。

「サーバレス」のポイント

「AWS Lambda」を含む「サーバレス」なプログラム実行環境のポイントとして**「コストの削減」**と**「FaaS」**（Function as a Service）が挙げられます。両者ともに従来のクラウドサービスの常識をくつがえすほどのインパクトがあります。

・コストの削減

「AWS Lambda」の利用料金は「クラウドサーバ（仮想マシンのインスタンス）」単位でなく、「Lambda関数の実行時間」に対して課金されます。つまり、「AWS Lambda」を実際に利用した時間分のみに課金されるため、「AWS イベント」に伴うリクエストが発生しない限りは費用負担がありません。

「Amazon EC2」の場合は、クラウドサーバ起動中の時間に応じて課金するため、「リクエストがない（処理を実行していない）時間」も課金され続けます。

■「サーバレス」のポイント

① コストの削減

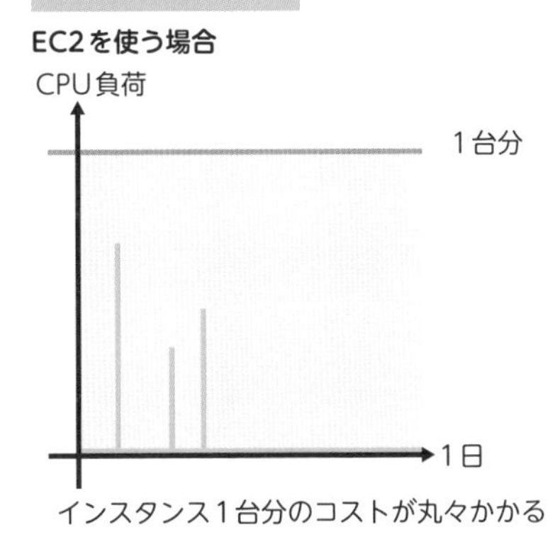

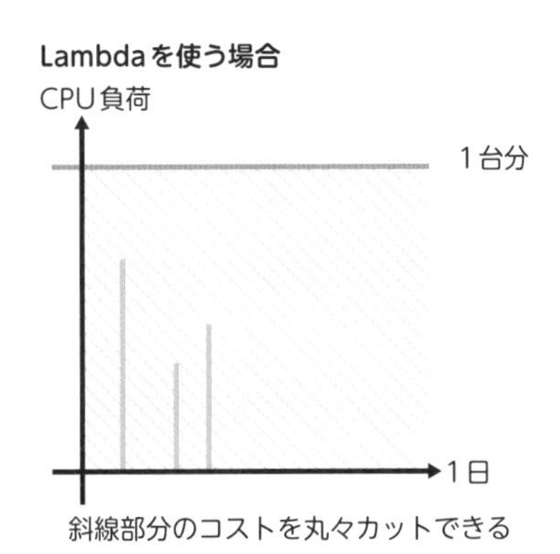

出典：https://cloudpack.jp/whitepaper/serverless.htmlより抜粋

一般的なクラウドサービスの運用形態を考えると、「リクエストがない（処理を実行していない）時間」が大部分を占めることがあり得ます。その大部分の時間に無駄なコストを支払わずに済むのは「サーバレス」の大きな利点です。仮にリクエスト数が増大するにしても、実際の利用時間（Lambda関数の実行時間）に対してのみ料金が生じることから、費用負担の納得度が高いでしょう。

・FaaS（Function as a Service）の概要

Sec.35で「IaaS」（Infrastructureのクラウド化）、「PaaS」（Platformのクラウド化）、「SaaS」（Softwareのクラウド化）について述べました。これらに対して、「サーバレス」のしくみは「**FaaS**」（Function as a Service）とも呼ばれます。「FaaS」は文字通り“Function”（実現したい機能）のクラウド化を指します。換言すれば、InfrastructureやPlatformは気にせず、Functionの開発に専念できるということです。クラウド化のレベル（範囲）として、「FaaS」は「PaaS」と「SaaS」の中間に位置づけられます。「FaaS」と「PaaS」の違いがわかりにくいのですが、両者の違いは「関数の呼び出し」にあります。

■「サーバレス」のポイント

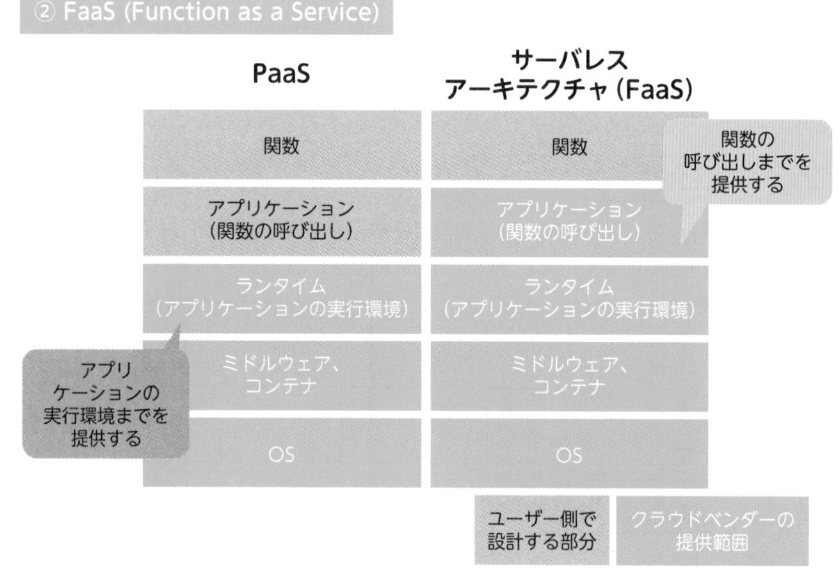

出典：https://xtech.nikkei.com/it/atcl/column/17/062000249/062000002/ より抜粋し一部改変

「PaaS」の場合、「リクエスト」に対応する「関数の呼び出し」処理を開発者の責任で実装する必要があります。具体的には、クラウドサービスへの「リクエスト」を常時監視して「関数の呼び出し」を実行するしくみを自力で開発する必要があります。

「FaaS」の場合、クラウド側が「関数の呼び出し」処理を自動的に行うため、開発者は呼び出される「関数」の実装に専念することができます。

・「FaaS」の利点

「FaaS」の利点として「サーバ管理が不要」、「柔軟なスケーリング」、「運用管理の負荷軽減」が挙げられます。

「AWS Lambda」の具体例に基づき、「FaaS」の利点を整理します。

■ FaaSの利点

利点	説明
サーバ管理が不要	・サーバの構築や運用保守は必要ない ・「関数の呼び出し」処理をクラウドに一任できる
柔軟なスケーリング	・必要な場合のみ「Lambda関数」を実行し、リクエスト受信の回数に合わせて自動的にスケール（処理性能の調整）を行う ・「Lambda関数」は「AWSイベント」に応じて個別（並行）に実行されるため、負荷に応じてスケールすることができる ・「Lambda関数」が処理できるリクエスト数に上限はないため、イベントの頻発（クラウドサービスへのアクセス集中など）に対応できる ・「Lambda関数」に対する割り当てる「メモリ量」を増強して、「Lambda関数」の実行時間を高速化することができる。利用料金は別途見積もりとなる ・「プロビジョニングされた同時実行」（Provisioned Concurrency）という機能を有効にすると、高速レスポンス（数十ミリ秒以内の応答）が可能になる。利用料金は別途見積もりとなる
運用管理の負荷軽減	・「AWS Lambda」の稼働しているインフラ自体に高可用性と耐障害性機能が組み込まれている ・メンテナンスの時間帯や定期的なダウンタイムはない ・「Amazon CloudWatch」と連携すれば、ロギング（ログ取得）とモニタリングを行うことができる

Amazon API Gatewayの概要

「**Amazon API Gateway**」はAWS上で稼働するプログラムへの玄関口（Gateway）を設けるためのサービスです。「Amazon API Gateway」を用いることで、AWS上のプログラムを外部から呼び出すための「API」（Application Programming Interface）をWeb上に公開できます。Web上の「API」は「URL」を用いることで外部からアクセスすることができます。

「Amazon API Gateway」の利用料金は従量課金制（受信APIコール数や転送データ量）になります。公開できる「API」の種類は「RESTful API」と「WebSocket API」です。

■「Amazon API Gateway」で公開できるAPIの種類

種類	通信プロトコル
RESTful API	・HTTPを用いる ・ステートレスな通信である ・HTTPメソッド（GET、POST、PUT、DELETE）に対応する ・詳細は**Sec.07**を参照
WebSocket API	・WebSocketを用いる ・永続的な接続を維持して、リアルタイムな送受信を可能にする ・詳細は**Sec.27**を参照

「Amazon API Gateway」では「AWS Lambda」で稼働中の「Lambda関数」を外部から呼び出すための「API」を公開できます。「Amazon CloudWatch」と連携して、API呼び出し、レイテンシー（遅延）、エラー率といった性能指標をモニタリングすることもできます。

「Amazon API Gateway」は、最大数十万の同時「API」呼び出しを処理できます。とは言え、リクエストの殺到（バースト：burst）時にプログラムの動作に支障をきたさないように「スロットリング」（throttling）というサービス制限の設定も行うことができます。「スロットリング」設定を超過するリクエストに対してはエラーを返却することで、プログラムの可用性と性能のバランスをとることができます。

■ Amazon API Gatewayの概要

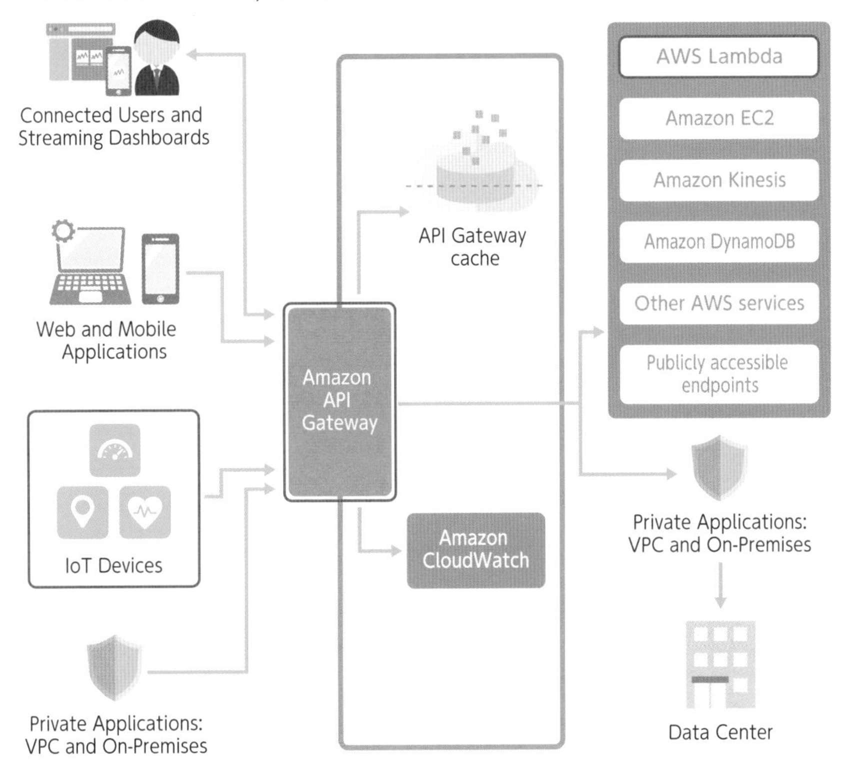

出典：https://aws.amazon.com/jp/api-gateway/より抜粋して一部加工

まとめ

- 「AWS Lambda」は「サーバレス」なプログラム実行環境を提供するクラウドサービスである
- 「サーバレス」なプログラム実行環境のポイントとして「コストの削減」と「FaaS」が挙げられる
- 「Amazon API Gateway」を用いることで、AWS上のプログラム（「Lambda関数」など）を外部から呼び出すための「API」を公開できる

39 IoTデバイスの分析 〜AWS IoT Analyticsによる高速なデータ解析〜

非常に難しそうに思える「ビッグデータ解析」の心理的ハードルを下げるサービスが「AWS IoT Analytics」です。基本的なSQLの知識があれば、ビッグデータ解析を手軽に始めることができるしくみになっています。

AWS IoT Analyticsの概要

「**AWS IoT Analytics**」は、膨大な量のビッグデータの高度な分析（analytics）をかんたんに行うことができるフルマネージドのクラウドサービスです。「AWS IoT Analytics」はAWSのビッグデータ解析の中核と言えるサービスになります。「AWS IoT Analytics」は従量課金制のサービスとなっており、データの処理量と保存量に応じて課金されます。

「AWS IoT Analytics」は「収集→処理→蓄積→分析→構築」という流れになっています。IoTデバイスからアップロードされてきたデータをデータストアに溜め込んでいって、蓄積されたビッグデータを人工知能に統計分析させることでシステム開発などに役立てます。

■ AWS IoT Analyticsの概要

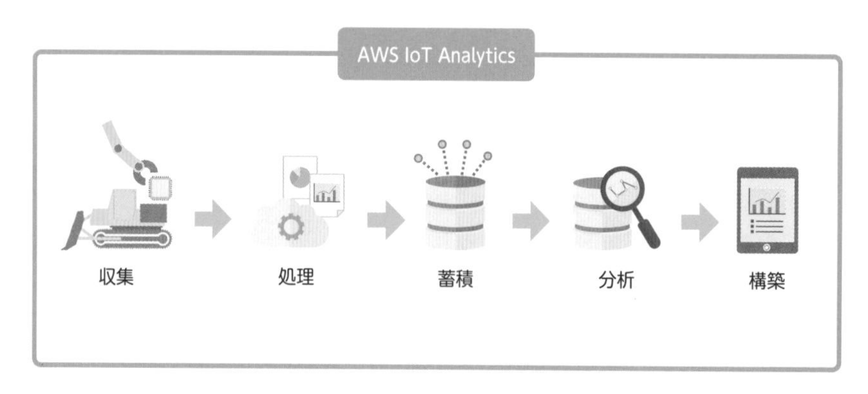

出典：https://aws.amazon.com/jp/iot-analytics/より筆者訳にて抜粋

■ AWS IoT Analyticsの詳細

機能	説明
①収集	さまざまな種類の形式と頻度においてデバイスのデータを収集する
②処理	外部のソースを用いて、メッセージの変換と加工を行う
③蓄積	分析用の時系列データストアにデータを蓄積していく
④分析	機械学習を実行したり、予測を行ったりするために、 ・SQLクエリの実行 ・機械学習用に構築したモデルの使用 ・自分でカスタマイズした分析 を行う
⑤構築	システムやモバイルアプリを構築するのに役立てるように、分析結果やレポートを使う

大規模なデータを扱う類似サービスとして「Amazon Kinesis Analytics」があります。「AWS IoT Analytics」と「Amazon Kinesis Analytics」の使い分けとしては、「AWS IoT Analytics」は時系列（履歴）データの解析を行うのに対して、「Amazon Kinesis Analytics」はストリーミングデータ（動画など）のリアルタイム処理を行います。

分析処理の流れ（収集～処理～蓄積）

「AWS IoT Analytics」の「収集→処理→蓄積」までの流れを示します。IoTデバイスからアップロードされてきたデータをデータストアに溜め込んでいくプロセスです。

■ 分析処理の流れ（収集～処理～蓄積）

出典：「AWS IoT Analytics Mini-User Guide【Channels】」より抜粋

■ 分析処理の詳細

役割	名称	説明
収集	チャンネル (Channel)	・「AWS IoT Core」から「AWS IoT Analytics」にデータを送信する ・「AWS IoT Core」上の「ルール」設定で「IoT Analyticsにメッセージを送る」というアクションを選択する
処理	パイプライン (Pipeline)	・データストアにデータを保存する前に「データ前処理」を行う ・「データ前処理」の詳細は**Sec.47**で述べる
蓄積	データストア (Data store)	・「パイプライン」にて「データ前処理」が完了したデータを「データストア」に蓄積していく ・「データストア」に蓄積された時系列（履歴）データが統計分析の対象となる

「IoT Analyticsリソースのクイック作成」という機能を使えば、「チャンネル」、「パイプライン」、「データストア」と後述の「データセット」をクリック1つで自動的に作成してくれます。

分析処理の流れ（分析～構築）

「AWS IoT Analytics」の「分析→構築」までの流れを示します。蓄積されたビッグデータを人工知能に統計分析させることで、システム開発などに役立てるプロセスです。

■ 分析処理の流れ（分析～構築）

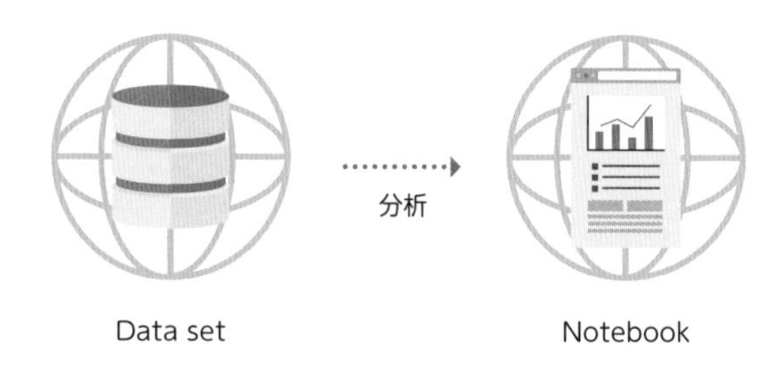

出典：https://aws.amazon.com/jp/blogs/news/iot-analytics-now-generally-available/より抜粋

■ 分析処理の流れの詳細

役割	名称	説明
分析	データセット (Data set)	・時系列データストアからデータが定期的に抽出される ・「データセット」の正体は「SQLクエリの実行結果」である。データストアに対してSQLクエリを発行することで、ビッグデータの簡易的な分析ができる ・「データセット」をCSV形式でダウンロード可能である
	ノートブック (Notebook)	・「データセット」に対して統計分析と機械学習を行う ・「ノートブック」の正体は「Jupyter Notebook」であり、「データセット」の見える化（グラフ表示など）に用いる ・「空のノートブック」を新規作成する以外にテンプレートが準備されている

なお、「Jupyter Notebook」は、Webブラウザ上でPythonを実行可能であり、データ解析やグラフ描写を行うことができます。人工知能プログラミングにおいて多用されているツールであり、「Google Colaboratory」というクラウド環境で容易に利用できます。

■「Jupyter Notebook」の表示例（「Google Colaboratory」上で実行）

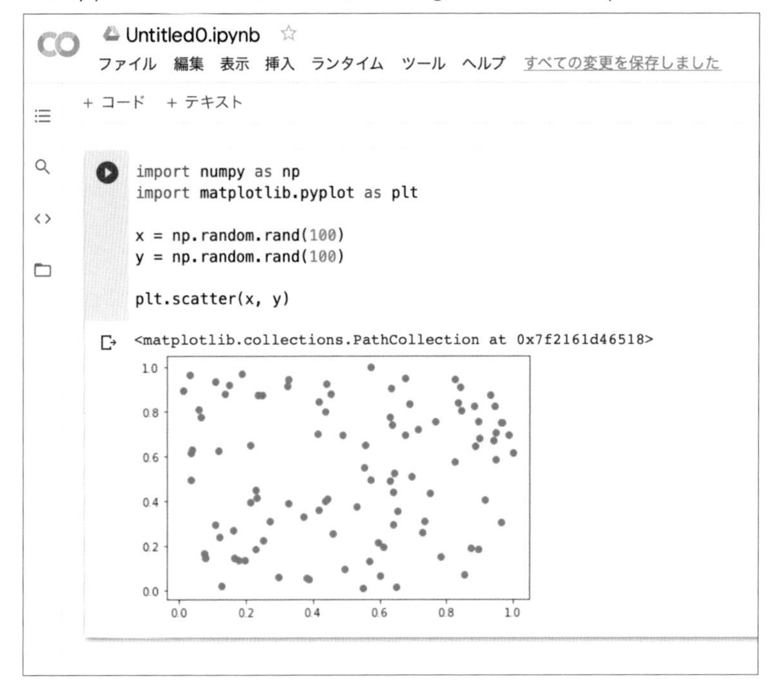

「AWS IoT Analytics」は「Amazon QuickSight」と連携することで、「QuickSightダッシュボード」で「データセット」を見える化（グラフ表示など）することもできます。

■「Amazon QuickSight」の表示例

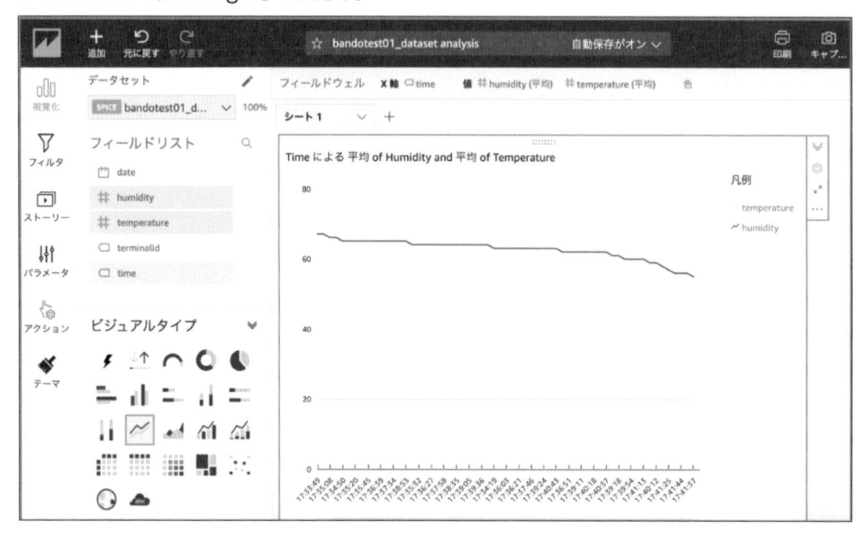

「Amazon QuickSight」には「SPICE」というインメモリ型の高速データベースが内蔵されているため、膨大なデータの解析処理が高速であることがアピールポイントとなっています。「Amazon QuickSight」を利用したければ、別途費用が必要です。

データサイエンティストの概要

ビッグデータ時代の到来に伴い「データサイエンティスト」（data scientist）という職種が注目を浴びるようになりました。「データサイエンティスト」は、一言で言えば、ビッグデータを統計処理する専門家です。「専門家」と言っても、技術一辺倒の“専門バカ”では務まりません。技術とビジネスの二刀流が求められます。

技術もビジネスも両方カバーできる人材ということで「データサイエンティスト」には幅広いスキルセットが求められます。

■ データサイエンティストに求められる技術とビジネス

技術	内容
技術	「ビッグデータをどう扱うか？」というHow（技術）である。データ分析に必要な技術は、主に統計学である
ビジネス	「ビッグデータを何のビジネスに活用するか？」というWhat（対象）や「ビッグデータを使う必然性は何か？」というWhy（目的）である

■ データサイエンティストに求められるスキルセット

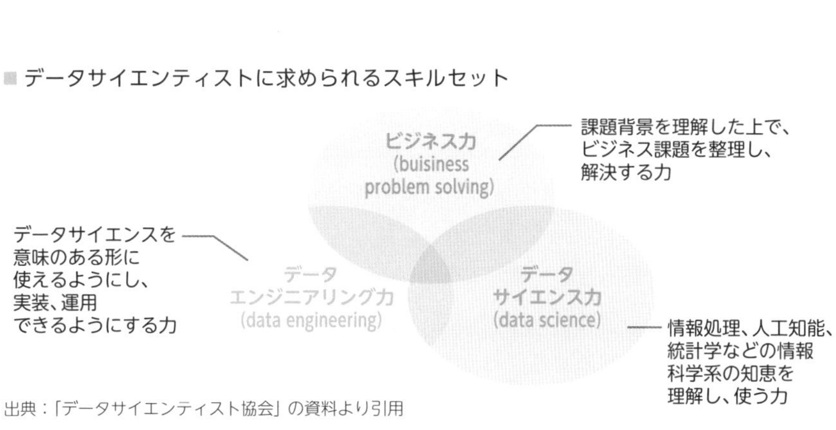

出典：「データサイエンティスト協会」の資料より引用

まとめ

- 「AWS IoT Analytics」はAWSのビッグデータ解析の中核と言えるサービスになる。「AWS IoT Analytics」は「収集→処理→蓄積→分析→構築」という流れになっている
- 「収集→処理→蓄積」までの流れは、IoTデバイスからアップロードされてきたデータをデータストアに溜め込んでいくプロセスになる
- 「分析→構築」までの流れは、蓄積されたビッグデータを人工知能（機械学習）に統計分析させることでシステム開発などに役立てるプロセスになる

40 ディープラーニングのためのIoTデバイス
～AWS DeepLensを使ったIoTシステム～

Amazon社のハードウェア製品には「電子書籍リーダーのKindle」、「Alexa搭載のEcho」、「Fireタブレット」、「Fire TV」そして「AWS DeepLens」があります。ほぼ原価による販売で製品を広く売り、ユーザーの囲い込みを図っています。

AWS DeepLensの概要

「**AWS DeepLens**」は深層学習（deep learning）に対応したビデオカメラです。「AWS DeepLens」には深層学習モデルに基づく人工知能（AI）が内蔵されており、ビデオカメラで撮影した動画の分析を行うことができます。従来、撮影した動画の深層学習処理を行うためには、ビデオカメラ、コンピュータ、AIライブラリなどを別個に準備する必要があり、実際の処理を開始するまでに多大な手間と時間を要しました。「AWS DeepLens」はそれらが“All-in-one”で内蔵されているため、深層学習をすぐに開始することができます。

「AWS DeepLens」のハードウェアの大きさは、手のひらより少し大きい程度であるため、ハードウェアの取り扱いが容易です。

■ AWS DeepLensの概要

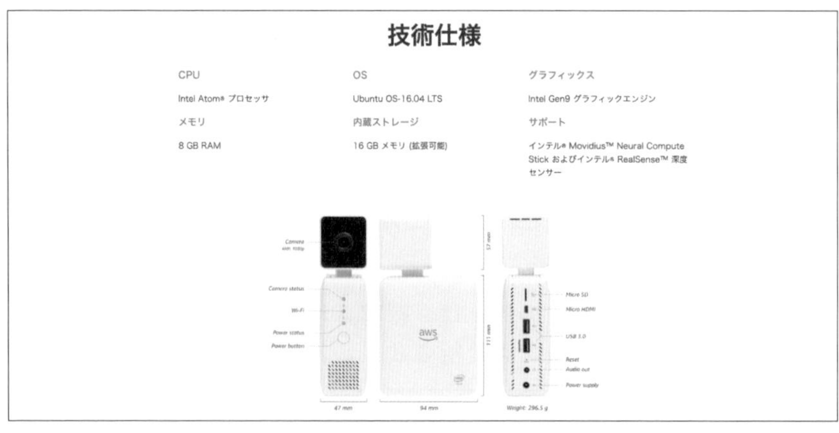

出典：https://aws.amazon.com/jp/deeplens/

「AWS DeepLens」の目的は、Amazon社いわく「あらゆるスキルレベルの開発者が機械学習のスキルを高める」ことにあります。

・「AWS DeepLens」のサンプルプロジェクト

深層学習を迅速に開始できるように、「AWS DeepLens」では「サンプルプロジェクト」がいくつか準備されています。

初心者が「深層学習モデル」(以下「モデル」)を自力で構築するのはハードルが高いため、まずは、出来合いのサンプルプロジェクトを動かしてみて深層学習に慣れるようにしましょう。

■AWS DeepLensのサンプルプロジェクト

名称	説明
オブジェクトの検出	オブジェクトを正確に検出して認識します
ホットドッグかホットドッグでないか	食べ物がホットドッグかそうでないかを分類します
猫と犬	DeepLensを使用して、猫または犬を検出します
鳥の分類	200種を超える鳥を検知します
行動認識	歯を磨く、口紅を塗る、ギターを弾くなど、30種類を超える動作を認識します
顔認識	人の顔を検出します
頭部姿勢の検出	9つの異なる角度の頭部姿勢を検出します

上記のサンプルプロジェクトに加えて、開発者コミュニティによって作成された「コミュニティプロジェクト」を利用することもできます。

・「AWS DeepLens」のしくみ

「AWS DeepLens」と関連する事項として「Amazon SageMaker」と「AWS IoT Greengrass」が挙げられます。「AWS DeepLens」が行う機械学習は「構築」(building)、「訓練」(training)、「推論」(inference)のフェーズ順に進めることになり、「Amazon SageMaker」と「AWS IoT Greengrass」が役割分担しています。

■「AWS DeepLens」が行う機械学習フェーズ

名称	説明
モデルの構築 モデルの訓練	AWS（クラウドサーバ）上で稼働する「Amazon SageMaker」が担当する
モデルを用いた推論	「AWS DeepLens」（エッジデバイス）上で稼働する「AWS IoT Greengrass」（厳密には「AWS IoT Greengrass Core」）が担当する

「AWS DeepLens」は機械学習のうち「推論」に専念することになり、「構築」や「訓練」は行いません。「AWS DeepLens」が用いるモデルを調達するには、

・出来合いのモデルを別途、用意する。
・「Amazon SageMaker」を用いて、自前でモデルを作成する。

のいずれかの手段が必要です。

■ AWS DeepLensのしくみ

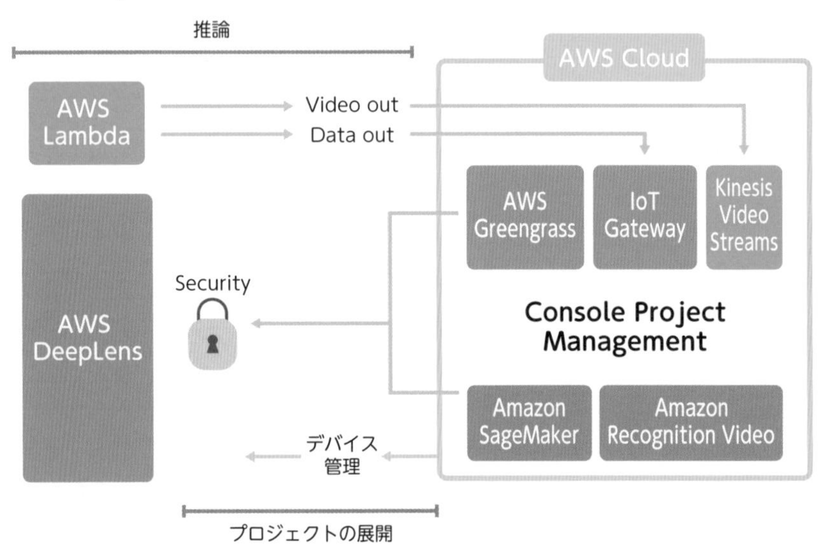

出典：https://aws.amazon.com/jp/deeplens/より筆者訳にて抜粋

Amazon SageMakerの概要

「**Amazon SageMaker**」は、モデルの構築、トレーニング、デプロイといった開発を迅速に行うためのフルマネージド型サービスです。「オーサリング」、「トレーニング」、「ホスティング」の要素で構成されています。

■ Amazon SageMakerの概要

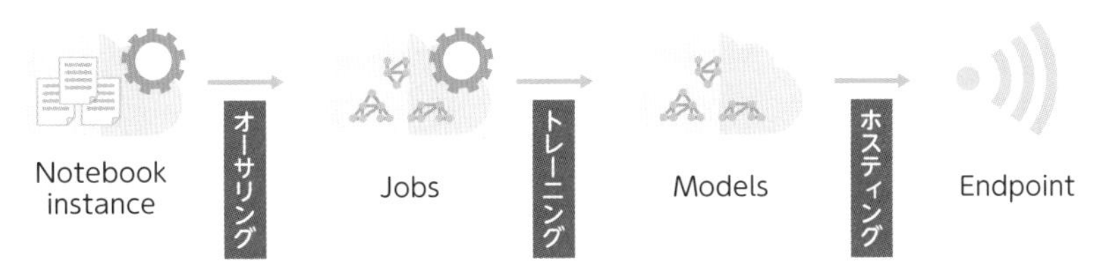

出典：https://aws.amazon.com/jp/blogs/news/amazon-sagemaker/より筆者抜粋の上、一部加工

「Amazon SageMaker」の「オーサリング」、「トレーニング」、「ホスティング」の詳細を示した図を引用します。

■ Amazon SageMakerのしくみ

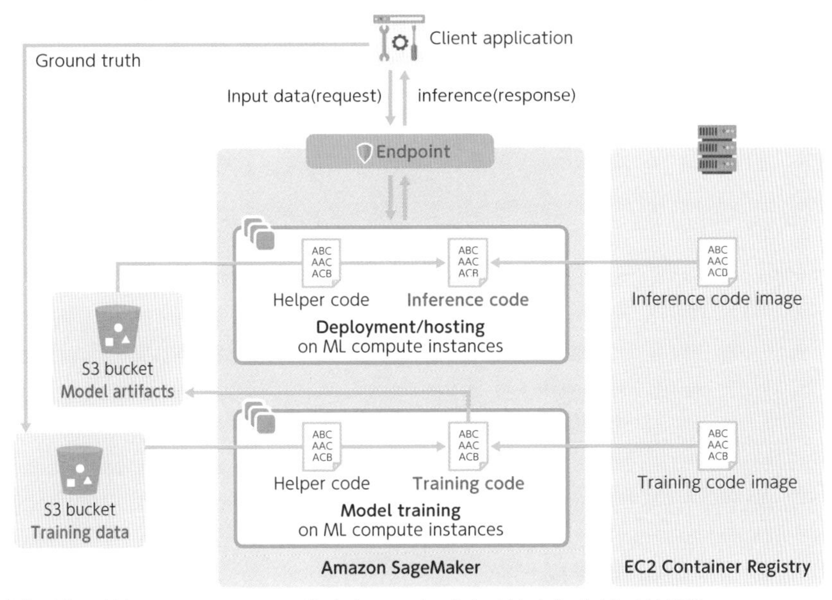

出典：https://docs.aws.amazon.com/ja_jp/sagemaker/latest/dg/whatis.htmlより抜粋

図中の「Inference code」、「Training code」、「Training data」、「Model artifacts」、「Endpoint」に注目してください。

■ Amazon SageMakerの詳細

名称	説明
オーサリング（編集）	・「推論」用ロジックのPythonソースコード（Inference code）を記述する ・「訓練」用ロジックのPythonソースコード（Training code）を記述する ・ソースコード編集には「Jupyter Notebook」のインスタンス（Notebook instance）を用いる ・モデルの訓練に用いる学習データ（Training data）を準備する
トレーニング（訓練）	・モデルを訓練するためのジョブ（Jobs）を実行する ・訓練の処理は「訓練」用ロジック（Training code）に基づいて行う ・訓練の入力として、学習データ（Training data）を「Amazon S3」から読み出す ・訓練の出力として、訓練によって調整されたモデルのパラメータ（Model artifacts）が「Amazon S3」に格納される ・訓練済みのモデル（Models）の正体は「推論ロジックのInference codeと調整済パラメータのModel artifactsの組み合わせ」である
ホスティング（配置）	・訓練完了後のモデルをホストする ・モデルを呼び出す「エンドポイント」（Endpoint）を提供する ・エンドポイントにアクセスすることで、リアルタイムに推論結果を取得できる

「Amazon SageMaker」のサポート対象となるフレームワークとしては、TensorFlow、PyTorch、Apache MXNet、Chainer、Keras、Gluon、Scikit-learnなどがあります。

また、機械学習の開発をサポートするための統合開発環境である「Amazon SageMaker Studio」が準備されています。

AWS IoT Greengrassの概要

「**AWS IoT Greengrass**」はIoTデバイス（エッジデバイス）におけるエッジコンピューティングを実現するためのしくみです。換言すれば、「AWS IoT

Greengrass」は「AWS Lambdaのエッジコンピューティング版」とも言えるでしょう。「AWS Lambda」はAWS（クラウドサーバ）上で稼働するのに対して、「AWS IoT Greengrass」（厳密には「AWS IoT Greengrass Core」）はエッジデバイス上で稼働します。エッジコンピューティングであるがゆえに、オフライン状態であっても「AWS Lambda関数」を実行できる上に、レスポンスタイムの向上が見込めます。

Linux系OS（「Raspberry Pi OS」など）を搭載するIoTデバイス（Raspberry Piなど）は「AWS IoT Greengrass Core」をホストできます。「AWS IoT Greengrass Core」をホストしたIoTデバイスは、ほかのデバイスと通信するための「ハブ」（hub）として機能します。

■ AWS IoT Greengrassの概要

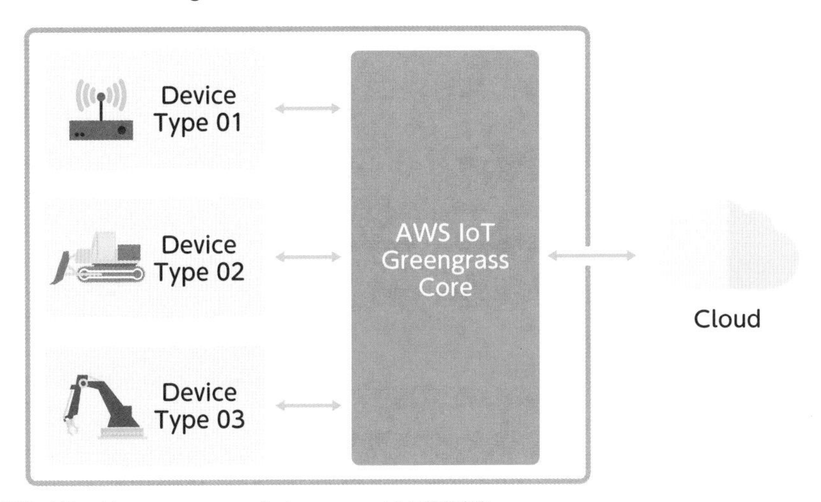

出典：https://aws.amazon.com/jp/greengrass/より著者抜粋

■ IoTデバイスとAWS IoT Greengrass Core

名称	説明
IoTデバイス	「AWS IoT Device SDK」を用いるデバイスはローカルネットワーク経由で「AWS IoT Greengrass」と相互通信するように設定できる
AWS IoT Greengrass Core	「AWS Lambda関数」のローカル実行を可能にする。クラウドと直接的に相互通信し、断続的な通信状況であってもローカル（オフライン）で稼働する

・「AWS IoT Greengrass Core」の「ML推論」機能

「AWS DeepLens」は「AWS IoT Greengrass Core」の「ML推論」機能を内部的に利用しています。「AWS IoT Greengrass Core」の「ML推論」機能は、「ML」(Machine Learning: 機械学習) のうちの「推論」処理をローカル実行 (エッジコンピューティング) する機能です。「AWS DeepLens」が行うような動画の「推論」処理はレスポンス性能を重視する必要があるため、クラウドサーバと相互通信する余裕はありません。よって、動画の「推論」処理は必然的にエッジコンピューティングであると言えます。

まとめ

- 「AWS DeepLens」は深層学習に対応したビデオカメラである。「AWS DeepLens」は「撮影した動画の深層学習処理」のために必要な環境が"All-in-one"で内蔵されている
- 「Amazon SageMaker」は、機械学習の開発 (モデルの構築、トレーニング、デプロイ) を迅速に行うためのフルマネージド型サービスである
- 「AWS IoT Greengrass」はエッジデバイスにおけるエッジコンピューティングを実現するためのしくみである。「AWS DeepLens」は「AWS IoT Greengrass Core」の「ML推論」機能を内部的に利用している

6章

IoT開発の事例

本書のフィナーレとなる本章では、前章までのおさらいをしつつ、IoTの実務家である筆者の実体験を踏まえて、IoT開発の全体的な流れを解説します。IoTは「ITの総合格闘技」であるがゆえに、IoTエンジニアは“全知全能”と言えるほどに幅広い分野をカバーする必要が出てきます。IoT開発は苦難の連続ですが、それゆえに「虎穴に入らずんば虎子を得ず」(成功したければ勇気を振り絞って挑戦しろ)です。

IoT開発の実務
～IoTは「異種総合格闘技」～

ソフトウェアの技術者はハードウェアに弱く、逆もまたしかりという傾向があります。しかし、IoTはハードウェアとソフトウェアが融合しているため、IoTの技術者はハードウェアとソフトウェアの両方を抑える必要があります。

IoT開発の全体像

第1章～第5章の内容を踏まえた上で、最終章となる第6章は、実際のIoT開発の流れを概観していきます。IoT開発の全体像を眺めると、「**開発環境の準備**」、「**ソフトウェア開発**」、「**実運用**」に大別できます。

■ IoT開発の全体像

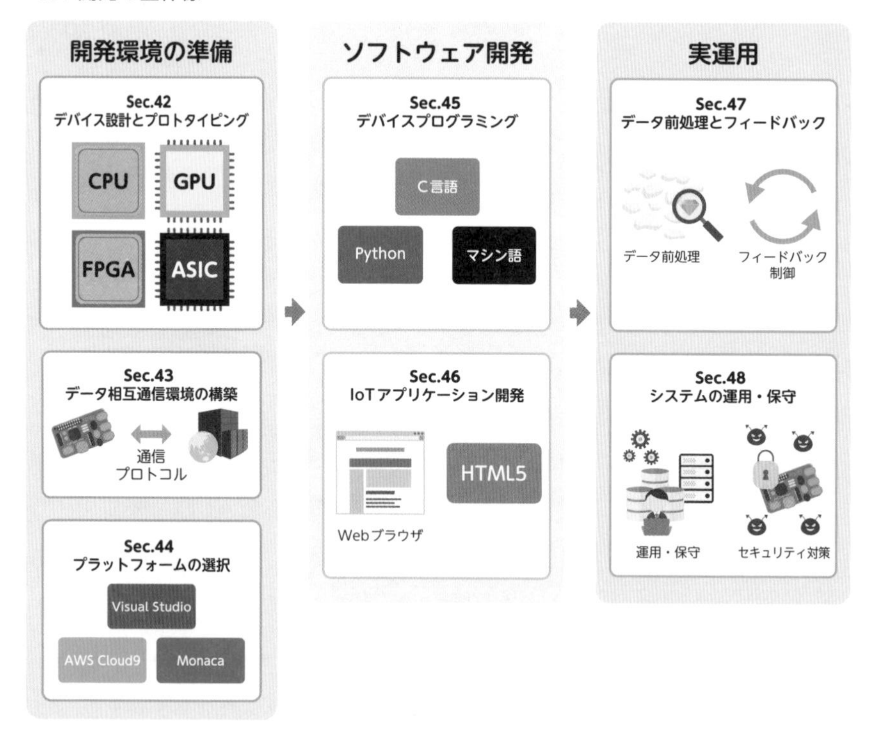

■ IoT開発の全体像の詳細

手順	内容	詳細
開発環境の準備	デバイス設計とプロトタイピング	・「CPU」、「GPU」、「FPGA」、「ASIC」の違い ・ハードウェア処理とソフトウェア処理の「協調設計」
	データ相互通信環境の構築	・「通信プロトコル」の階層構造 ・「IPv4」から「IPv6」への移行
	プラットフォームの選択	・開発環境（検証環境）のクラウド化 ・クラウド対応の「統合開発環境」（IDE）
ソフトウェア開発	デバイスプログラミング	・「プログラミング言語」の意義 ・組込系プログラミングの注意点
	IoTアプリケーション開発	・「ネイティブアプリ」と「Webアプリ」 ・「HTML」の進化版である「HTML5」
実運用	データ前処理とフィードバック	・「データ前処理」の例 ・IoTにおける「フィードバック制御」の主役
	システムの運用・保守	・IoTシステムの運用・保守の鉄則 ・IoTシステムのセキュリティ対策

「IoTシステムの開発」と聞くと「ソフトウェア開発」のイメージが大きいかもしれませんが、実際には「開発環境の準備」や「実運用」が占める割合が大きいと言えます。

特に「実運用」は見落とされがちな盲点ですが、「情報システムの一生」のうち、開発フェーズはごく初期のみであり、「実運用」フェーズがほとんどを占めます。

また、最初の「開発環境の準備」に失敗してしまうと、後続の「ソフトウェア開発」や「実運用」が総崩れになります。

IoTデバイスは野外（僻地）で稼働することが多く、いったん「実運用」が開始してしまうと、システム構成（特にハードウェア）を変更することが困難になります。

IoT開発を成功させるには「開発環境の準備」、「ソフトウェア開発」、「実運用」のすべてを成功させる必要があります。

IoTの三本柱「電子」「ソフト」「機構」

IoTシステムの開発には、3種類の専門性が必須です。IoTの三本柱とも言える「**電子**」、「**ソフト**」、「**機構**」です。

当然、IoTシステムを開発したい企業は「電子」、「ソフト」、「機構」の技術者を雇用するか、他社に外注する必要があります。

■ IoTの三本柱「電子」「ソフト」「機構」

■ IoTシステム開発の仕事の内容

名称	内容
電子回路	・IoTデバイス内蔵の電子基板を設計開発する ・負荷が重いソフトウェア処理を「ハードウェア処理化」できる電子回路（FPGAなど）を設計開発する
ソフトウェア	・プログラミング言語（C言語など）を駆使して、IoTデバイスを制御するソフトウェア（ファームウェア）を設計開発する ・クラウドサーバやクライアント端末（スマート端末やパソコンなど）向けのソフトウェアを設計開発する
機構設計	・過酷な野外環境での稼働に耐えうるIoTデバイスの筐体を設計開発する

上記を見ればわかるように、「電子」、「ソフト」、「機構」の技術者の「三人四脚」で進めていく必要があるのがIoT開発です。IoTシステムの開発には、IT（情報技術）だけでなく、いわゆる“弱電”（電子回路に使うような微弱な電気）や“メカ”の技術が求められます。

たとえば、“弱電”に関しては「A/D変換（アナログ/デジタル変換）」が挙げられます。IoTデバイスが扱うセンサはデジタルのセンサだけではなく、アナログのセンサもあり得ます。アナログの電気信号は「A/D変換」を行い、ソフトウェアが処理できるようにする必要があります。

「A/D変換」はアナログの波形である電気信号をデジタルの数値であるデータに変換することを指します。アナログの電気信号は外部ノイズの影響を受けやすく、計測値に誤差が生じることがあります。このような場合のトラブルシュートには“弱電”の技術力が役立ちます。

“メカ”に関しては、IoTデバイスは野外で稼働することが多く、数多くの人々の目に晒されやすい傾向にあります。

デザイン性の低いIoTデバイスをリリースしてしまうと、IoTデバイスの製造企業、及び、その製品を使う顧客までも“ダサい”と思われてしまいます。よって、IoTデバイスの機構設計には相応のデザインセンスが求められることになります。

この場合のデザインとは、外観だけでなく耐久性、機能性、採算性などを含めた総合的な設計を意味する言葉です。「強く、安く、美しいデザイン」を設計するには“メカ”の技術力が役立ちます。

「擦り合わせ」と「組み合わせ」

IoTは「**擦り合わせ**」（和魂）と「**組み合わせ**」（洋才）の「和魂洋才」であると筆者は考えています。

日本企業のものづくりは「擦り合わせ」型であるのに対して、海外企業のものづくりは「組み合わせ」型です。「擦り合わせ」と「組み合わせ」を対比してみましょう。

■ 擦り合わせと組み合わせ

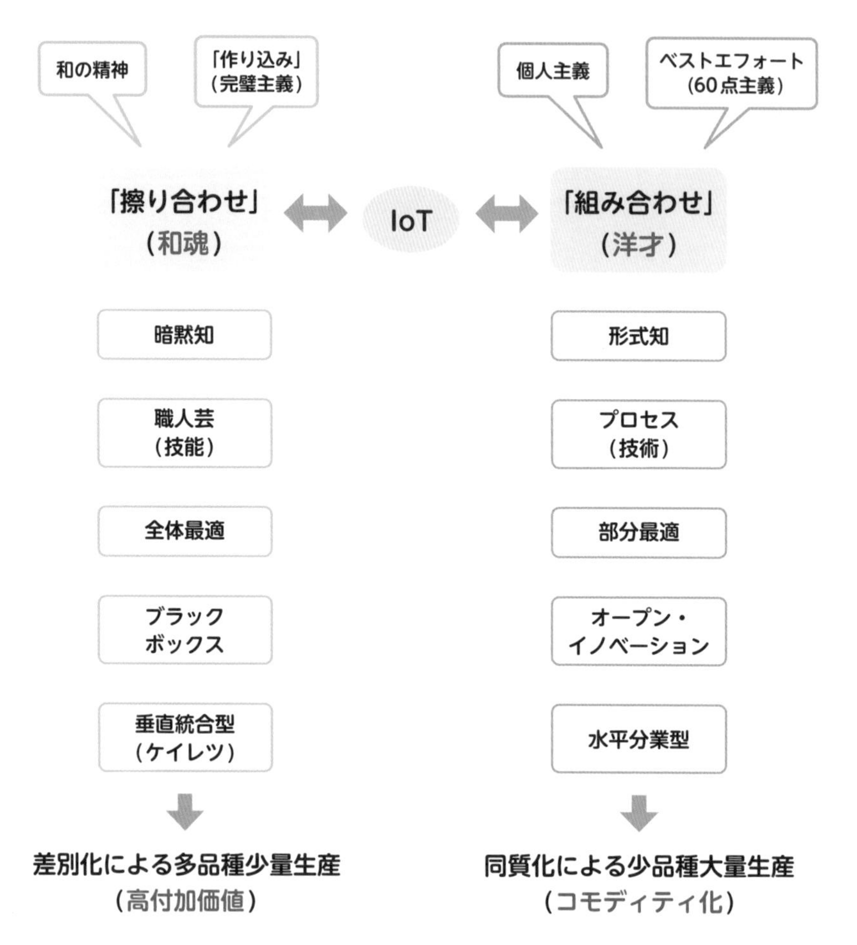

「擦り合わせ」は、巨大な企業グループの下請けである“ケイレツ”（系列）の一員として、ほかの“ケイレツ”企業と全体最適を図りながら、100点満点の作り込みを目指すスタイルです。

熟練の技術者の職人芸（暗黙知）に依存しているため、技術がブラックボックスになりがちです。

「組み合わせ」は、対等な立場の企業同士が水平分業して、ベストエフォート（合格最低点）のものづくりを目指すスタイルです。

水平分業の前提として、複数の企業間で技術を共有すること（オープン・イノベーション）になります。技術の共有のためには、暗黙知から形式知へと、技術を可視化することが必要です。

IoTの場合、「電子」、「ソフト」、「機構」に関する部品が豊富に準備されており、その部品を組み合わせるだけでも、それなりのIoTシステムができ上がってしまいます。

センサ、コンピュータ（Raspberry PiやArduinoなど）、電子回路（FPGAやGPUなど）、クラウド（AWSなど）、無線通信（LPWAなど）といった既製品が揃っているため、旧来の重厚長大型のものづくりに比べれば、圧倒的に楽ですし、IoTビジネスへの参入障壁も低い傾向にあります。

しかし、IoTシステム全体として品質を洗練させるには、「組み合わせ」た部品を「擦り合わせ」る必要があります。まさに、この「擦り合わせ」こそが競合他社との差別化要因になります。何も深く考えずに、出来合いの部品をガチャンと「組み合わせ」るだけでは、おもちゃにはなるかもしれませんが、製品にはなりません。

たとえば、部品間の相性問題が起こる可能性がありますし、顧客の製品の使い方（ユースケース）には想定外が多発します。そういった課題をクリアするには、IoTシステムとしての全体最適化を図るべく、IoTシステムの構成要素を「擦り合わせ」る必要があるのです。

まとめ

- **IoT開発は「開発環境の準備」、「ソフトウェア開発」、「実運用」に大別される**
- **IoT開発の必須技能は「電子」、「ソフト」、「機構」である**
- **IoTは「擦り合わせ」（和魂）と「組み合わせ」（洋才）の「和魂洋才」である**

42 デバイス設計とプロトタイピング ～回路設計と基板設計～

IoT時代の到来とともに、ソフトウェア技術者がハードウェア（電子回路）を扱うことが増えています。「ハードウェア記述言語」は「プログラミング言語」に類似しており、ソフトウェア技術者にとって馴染みやすい面があります。

FPGAとASIC

IoTデバイスのプロトタイピングには「**FPGA**」（Field Programmable Gate Array）を活用できます。「Field Programmable Gate Array」を直訳すると「現場でプログラム（書き込み）可能な回路の連なり」を意味します。要するに「ロジック（処理）の書き換えができる集積回路」ということです。そのため回路設計の際に、FPGAにロジックをいろいろと書き込んで試行錯誤することができます。

FPGAに対して、「**ASIC**」（Application Specific Integrated Circuit）が存在します。「Application Specific Integrated Circuit」は、直訳すると「特定用途向け集積回路」を意味します。FPGAと違って、ASICのロジックは書き換えできずに固定化されています。それだけ聞くと、ASICはFPGAより劣っているように思えます。しかし、FPGAはロジックの書き換えを実現するために「回路構成の冗長性（無駄）」が出てくるのが避けられません。そして、その冗長性（無駄）が生じるゆえに、処理速度、消費電力、コストの面でASICより不利になります。

大雑把にまとめると、「柔軟性に優れるが、無駄も出てくるFPGA」と「融通は利かないが、特定用途に最適化されているASIC」という違いがあります。

FPGAとASICの特性を考えると、両者は下記のように使い分けます。

■ FPGAとASICの使い分け

段階	用途
プロトタイピングの段階	最適なロジックを決定するための試行錯誤にはFPGAを用いる
量産品の大量生産の段階	量産品に内蔵する集積回路にはASICを用いる。ASICは決定済みのロジックで固定化される

■ FPGAとASIC

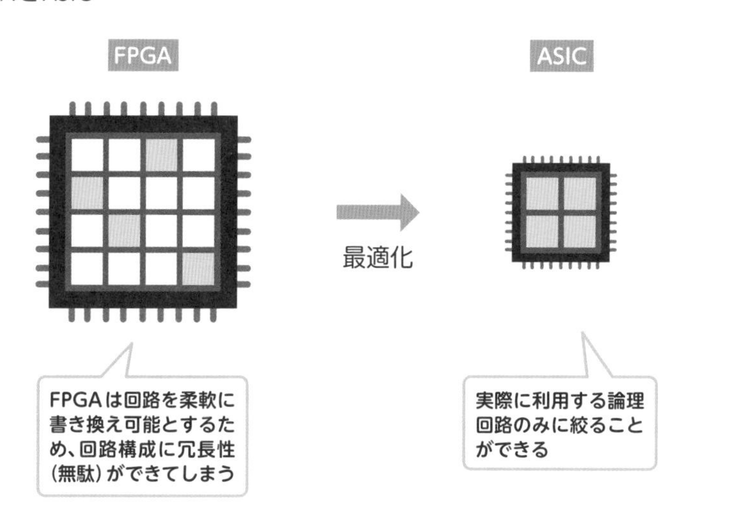

・FPGAに関する技術

FPGAの特長は、「ロジック」の書き換えです。その「ロジック」を記述する言語は「**ハードウェア記述言語**」（HDL: Hardware Description Language）と呼ばれます。「ハードウェア記述言語」（HDL）の二大巨頭は「**VHDL**」と「**Verilog HDL**」です。「ハードウェア記述言語」を用いることで「プログラミング言語（C言語など）」のような記述スタイルで電子回路を設計することができます。

■ FPGAに関する技術

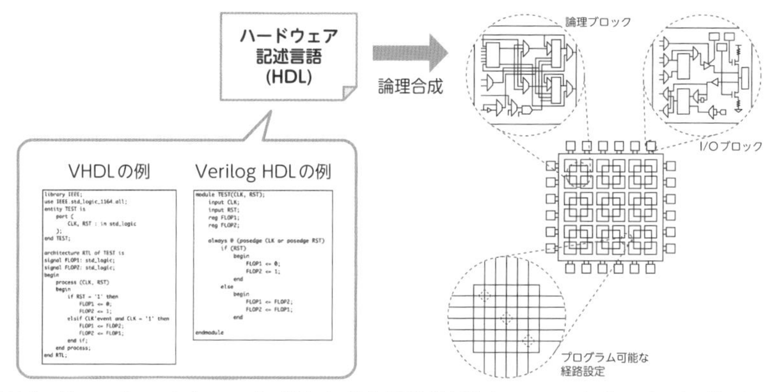

出典：http://zone.ni.com/reference/ja-XX/help/371599P-0112/lvfpgaconcepts/fpga_basic_chip_terms/

■ 論理合成と高位合成

名称	説明
論理合成	電子回路の設計図である「ハードウェア記述言語」に従って、電子回路をプログラムする（書き換える） ・ソフトウェア開発の「ビルド」相当の処理を行う ・FPGAにロジックを書き込む
高位合成	C++言語をベースとした「SystemC」という専用言語を用いて回路設計を行う。つまり、プログラミング言語を使って、回路設計を行うことができる

FPGAのブレークスルーは「ソフトウェア開発をするような感覚で、電子回路の設計ができるようになった」ということに尽きます。旧来の電子回路の設計は高度な専門知識（手書きの回路図など）が必要であったため、電子回路を専門にしない技術者にとってハードルが高いものでした。しかし、FPGAの登場によって電子回路を「C言語のような記述形式」で表現できるようになりました。つまり、C言語の開発経験があれば、電子回路の仕様をぼんやりと把握できたり、あるいは、かんたんな電子回路であれば自力で設計して論理合成できたりするようになったわけです。電子回路の設計というハードウェアの世界に、ソフトウェア業界のエンジニアが入り込めるようになってきたのが大きな転換点です。

IoTで利用される集積回路

IoTで利用される集積回路の整理をしましょう。IoTシステムで利用される集積回路として「**CPU**」、「**GPU**」、「**FPGA**」、「**ASIC**」が挙げられます。「CPU」は「Central Processing Unit（中央処理装置）」の名が示すように、コンピュータの頭脳です。「GPU」は「Graphics Processing Unit（画像処理装置）」の名が示すように、元々は「画像描画」（特に計算量が大きい3D画像）の処理に特化した専用チップだったのですが、処理性能の高さを生かして「人工知能」の処理にも応用されています。GPUを「画像描画」以外の用途に応用することを「GPGPU」（General Purpose on GPU）と呼びます。

「CPU」、「GPU」、「FPGA」、「ASIC」の違いを整理しましょう。ここでは、集積回路を「軍人」の集団である「軍隊」にたとえてみます。

　処理を行う基本単位となる「軍人」を数える単位は「コア」(core)です。「コア」は文字通りに処理を行う中核（制御部と演算部が1セットになっている演算回路）を指します。集積回路は「コア」数の分だけ並列処理が可能です。

■ CPUとGPUとFPGAとASIC

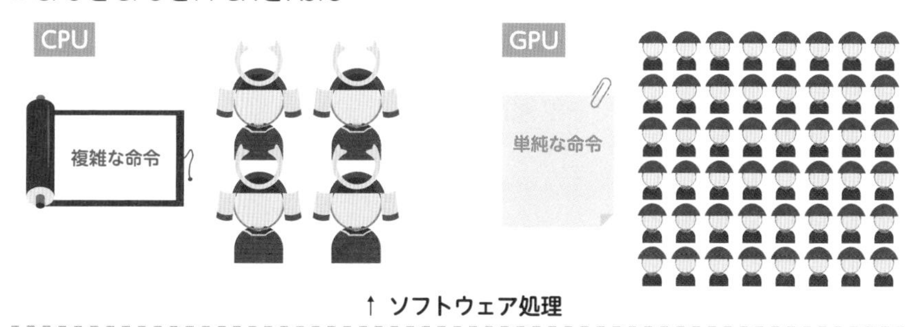

■ CPUとGPUとFPGAとASICの違い

処理	名称	説明
ソフトウェア処理	CPU	・複雑な命令を実行できる「将軍」役の軍人（数コア）がいる ・複雑な命令として「条件分岐」が挙げられる ・複雑な命令を数コアで逐次処理する
	GPU	・単純な命令ならば実行できる「歩兵」役の軍人の大軍（数千コア）がいる ・単純な命令として「反復」が挙げられる ・単純な命令を数千コアで並列処理する
ハードウェア処理	FPGA	・「役割」を変えられる軍人の集団がいる ・GPUのような並列処理も可能である
	ASIC	・「役割」を固定化された軍人の集団がいる ・GPUのような並列処理も可能である

押さえておきたいポイントは以下の通りです。

- 「CPU」と「GPU」は「ソフトウェア処理」を行う。
- 「FPGA」と「ASIC」は「ハードウェア処理」を行う。
- 「ソフトウェア処理」は低速であり、「ハードウェア処理」は高速である。
- 「ソフトウェア処理」は柔軟であり、「ハードウェア処理」は融通が利かない。
- 「CPU」は「逐次処理」であるが、「GPU」は「並列処理」である。
- 「FPGA」と「ASIC」ができる処理は回路設計に依存する。並列処理を行うように回路設計することもできる。

深層学習（Deep Learning）などの人工知能処理の性能向上に有効なのは「並列処理」です。人工知能処理において「GPU」が注目されているのは「並列処理」が得意だからです。ただ、「FPGA」や「ASIC」も回路設計によって「並列処理」を実現できます。

「GPU」はソフトウェア処理ゆえのオーバーヘッド（例：「CPU」とのやり取りを要する）から逃れられない反面、ソフトウェア処理ゆえの柔軟性（例：ソフトウェアから自由に制御できる）があります。

「FPGA」や「ASIC」はハードウェア処理ゆえに処理性能は期待できる反面、書き込まれたロジック通りの処理しかできません。

このように一長一短があることから、人工知能の分野では「GPU」と「FPGA」（「ASIC」）の覇権争いがくり広げられています。

協調設計の概要

IoTシステムは「ソフトウェア処理」と「ハードウェア処理」が入り交じるようになっています。

そこで注目されているのが「**協調設計**」（co-design）です。IoTシステムの機能を「ソフトウェア処理」あるいは「ハードウェア処理」のどちらに実現させるかという棲み分け（役割分担）が重要になります。

■ 協調設計の概要

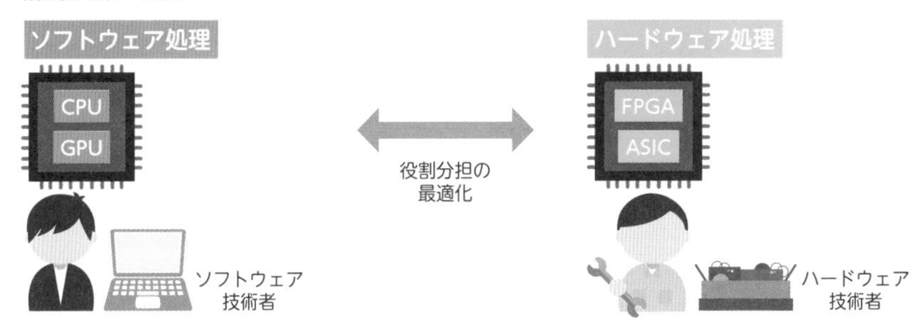

たとえば、暗号化処理や人工知能処理のような計算量が多い処理は「ソフトウェア処理」と「ハードウェア処理」のどちらでも実現することができます。そこで、暗号化処理や人工知能処理は「ハードウェア処理」に任せてしまい、その分だけ余裕ができたハードウェア資源（CPUやメモリなど）を「ソフトウェア処理」に振り向けるといった運用が考えられます。そういった運用を実現するには、ソフトウェア技術者とハードウェア技術者が互いに連携してIoTシステム開発を進める必要があります。

「ソフトウェア処理」と「ハードウェア処理」の連携と言っても、一筋縄にはいきません。「ソフトウェア処理」と「ハードウェア処理」が相互に絡み合い、依存し合うことになるため、たとえば、FPGAの回路設計が遅延すれば、ソフトウェア開発も遅延してしまうといった事態が起こりえます。ソフトウェア技術者とハードウェア技術者の二人三脚が「協調設計」では必須です。

まとめ

- **IoTデバイスのプロトタイピングには「FPGA」を活用できる**
- **IoTで利用される集積回路には「CPU」、「GPU」、「FPGA」、「ASIC」が挙げられる**
- **「協調設計」は、ソフトウェア処理とハードウェア処理の棲み分け（役割分担）を考慮した設計を指す**

43 データ相互通信環境の構築 ～最適なプロトコルの選択～

IoTで用いられる通信プロトコルは多種多様であるため、仕様を習得するのが大変そうに思えます。実際には、詳細を深く意識せずとも、ソフトウェアのライブラリやWebサービスのAPIを使って通信プロトコルを容易に扱うことができます。

IoTの通信プロトコルの種類

IoTに限らず「通信プロトコル」（通信の約束事、通信方式の規格）は「**OSI参照モデル**」あるいは「**TCP/IPモデル**」という階層構造で管理されています。

IoTの通信プロトコルを階層構造にて一覧化してみましょう。

■ IoTの通信プロトコルの種類

	OSI参照モデル	TCP/IPモデル	
L7	アプリケーション層	アプリケーション層	MQTT、CoAP、HTTP(S)、XMPP、AMQP、SOAP、WebSocket
L6	プレゼンテーション層		
L5	セッション層		
L4	トランスポート層	トランスポート層	TCP、UDP
L3	ネットワーク層	インターネット層	IPv6、6LowPAN、RPL
L2	データリンク層	ネットワーク インタフェース層	無線通信規格 (LTE、5G、Wi-Fi、Bluetoothなど)
L1	物理層		

■ 通信プロトコルの詳細

階層	OSI参照モデル	TCP/IPモデル	説明
L7	アプリケーション層	アプリケーション層	具体的な通信サービスを担当する
L6	プレゼンテーション層		データの表現方法を規定する
L5	セッション層		通信の開始から終了までの手順を規定する
L4	トランスポート層	トランスポート層	エラー訂正や再送制御などを担当する
L3	ネットワーク層	インターネット層	ネットワークにおける通信経路の選択（ルーティング）を担当する
L2	データリンク層	ネットワーク インタフェース層	直接的に接続されている機器間の信号の受け渡し方法を規定する
L1	物理層		物理的な接続形態（コネクタのピン数など）を規定する

・**ネットワークインタフェース層**

IoTに関連する無線通信規格（LTE、5G、Wi-Fi、Bluetoothなど）は「**ネットワークインタフェース層**」に該当します。つまり、「機器間の信号のやり取り」までに特化した規格となっています。それ以降のデータ通信のプロセス（通信経路の選択〜具体的な通信サービスの実行）は上位層に委ねています。このように階層別に担当範囲を明確化する（自分の担当範囲以外のことは関知しない）ことで、各々の規格のシンプル化を図っています。

・**インターネット層**

「**インターネット層**」に属する通信プロトコルとして「**IPv6**」、「**6LowPAN**」、「**RPL**」が挙げられます。

「IPv6」の詳細に関しては後述します。

■インターネット層のプロトコル

名称	説明
IPv6 (Internet Protocol version 6)	インターネット上の通信経路を選択するためのプロトコルとして普及してきた「IPv4」(バージョン番号4のIP) の進化版 (バージョン番号6のIP) である
6LowPAN (IPv6 over Low-Power Wireless Personal Area Networks)	「IPv6」をIEEE 802.15.4の無線PAN上で動作させるために策定されたプロトコルである
RPL (IPv6 Routing Protocol for LLNs)	「LLNs」(Low-Power and Lossy Networks) と呼ばれる「低電力かつパケット損失が大きい無線ネットワーク」において、「IPv6」に基づく通信経路の選択を行うためのプロトコルである

・トランスポート層

「**トランスポート層**」に属する通信プロトコルとして「**TCP**」と「**UDP**」が挙げられます。

■トランスポート層のプロトコル

名称	説明
TCP (Transmission Control Protocol)	・「ポート番号」(port number) を識別して、アプリケーションにデータを転送する ・「コネクション型」プロトコルである ・信頼性は高い ・転送速度は低い ・コネクション制御機能 (順序制御、再送制御、ウィンドウ制御、フロー制御) を備える ・データ喪失が許されない用途向けである ・利用例として、メール送受信 (POP3やSMTP)、ファイル共有 (FTP) などが挙げられる
UDP (User Datagram Protocol)	・「ポート番号」を識別して、アプリケーションにデータを転送する ・「コネクションレス型」プロトコルである ・転送速度は高い ・信頼性は低い。通信途中でデータ喪失 (パケットロス) しても再送しない ・多少のデータ喪失は許されるが、その代わりに通信速度を高めたい用途向けである ・利用例として、動画ストリーミングや音声通話などが挙げられる

「TCP」と「UDP」に共通する機能は「ポート番号を識別して、アプリケーションにデータを転送する」ことです。「ポート番号」は通信先のアプリケーションを一意に特定するための番号です。1つのコンピュータの中には複数のアプリケーションが同時に稼働していることから、通信先のアプリケーションを識別するためには、コンピュータに付与されているIPアドレスに加えて「ポート番号」を用います。

「TCP」と「UDP」の大きな違いは「コネクション（仮想的な伝送路）を確立するか否か」です。コネクションを確立するTCPは信頼性が高い反面、コネクションを確立するオーバーヘッドがあり通信速度が低下します。UDPはコネクションを確立しない分だけ通信速度が上がる反面、パケットロス時にデータを再送しないため信頼性は低いと言えます。

IPv4からIPv6への移行

IoTの普及に伴って「**IPv4**」から「IPv6」に移行する必要が出てきた経緯を押さえておきましょう。

従来から幅広く用いられている「IPアドレス」は「IPv4」に基づくアドレスで、この「**IPv4アドレス**」は32bit長のアドレスです。

32bit長のアドレスの場合、個々のデバイスを一意に識別できる台数は「約43億個」が上限となってしまいます。

IoTデバイスの台数が爆発的に増加している現状に対応できておらず、「IPv4アドレス」はすでに枯渇状態です。

そこで、「IPv4アドレス」の上限を拡張すべく、「**IPv6**」に基づく「**IPv6アドレス**」が策定されました。

■ IPv4からIPv6へ

IPv4アドレス

192 . 168 . 0 . 1

32bit長＝2の32乗

IPv6アドレス

2001 : 0DB8 : 0000 : 0000 : 1234 : 4567 : 89AB : CDEF

128bit長＝2の128乗

「IPv6アドレス」は128bit長のアドレスです。128bit長のアドレスの場合、IoTデバイスの台数の上限が事実上なくなります。理論上の上限は約340澗(かん)個であり、「地球上の全人口が1億個のIoTデバイスを保有する」と仮定しても問題ない水準です。

アプリケーション層の通信プロトコル

Sec.27で解説した「**MQTT**」、「**HTTP(S)**」、「**WebSocket**」以外に、アプリケーション層の通信プロトコルとして「**SOAP**」、「**CoAP**」、「**AMQP**」、「**XMPP**」が挙げられます。

■アプリケーション層の通信プロトコル

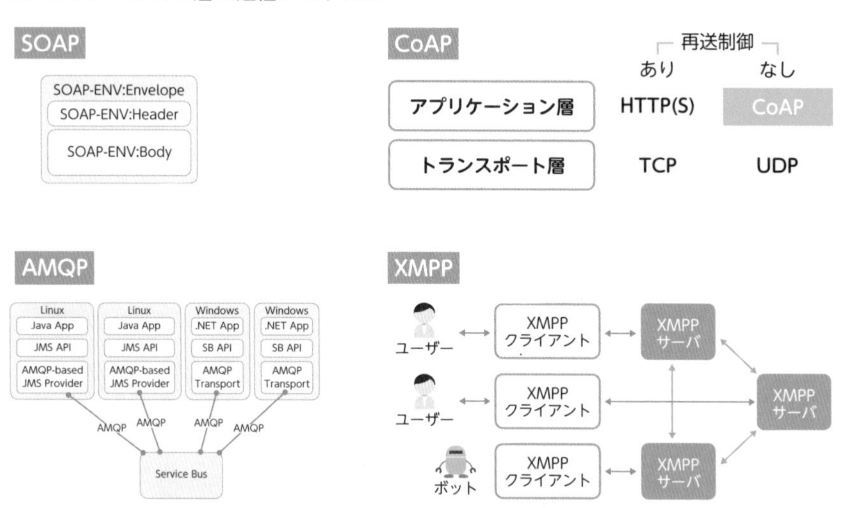

出典：https://docs.microsoft.com/ja-jp/azure/service-bus-messaging/service-bus-amqp-overview

IoTに用いられる通信プロトコルの共通点として「信頼性は低くても、軽量かつ高速に通信する」ことが求められています。大量のIoTデバイスが通信することを想定すると、オーバーヘッドが大きい再送制御を省いたり、処理を複数サーバに振り分ける分散処理のしくみを導入したりする工夫が必要です。

大量のメッセージを処理しきってきた実績がある「メッセージング」の技術(AMQPやXMPP)はIoTと親和性が高いと言えます。

■ アプリケーション層の通信プロトコルの詳細

名称	説明
SOAP (Simple Object Access Protocol)	・Webサービス間の通信に、XML形式のメッセージを用いる ・メッセージの伝送にはHTTPを用いることが多い ・仕様が複雑化してきたことから、軽量な「REST API」の方が好まれることが多くなっている
CoAP (Constrained Application Protocol)	・UDPをベースとしており、再送制御をしない分だけ、HTTP(S)よりも動作が軽量になる ・MQTT同様に、パケットのヘッダサイズが小さい
AMQP (Advanced Message Queuing Protocol)	・複数プラットフォーム間でメッセージ交換を行うのに「仲介者」(Broker)を介する「MQ」(Message Queueing)方式を採用している ・元々は金融機関向けの技術であった ・AMQPの実装例として「ActiveMQ」や「RabbitMQ」が挙げられる
XMPP (Extensible Messaging and Presence Protocol)	・XMLベースのプロトコルであり、インスタントメッセージソフトで利用されている ・歴史が長い"枯れた"技術である ・「サーバ&クライアント」通信のみならず、「サーバ&サーバ」通信も行う ・人間のユーザーが紐付かないクライアントは「ボット」(bot)と呼ばれる

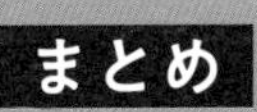

- **「通信プロトコル」は階層構造(「OSI参照モデル」あるいは「TCP/IPモデル」)で管理されている**
- **すでに枯渇状態にある「IPv4アドレス」の上限を拡張すべく「IPv6アドレス」が策定された**
- **アプリケーション層の通信プロトコルとして「SOAP」、「CoAP」、「AMQP」、「XMPP」が挙げられる**

44 プラットフォームの選択
～クラウドを利用した効率的な開発環境～

一昔前は、開発作業と同じくらいに開発環境を整備する労力が大変でした。システム開発は「環境構築が9割」と言っても過言でないほどでした。現在は、「クラウド化」により、環境構築はクリック1つで済むようになりました。

開発環境としてのクラウド

IoTシステムの開発環境の「クラウド化」が進みつつあります。従来の開発環境は、物理マシン（例：パソコンやサーバ）を大量に買い込んで作り上げた「オンプレミス」(on-premises)でした。要するに、自前の開発環境です。とは言え、システム開発の大規模化に伴い、何でも自前で揃えて準備するのが大変になってきました。そこで、他人（クラウドサービス事業者）のハードウェア資源（クラウドサーバ）を間借りして、開発環境を構築しようという流れがあります。

開発環境をクラウド化する利点は下記の通りです。

・開発マシンを購入する費用を削減できる。
・開発環境を構築する労力を省ける。
・非力なモバイル端末を用いて出先からもアクセスできる。
・開発者全員の開発環境を標準化（統一）するのが容易である。

開発環境の「クラウド化」が進んでいる背景として、「開発人員の流動化」も挙げられます。システム開発プロジェクト（IoTも含む）は、人員の入れ替わりが激しい傾向にあります。常勤の正社員だけでなく、派遣社員が一時的に応援にきていたり、協力会社（システム外注先）も開発に関わっていたりすることがあります。つまり、期間限定のメンバーが多数派を占めることが珍しくありません。加えて、転職やメンタルの疾患などで急に離職するメンバーも出てきます。そのような状況において、新メンバー加入のたびに新マシンを購入（レンタル）し、メンバー脱退のたびにマシンを処分（返却や売却など）するというサイクルを延々とくり返すのは無駄が大きいと言えます。

そこで、利用開始も利用廃止も容易にできる上に、サービスの利用度合いに応じた費用負担で済ませられる「クラウドサーバ」を用いて開発環境を構築しようとする動きが出てきたわけです。

■ 開発環境としてのクラウド

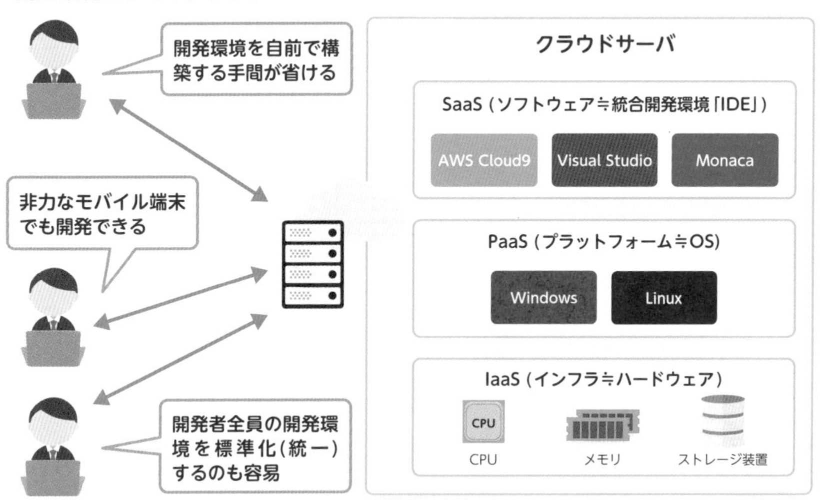

・「検証環境」としてのクラウド

「開発環境」だけでなく「検証環境」もクラウド化が進んでいます。

「検証環境」と一口に言ってもいろいろと目的が考えられます。特にプラットフォーム(OS種別、ソフトウェア、ライブラリ、及び、それらのバージョン)の差異がシステムの挙動に影響を及ぼす場合には、「検証環境」のクラウド化が威力を発揮します。たとえば、Webブラウザ上の表示はOS種別やWebブラウザ種別によって見え方が大きく異なることがあります。ある条件の環境では正常に表示されるのに、別の条件の環境では表示が乱れるということも起こりうるため、プラットフォームの差異を考慮した動作検証を行う必要があります。

「検証環境」のクラウド化を行う際には、動作検証に必要な条件(OS種別、ソフトウェア、ライブラリ、及び、それらのバージョン)を満たす環境を「仮想マシン」としてクラウドサーバ上にあらかじめ準備しておきます。そうすれば、「検証環境」の利用開始は仮想マシンを切り替えるだけで済みます。

■ 検証環境としてのクラウド

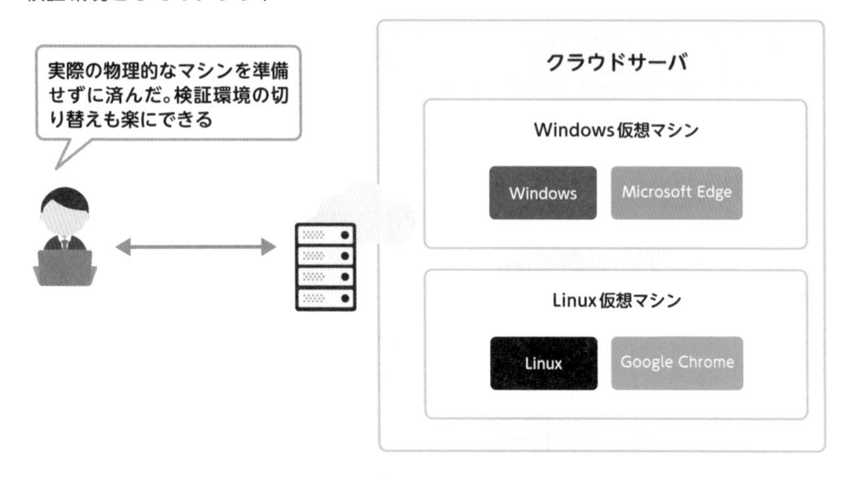

仮想マシンは、複製や復旧が容易であることも利点です。

動作検証においては、検証環境の状態を「初期状態」に戻してから検証し直したい場合が出てきます。その場合は、検証環境の「スクラップ＆ビルド」を迅速に行えることが大きなメリットになります。

■ 仮想マシンの複製と復旧

処置	説明
複製 （仮想マシンのクローンを作る）	・仮想マシンを複製しておけば、複数人で並行して動作検証を行うのが容易である ・物理マシンの場合、マシン台数が並行作業のボトルネックとなる
復旧 （特定時点の状態に戻す）	・仮想マシンの「スナップショット」機能を使えば、検証環境を元に戻すのは容易である ・物理マシンの場合、検証環境を「初期状態」に戻すのが困難である

仮想マシンの制約上、ハードウェアの仕様に深く依存するような動作検証は対応できません。ですが、状況に応じて、物理マシンだけでなく仮想マシンも併用することで、動作検証の効率性を高めることができるでしょう。

開発におけるクラウド利用の利点と欠点

「クラウド化」の利点を述べてきましたが、クラウドには欠点もあります。
クラウドの欠点は「インターネットに依存している」ことに起因します。

■ 開発におけるクラウド利用の利点と欠点

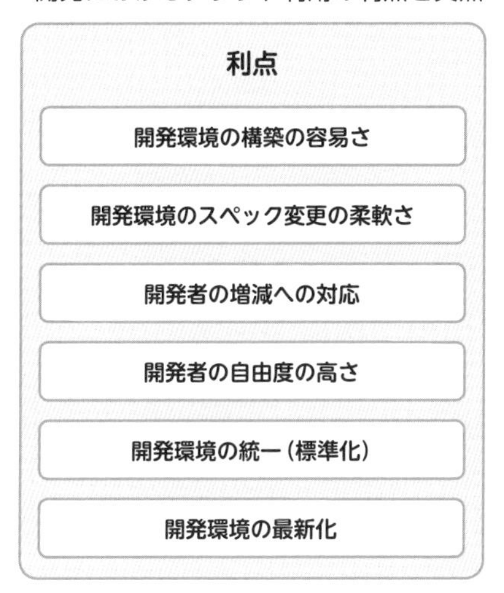

プロバイダーや通信回線において通信障害が発生すると、インターネットはつながりにくくなります。このような通信障害の場合は、スマートフォンによるテザリングなど、予備の通信手段を準備すれば、何とか回避できるかもしれません。しかし、**クラウドサーバの障害のリスク**もあります。クラウドサーバ自体がダウンしてしまえば、利用者側ではどうしようもありません。通信障害にせよ、クラウドサーバの障害にせよ、クラウドサーバに正常にアクセスできない状況に陥った途端に「開発環境」（または「検証環境」）が利用不能になる恐れがあります。障害が復旧するタイミングは神頼みであるため、たとえば、プロジェクトの期限間近に障害に遭遇すると開発現場が大混乱に陥るでしょう。

クラウド化した「開発環境」に特有の欠点としては「**サイバー攻撃を受けるリスク**」が挙げられます。オンプレミスのサーバよりも、外部に公開されているクラウドサーバの方がサイバー攻撃の標的となるリスクが高くなります。サイバー攻撃の対策ができなければ、情報漏洩などの恐れがあります。

クラウド対応の開発環境の具体例

開発環境のクラウド化に伴い、クラウド対応の「統合開発環境」(IDE: Integrated Development Environment) が使われるようになっています。従来の「オンプレミス」型の開発環境としてIDEは広く活用されてきました。そのIDEをクラウド化することにより、下記のメリットを得ることができます。

・利用端末に依存せず、Webブラウザのみでソースコードを記述、実行、デバッグできる。
・開発環境を構築する必要がないので、すぐに開発を始められる。
・クラウドベースのため、いつでもどこでも開発を行うことができる。

実際のところ、クラウド対応のIDEは歴史と実績がある「オンプレミス」型のIDEに比べると「**IDEの機能に制約がある**」という事実は否めません。たとえば、一般的な「Webブラウザ」をUI (User Interface) として用いるがゆえの制約が出てきます。機能的な制約を許容できるのであれば、クラウド対応のIDEは利用価値が高いと言えるでしょう。

クラウド対応のIDEの具体例を紹介しましょう。各IDEに共通する機能は「Webブラウザから利用できる」ことです。

■ クラウド対応の統合開発環境 (IDE) の具体例

■ クラウド対応の統合開発環境（IDE）の詳細

名称	説明
AWS Cloud9	・クラウド対応のIDEとして高い人気を誇る ・AWS関連サービス（AWS Lambdaなど）と親和性が高い
Eclipse Che	・「エクリプス・チェ」と発音する ・定番IDEの「Eclipse」のクラウド対応版である ・「Kubernetes」との連携機能を備えている
Monaca	・「HTML5ハイブリッドアプリ開発プラットフォーム」と称している ・iOSアプリ開発ができる
GitHub Codespaces	・Microsoft社の「Visual Studio Codespaces」が本IDEに統合された ・「Visual Studio Code」も利用できる
PaizaCloud	・「Webブラウザを開くだけで開発環境が立ち上がる」と言うことを売り文句としている ・開発環境（Linux）が立ち上がるまで約3秒

技術も人も激流のように変わりゆくIoTシステム開発のプロジェクトにおいては、クラウドが有する柔軟性や迅速性が効力を発揮します。ただし、クラウドはオンプレミスに比べると劣っている面（機能、性能、安定性など）があります。メリットとデメリットを天秤に掛けた上で、開発環境を「クラウド」にするか、あるいは、「オンプレミス」にするか決める必要があります。

まとめ

- **「開発人員の流動化」という背景があり、開発環境のクラウド化が進んでいる。検証環境のクラウド化も進んでいる**
- **クラウドの欠点は「クラウドがインターネットに依存している」ことに起因する**
- **クラウド対応の「統合開発環境」（IDE）はWebブラウザから利用できる**

45 デバイスプログラミング ～組込系プログラミング（ファームウェアの開発）～

IoTの盛り上がりとともに「組込系プログラミング」に挑戦し始めるソフトウェア技術者が増えています。「組込系」特有の落とし穴が多いため、一般的なソフトウェア開発と同じように考えていると大火傷を負いかねません。

プログラミング言語の意義

「プログラミング言語」と一口に言ってもさまざまな分類が考えられます。「**高級言語**」と「**低級言語**」という分類もあれば、「**インタプリタ型言語**」と「**コンパイラ型言語**」という分類もあります。言語の種類も「C言語」、「Python」、「Java」、「Ruby」、「C++」、「C#」、「PHP」等々と多種多様です。このように多種多様な「プログラミング言語」に共通しているポイントは「最終的には“機械語”に変換される」ということです。「機械語」は「マシン語」（machine language）とも呼ばれます。

■ プログラミング言語の働き

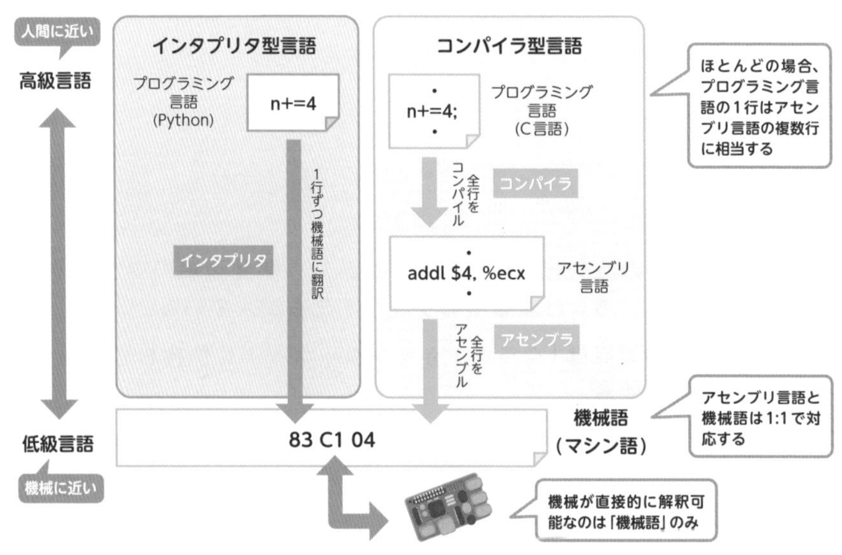

■「プログラミング言語」と「アセンブリ言語」と「機械語」

種類	説明
プログラミング言語	人間にとって可読性が高い自然言語形式である PythonやC言語などが該当する
アセンブリ言語	機械語の行と1対1で対応する"自然言語"形式である 機械語は数字の羅列であり、人間が読むのは困難であることから、機械語を読みやすく文字化しただけである。本質的には機械語と等しい
機械語 (マシン語)	数字の羅列である コンピュータ(電子計算機)が扱うデータは基本的に「2進数(0または1)」である。「2進数(0または1)」は電気信号の「電圧(LowまたはHigh)」と対応づけて表現できるため、電子計算機の処理に適している 実際には、「2進数」では桁数が多くなりがちであるため、機械語は「16進数」で記述されることが多い。「16進数」の1桁で「2進数」の4桁分を表現できる。たとえば、「2進数の1100」=「16進数のC」(=「10進数の12」)である

「機械が直接的に処理できるのは機械語のみ」という事実は重要です。極論すると、人間が機械語でプログラミングをすれば「**インタプリタ**」、「**コンパイラ**」、「**アセンブラ**」は不要です。それでも「プログラミング言語」が存在している意義は、機械語の「抽象化」にあります。

数字の羅列のみで構成される機械語を人間が解読するのは非常に困難であると言えます。機械語の解読だけでも難しいのに、機械語のプログラミング(編集やデバッグ)はさらに至難の業です。そこで、生の状態では扱いにくい(理解しにくい)機械語をプログラミング言語(自然言語)として抽象化することで、人間が扱いやすくします。たとえば、機械語の「83 C1 04」の意味は直感的にわかり難いですが、プログラミング言語の「n += 4」は「4を加算する」というニュアンスが一目でわかるはずです。

抽象化のさらなる利点として、1行のプログラミング言語で、複数行の機械語に相当する記述を表現することができます。換言すれば、複数行の機械語に相当する記述を抽象化して1行に整理した記述形式がプログラミング言語とも言えます。

一般的に、抽象度が高い高級言語ほどソースコードの行数が最小限で済む傾向にあります。つまり、人間のプログラミングの効率性が高いとも言えます。その反面、抽象度が高くなるにつれて、機械語に近い低級言語とかけ離れていくことになるため、機械語への変換時にオーバーヘッドが生じてしまい、機械の処理速度が低下してしまう傾向にあります。人間の生産性と機械の処理速度はトレードオフです。優先度に応じて、プログラミング言語を使い分ける必要があります。

組込系プログラミングに特有のポイント

組込系プログラミングに特有のポイントを整理しましょう。いろいろとポイントはありますが、一番重要なのは「**ハードウェア資源の制約が大きい**」ということです。IoTデバイスは大量にばらまかれる運用となるため、コストを考えると高価なコンピュータを使用できません。よって、「安い価格で、それなりの性能」のコンピュータを使うことになります。結果として、CPUやメモリなどの制約が厳しくなることから、負荷が高い処理を実行できなかったり、ソースコードの開発規模（ステップ数）が制限されたりすることになります。

■ 組込系プログラミングに特有のポイント

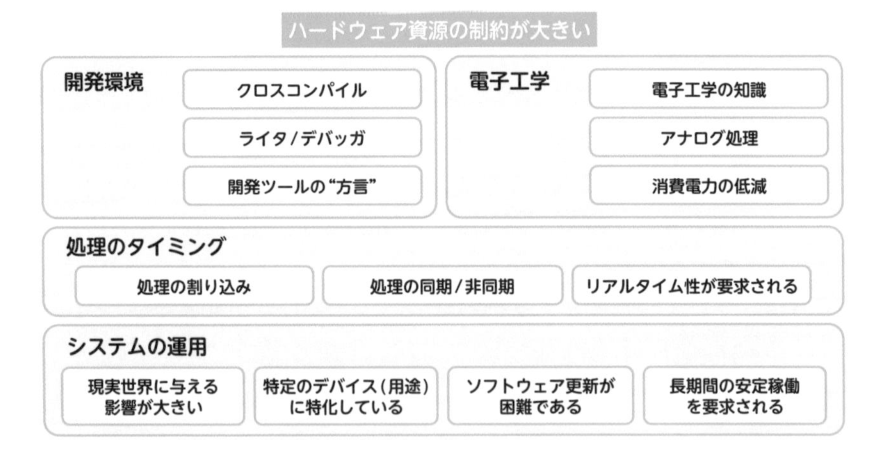

・**開発環境**

IoTデバイスの処理性能は高くないので、ソースコードの「コンパイル」のような負荷が高い処理は非常に長い時間を要してしまいます。そこで、高性能なコンピュータで「コンパイル」を済ませてしまい、その結果として生成されたバイナリファイルをIoTデバイスに書き込むことを「**クロスコンパイル**」(cross compile)と呼びます。

IoTデバイスにバイナリファイルを書き込む際には「**ライタ**」(writer)という装置を使います。この「ライタ」はIoTデバイスの動作確認(デバッグ)を行うための装置である「**デバッガ**」(debugger)を兼ねていることもあります。「ライタ/デバッガ」の具体例として、Microchip社のPICに対応している「PICkit 4」が挙げられます。

■ PICkit4

IoTデバイスに用いられるCPUにはさまざまな種類があり、そのCPUに応じて開発ツールもさまざまな種類があります。

開発ツール間の差異が大きいので、**開発ツールの"方言"**に留意する必要があります。たとえば、一般的に、組込系プログラミングには「C言語」が多用されますが、開発ツールで用いることが多いのは「純粋なC言語」(ISO認証を受けている「ANSI C」)ではなく、"方言"である「C言語の亜種」です。つまり、開発ツールがC言語(ANSI C)を独自に拡張しているのです。よって、開発ツール間で「C言語」のソースコードをそのまま移植しようとしてもうまくいかないことが多くあります。

・電子工学

ソフトウェア技術者は「**電子工学の知識**」に疎いことが多いです。しかし、電気信号を制御するIoTシステムの開発を考えると、最低限の知識（電流、電圧、消費電力、抵抗など）は習得すべきです。たとえば、「GPIO」（汎用的な入出力端子）をソフトウェアから制御する際には「プルアップ（pull-up）抵抗/プルダウン（pull-down）抵抗」の知識が必須です。

IoTデバイスの「**アナログ処理**」はソフトウェア技術者にとって鬼門です。たとえば、アナログの電気信号の「ノイズ（雑音）」に悩まされることがあります。アナログのセンサからデータを入力する場合には、アナログの電気信号を処理する必要があります。アナログの電気信号は外部からの「ノイズ」に脆弱であるため、センサからの配線を長くし過ぎると「ノイズ」が混入してしまい精度が低下してしまいます。

アナログの電気信号をコンピュータで処理するためには「A/D変換」（アナログをデジタルに変換すること）が必要です。この「A/D変換」は「サンプリングレート（Hz）」や「分解能（bit）」などの設定に絶妙なコツがいります。

消費電力の低減は、IoTデバイスの必須の前提です。負荷が高い処理を行う時以外はIoTデバイスを省電力状態に保つように、ソースコード上で下記のような工夫をすることが望ましいです。

・CPUクロック周波数を低下させる命令を適宜実行する。
・使用しない周辺装置（A/Dコンバータなど）へのクロック供給を停止する。
・使用しないI/OピンをLow出力に設定する。
・「間欠動作」に努める（例：処理の実行間隔を「10秒に1回」から「60秒に1回」に変更する）。

・処理のタイミング

IoTデバイスの典型的な運用パターンとして「普段は何もしない（sleep）状態のまま待機しているが、センサからの入力信号がトリガーとなって、しかるべき処理を実行する」という、待ち受け型の運用が考えられます。この運用を実現するためには「**処理の割り込み**」を使う必要があります。トリガーが発動したタイミングで、優先度の高い処理に切り替わるようにソースコードを実装する必要があります。

所定の処理を定期的に実行する「タイマ」(timer)は、「処理の割り込み」の応用技と言えます。

「処理の割り込み」に関連して「**処理の同期／非同期**」も重要になってきます。いわゆる「マルチタスクOS」搭載のIoTデバイスの場合は、複数の処理が並列で同時稼働することが考えられます。複数の処理間で「同期をとる」必要がある場合は、各処理のタイミングを調整しなければなりません。

IoTデバイスは「**リアルタイム性が要求される**」ことが多いため、組込系プログラミングは処理のタイミングがシビアにならざるを得ません。しかし、「ハードウェア資源の制約が大きい」という前提条件の下で「リアルタイム性」を充足するのは並大抵のことでありません。まさに、ソフトウェア技術者の腕が問われるところです。

・システムの運用

IoTデバイスは大量かつ広範囲に拡散することから、「**現実世界に与える影響が大きい**」と言えます。IoTデバイスによって機械装置を制御する場合を考えると、IoTデバイスの誤動作が機械装置の暴走につながる恐れを考慮しなければなりません。

組込系プログラミングは「**特定のデバイスや用途に特化している**」ことが多いです。すなわち、特定のIoTデバイス専用にソフトウェア開発することが多いです。IoTシステム開発の生産性を高めるために、下記の工夫を行うとよいでしょう。

- IoTデバイスごとにソースコード管理を徹底する。特に、ソースコードの「バージョン管理」は厳格に行わないと、客先にリリースされたソースコードの版(バージョン)がわからなくなってしまう。
- ソフトウェアを流用しやすくするため、共通的な処理(機能)を「ライブラリ」化する。

IoTデバイスは屋外で稼働することから「**ソフトウェア更新が困難である**」ことに留意しましょう。一般的な情報システムはバグ修正のために「パッチ」(patch)を適用します。しかし、僻地で稼働しているIoTデバイスに「パッチ」を適用しに行くのは現実的ではありません。IoTシステムのバグ修正は困難であることを肝に銘じる必要があります。

リリース以降のバグ修正が困難であるにもかかわらず、IoTデバイスは「**長期間の安定稼働が要求される**」ことになります。そこで、最新鋭の技術を使うのではなくて、あえて"枯れた"技術を使うのも一案となります。リリースしたばかりの最新技術は初期不良の恐れがあります。安定稼働の実績がある"枯れた"技術も選択肢として検討しましょう。

組込系プログラミングの注意点

組込系プログラミングの注意点は挙げ出したらキリがないのですが、最も重要なポイントは「**富豪プログラミングに陥らないようにする**」ことでしょう。IoTデバイスは「ハードウェア資源の制約が大きい」にもかかわらず、それを無視するかのように、ハードウェア資源(特にメモリ容量)を食い尽くすようなプログラミング(「富豪プログラミング」)をしてしまうことがあります。特に、高性能なコンピュータ上でのプログラミングに慣れきっているソフトウェア技術者に多い失敗です。

「富豪プログラミング」以外の、組込系プログラミングの注意点を挙げます。

■ 組込系プログラミングの注意点

「富豪プログラミング」に陥らないようにする

メモリ管理の徹底	動作環境の変化
コンパイラの最適化	CPUの"個性"
フェイルセーフ	暴走の抑止
ノイズ対策	割り込みの競合

■組込系プログラミングの注意点と詳細

名称	説明
メモリ管理の徹底	メモリリーク（メモリ解放漏れ）の抑止に努める
コンパイラの最適化	「コンパイラ」が未使用または不要であると見なした処理は「最適化」の一環として削除されてしまう場合がある。意図した実行結果を得られない場合は「最適化」を無効にする
フェイルセーフ	たとえば、データ書き込み中に「電源ブチ切り」された場合はデータ破損の恐れがある。「フェイルセーフ」（fail safe）の一環として、下記の工夫が考えられる ・データ破損を検知したらデフォルトのデータで復旧する ・データ破損のリスク低減のため、データ書き込みの頻度を必要最小限に留める
ノイズ対策	電気信号に混じるノイズ（チャタリング）によって誤動作するのを抑止する。たとえば、電圧の状態が一定時間継続することをチェックする
動作環境の変化	IoTデバイスは持ち運び可能であるため、設置場所を転々とする可能性がある。たとえば、無線通信環境が急に悪化する場合があるため、クラウドサーバとの通信が遮断されることを想定する必要がある
CPUの“個性”	“個性”の例として、CPUの種類によって「データ型サイズ」が異なる場合がある。「int（整数）型」変数のバイト長が「2Bytes」あるいは「4Bytes」となる。変数のサイズに依存する処理の場合は誤動作を招く要因となる
暴走の抑止	対策の例として、プログラムの暴走を検知するための「ウォッチドッグタイマー」（watch dog timer）を実装する
割り込みの競合	複数の割り込みが待機状態（互いの処理終了待ち）に入ったまま“手詰まり”となってしまう「デッドロック」を抑止する

まとめ

- **「プログラミング言語」は機械語（マシン語）を抽象化して、人間にとって扱いやすく（理解しやすく）したものである**
- **組込系プログラミングの前提として「ハードウェア資源の制約が大きい」ことが挙げられる**

46 IoTアプリケーション開発
～Webを活用したアプリ開発～

マクロミルの調査（2018年）によれば、スマートフォンのアプリの平均インストール数は「23個」だそうです。もはや、我々の日常生活にアプリは欠かせません。アプリを制する者がIoTを制するのです。

ネイティブアプリとWebアプリ

我々が日常会話で何気なく使っているIT用語として「アプリ」があります。「アプリ」は「アプリケーション」（application）の略語です。"application"という英単語は「応用」という意味です。「基本」（basic）のソフトウェアであるOSに対して、「応用」（application）の用途（目的）で使われるソフトウェアを指します。Microsoft WordやAdobe Photoshopなどが「アプリケーション」の代表例です。「アプリ」は利用形態によって「**ネイティブアプリ**」と「**Webアプリ**」に大別されます。「ネイティブアプリ」は「オンプレミス」型の利用形態であるのに対して、「Webアプリ」は「クラウド」型の利用形態と言えます。

■ネイティブアプリとWebアプリ

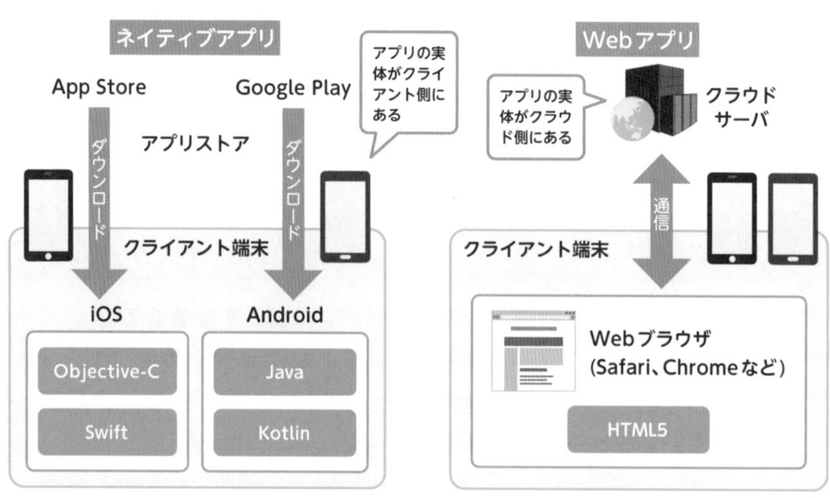

「ネイティブアプリ」はクライアント端末の筐体内で動作します。よって、「ネイティブアプリ」を利用するためには、アプリをダウンロードした後にクライアント端末にインストールする必要があります。そのような「ネイティブアプリ」を開発するためのプログラミング言語は、クライアント端末の種類によって異なります。換言すれば、クライアント端末に応じたプログラミング言語を習得する必要があります。

「Webアプリ」はクライアント端末ではなく、クラウドサーバ上で動作します。よって、「Webアプリ」を利用する場合には、アプリのダウンロードとインストールは必要ありません。一般的なWebブラウザがあれば、すぐに利用可能です。

「Webアプリ」を開発するためのプログラミング言語として活用例が増えてきているのは「**HTML5**」です。元々は「HTML」(HyperText Markup Language)はWebページのコンテンツを記述するための言語でした。その進化版と言える「HTML5」はWebページのコンテンツの記述に加えて「RIA」(Rich Internet Application)相当の機能が追加されています。RIAは、いわゆる「動きのあるホームページ」を実現するためのアプリです。RIAとして「Adobe Flash」や「Microsoft Silverlight」が有名でしたが、「HTML5」の普及につれて、その役目を終えようとしています。

HTML5の概要

従来から利用されてきた「HTML」のバージョンは「HTML 4.01」でした。「HTML 4.01」は静的なWebページのコンテンツ(いわゆる「動きのないホームページ」)を記述することはできました。しかし、下記のような機能を実現しようとすると、「HTML 4.01」だけではカバーしきれなかったのです。

- Webページに「動き」(アニメーション)を付ける。
- Webページの一部(可変値)を動的に更新する。
- ユーザーと双方向(インタラクティブ)なやり取りを行う。

上記のような機能を実現するためには、下記の作業を別途行う必要があり、ユーザーや開発者の負担になっていました。

・クライアント端末にRIAをインストールする。
・「PHP」や「Ajax」などのプログラミング言語による実装を行う。
　「Ajax」は「Asynchronous JavaScript + XML」の略であり、Webブラウザ内で非同期通信を行う。

上記の負担を解消すべく登場したのが「**HTML5**」です。「HTML5」は「HTML 4.01」の機能（静的なWebページのコンテンツの記述）に加えて、下記の新機能を実現した「HTML」の進化版です。

■ HTML5の概要

特徴	内容
セマンティクス Semantics	「SEO」（Search Engine Optimization: 検索エンジン最適化）対策のための構造化や意味づけを行う
オフラインストレージ Offline & Storage	「WebStorage」でローカルPCにデータ保存する
デバイスアクセス Device access	ローカルに保存しているデータにアクセス可能とする。「Geolocation API」など
コネクティビティ Connectivity	「WebSocket」でサーバとクライアント間の通信を行う
マルチメディア Multimedia	外部プラグインなしで動画や音声を再生可能とする
3Dグラフィックス&エフェクト 3D, Graphics & Effects	SVG、Canvas、WebGLを活用してグラフィカルな表示を行う
パフォーマンス&インテグレーション Performance & Integration	「Web Workers」を利用し、パフォーマンスを向上する
スタイリング Styling (CSS3)	従来の「CSS」（Cascading Style Sheet）の拡張版。画像の透過表示などに対応している

突き詰めれば、「**HTML5**」の狙いは「RIA」の置き換えにあると言われています。「HTML5」登場以前は、特定の有力IT企業のRIAが圧倒的なシェアを占めており、寡占状態になっていました。「動きがあるホームページ」は特定の企業に

よって囲い込みをされていたと言えるわけです。この囲い込みは「ベンダー・ロックイン」(vendor lock-in) とも呼ばれます。「ベンダー・ロックイン」は、インターネットの基本的思想である「オープンソース」(インターネットが何者かに独占や支配されてはならない) に反する状態です。「HTML5」は「ベンダー・ロックイン」の打破を念頭に置いています。

Webアプリ開発の注意点

IoTアプリケーションとして、「ネイティブアプリ」だけでなく「Webアプリ」が普及しています。「ネイティブアプリ」と「Webアプリ」を比較します。

■ ネイティブアプリとWebアプリの比較

比較対象	ネイティブアプリ	Webアプリ
アプリのインストール	利用開始前に、クライアント端末にインストールする必要がある	インストールは不要である。Webブラウザがあれば利用できる
アプリの更新	ユーザー全員のアプリを最新版に更新するのが困難である	クラウドサーバ上のアプリの実体を更新すれば済む
プログラミング言語の習得	クライアント端末の種別ごとにプログラミング言語を習得する たとえば、「Swift」(iOS用) と「Kotlin」(Android用) を習得する	クライアント端末の種別に依存しない「HTML5」を習得する
アプリ開発の工数 (コスト)	クライアント端末の種別ごとにアプリを開発するため、複数のアプリ開発を要する たとえば、iOS用アプリとAndroid用アプリを開発する	クライアント端末の種別に依存しないため、単一のアプリ開発で済む

「ネイティブアプリ」はクライアント端末に大きく依存するため、アプリ開発者にとって負担が大きいと言えます。「ネイティブアプリ」の煩雑さに比べると、「Webアプリ」は手軽に開発できます。上記の事情があり、IoTアプリケーション開発は「Webアプリ」が好まれつつあります。しかし、Webアプリ開発の注意点を押さえておくべきでしょう。クラウド (インターネット) やWebブラウザに依存する「Webアプリ」に特有の注意点があります。

■ Webアプリ開発の注意点の詳細

注意点	内容
通信障害	通信障害の場合でも「ACID特性」を担保する必要がある （「ACID特性」の詳細は**Sec.30**を参照）
オフライン時の運用	クライアント端末が通信不能の場合は「オフライン」（offline）状態となる。オフライン時であってもWebアプリの「縮退運転」（機能や性能が低下しても稼働し続けること）ができるようにすべきである
データのバックアップとリカバリ	クライアント端末の故障、あるいは、クラウドサーバ障害に伴うデータ喪失に備えて、クライアント端末とクラウドサーバの双方でバックアップをとる（可能ならば、定期的に自動実行する）ようにすべきである バックアップしたデータによって、Webアプリを確実に復旧（リカバリ）できることも確認すべきである
動作環境	**Sec.44**の「検証環境」の項で述べたように、Webアプリの動作環境（OSやWebブラウザなど）の差異に注意を払うべきである
キャパシティプラニング（capacity planning）	ネイティブアプリは各々のクライアント端末が処理を自己完結するため、性能面の問題が起きにくい。しかし、Webアプリはクラウドサーバによる集中処理であるため、同時アクセスするユーザーの総数が増えるにつれて、性能面の問題（レスポンスタイムの遅延など）が生じるリスクが高まる 「同時アクセスするユーザーの総数」の最悪値を事前に見積もった上で、アクセス集中への対応策をIoTシステム設計に盛り込むべきである
UX	UXは「User Experience」（ユーザー体験）の略であり、ユーザーの使い勝手や満足度を指す概念である IoTシステムの構成要素の中で、「Webアプリ」はユーザーにとって最も目に付きやすい。「Webアプリ」に不満点を感じると、顧客満足度への悪影響が大きいことに留意する必要がある UXの詳細は、拙著「UX（ユーザー・エクスペリエンス）虎の巻」（日刊工業新聞社）を参照
セキュリティ対策	クラウドサーバに対する「サイバー攻撃」への対応を行う必要がある。データや処理がクラウドサーバに集中するため、クラウドサーバがいったん「ハッキング」されてしまうと“一網打尽”にされるリスクがある 一般的な対応策として「アクセス権限の設定」や「ユーザー認証」などが挙げられる
「クラウド」特有のリスク	**Sec.44**で述べたように、Webアプリには「クラウド」（インターネット）に依存するゆえのリスクが生じる

「Webアプリ」は「ネイティブアプリ」にはない手軽さがあります。その反面、「ネイティブアプリ」では起こらないのに「Webアプリ」だからこそ起きる問題もあります。

「Webアプリ」の利便性や開発効率の高さは魅力的ですが、「Webアプリ」開発に特有の注意点を確実に押さえておく必要があります。

Amazon Deep Learning AMI

環境構築の労苦は計り知れません。その最たるものがディープラーニング用の環境構築です。筆者は膨大な数のインストールエラーに悩まされ続けました。「Amazon Deep Learning AMI」は地味な存在ですが、メリットは甚大です。

「Amazon Deep Learning AMI」は、Amazon社による深層学習(Deep Learning)用の「仮想イメージ」(仮想マシン用のOSデータ)です。"AMI"は「Amazon Machine Image」の略です。「Amazon Elastic Compute Cloud」(Amazon EC2)と呼ばれる「IaaS」向けに「Amazon Deep Learning AMI」を用いることができます。具体的には、「Amazon EC2」のインスタンス(仮想マシン)を作成する際に使用する「仮想イメージ」(AMI)として「Amazon Deep Learning AMI」を選択します。

「Amazon Deep Learning AMI」の中には、Deep Learning処理を行うのに必要なハードウェア一式(Deep Learning処理を加速化するGPUである"CUDA Core")やライブラリ一式(TensorFlowなど)、ソフトウェア一式(Pythonなど)、補助ツール一式(Jupyter Notebookなど)がそろっています。

まとめ

- **「アプリ」は利用形態によって「ネイティブアプリ」と「Webアプリ」に大別される**
- **「HTML5」は「HTML 4.01」の機能に加えて「RIA」相当の機能を実現した「HTML」の進化版である**
- **IoTアプリケーションとして「Webアプリ」を開発する場合は、「Webアプリ」特有の注意点を押さえるべきである**

デ―タ前処理とフィードバック ～ビッグデータの有効活用～

IoT社会は「データ洪水」の社会と言えます。IoTデバイスの爆発的増加に伴い、ビッグデータが"ビッグバン"を起こしています。データの不足よりもデータの処理法（活用法）の方が大きな課題となりつつあります。

データの価値を決める要因

ビッグデータ時代の到来もあって、データの重要性（価値）が叫ばれています。しかし、まずは「データの価値を決める要因」を明確にしなければ、データの価値判断ができません。データの価値を決める要因としては、「**ネットワーク外部性**」、「**経験曲線効果**」、「**先手必勝**」、「**見える化**」が挙げられるでしょう。

■ データの価値を決める要因

ネットワーク外部性

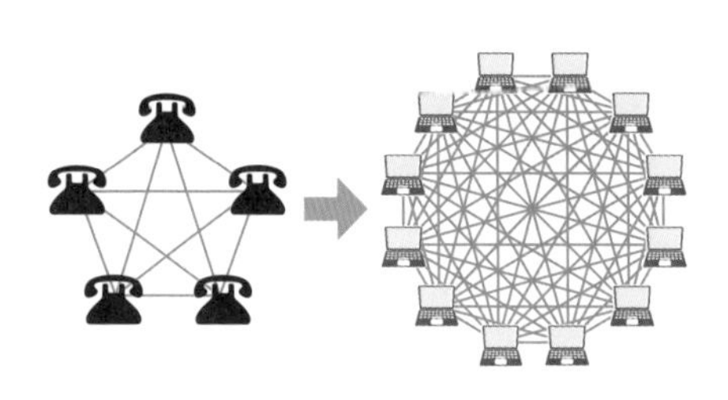

経験曲線効果

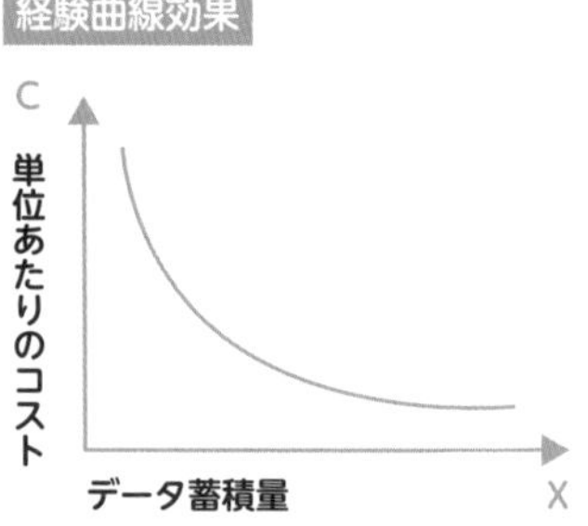

先手必勝

見える化

■ データの価値を決める要因の詳細

要因	詳細
ネットワーク外部性	「ユーザー数が増えるにつれて、ネットワーク（とそのデータ）の価値が増す」という性質を指す
経験曲線効果	「経験量（≒データ蓄積量）が増えるにつれて、コストを削減できる」という性質を指す
先手必勝	ライバルより先にデータを入手できることは「後出しジャンケン」ができるのに等しい
見える化	生のビッグデータは玉石混淆である。ビッグデータの中に潜む法則性を見出すことに真の価値がある

特に「ネットワーク外部性」は重要です。たとえば、商品の購買履歴データを考えると、"100人分"の購買履歴よりも"100万人分"の購買履歴の方がデータとしての価値は高くなります。母集団の数が大きいほどに統計分析の精度が向上するからです。

「経験曲線効果」も見逃せない観点です。データの蓄積は経験量の蓄積を意味します。「在庫管理の最適化」を例にして考えると、過去の「仕入れ量」と「売れ残り量」の履歴データが蓄積されるにつれて、「仕入れ量」を調整して無駄な在庫を抑制しやすくなります。

データ前処理の概要

生のビッグデータは「玉石混淆」であると述べましたが、それと同時に「ダイヤモンドの原石」でもあると言えます。原石は磨かなければ光らず、原石のままの状態では価値がありません。ビッグデータの研磨に相当する作業が「**データ前処理**」です。つまり、料理の仕込みのように、ビッグデータにも前段階の処理が必要となります。

「データ前処理」の例として、「**データクレンジング**」（データ洗浄）、「**異常値（外れ値）の排除**」が挙げられます。

生のビッグデータは統一感がなく不揃いなデータの集合であることが多くあります。生のビッグデータの「不揃いさ」を整えていく準備作業が「データ前処理」です。下記に示す通り、統計分析を阻害する「不揃いさ」を「データ前処理」で除去します。

・統計分析の際には、膨大なデータに対して項目の整列（昇順、降順）や集計（合計値や平均値などの算出）を行う。
・項目の整列や集計を行うにはデータの「不揃いさ」を排除する必要がある。
・生のビッグデータ（不揃い）のままでは、統計分析に適さない。
・「データ前処理」を行うことで、生のビッグデータの「不揃いさ」を排除する。

■ データ前処理の概要

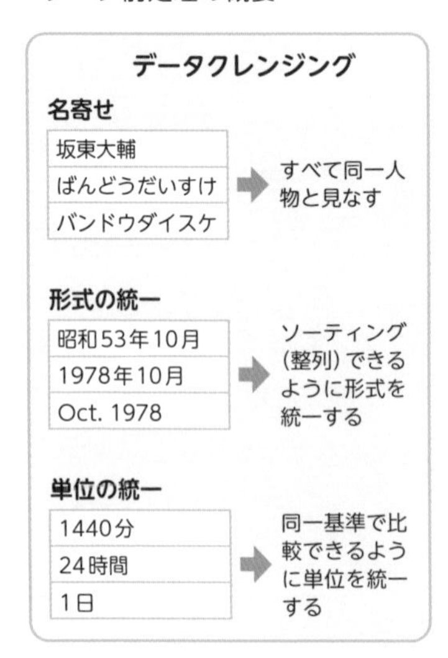

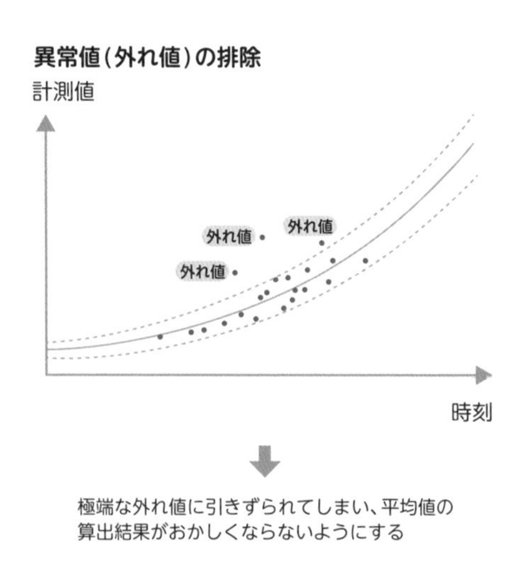

フィードバック制御の概要

「**フィードバック制御**」（feedback control）とは「入力」（Input）の変化に応じて「出力」（Output）を調整（最適化）する制御を指します。IoTにおける「フィードバック制御」の概要を示します。

IoTにおける「入力」（Input）の代表例は「各種センサ」です。それに対して、IoTにおける「出力」（Output）の例は多岐にわたります。人間のニーズの数だけ考え得るでしょう。「フィードバック制御」には「入力」と「出力」の間を仲介する制御役が必須です。IoTの場合、その制御役は「人工知能」（AI）になります。

人工知能がビッグデータの統計解析の結果に基づいて、IoTデバイスの挙動を制御（コントロール）します。従来の「フィードバック制御」とIoTにおける「フィードバック制御」との間には大きな違いがあります。従来の「フィードバック制御」は一定の入力に対して一定の出力しか返さないような“決め打ち”のフィードバックでした。それに対して、IoTにおける「フィードバック制御」は、人工知能が機械学習によって賢くなっていきます。つまり、ビッグデータの蓄積に伴って、フィードバックの精度が向上していきます。

■ フィードバック制御の概要

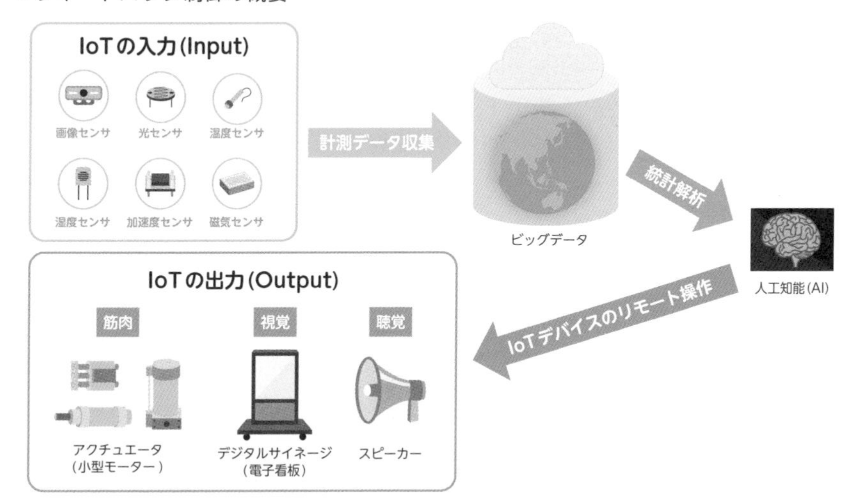

まとめ

- データの価値を決める要因は「ネットワーク外部性」、「経験曲線効果」、「先手必勝」、「見える化」が挙げられる
- 「データ前処理」の例として、「データクレンジング」、「異常値（外れ値）の排除」が挙げられる
- IoTにおける「フィードバック制御」の主役は「人工知能」（AI）である

48 システムの運用・保守
～セキュリティに留意したシステム～

IoTに限らず、情報システムは「運用・保守が9割」です。システムの寿命（運用年月）が長くなるほど、運用・保守の重要性が増します。各地に散在するIoTデバイスの刷新は困難であるため、IoTシステムは寿命が長くなりがちです。

IoTのセキュリティ上の脅威

一般的な情報システムと比べて、IoTはセキュリティ的に「攻められやすく守りにくい」です。屋外（僻地）で稼働することが多いIoTデバイスの性質上、「不特定多数の目に晒されやすい」（攻められやすい）のと同時に、「各地に分散したIoTデバイスに対策を施すのは困難である」（守りにくい）と言えます。

セキュリティ上の脅威と言うと「悪意の第三者（いわゆるクラッカー）が積極的に攻撃を仕掛けてくる」ようなイメージがあるかもしれません。しかし、実は、セキュリティ事故のほとんどは「ユーザーの過失」に起因しています。

■ IoTのセキュリティ上の脅威

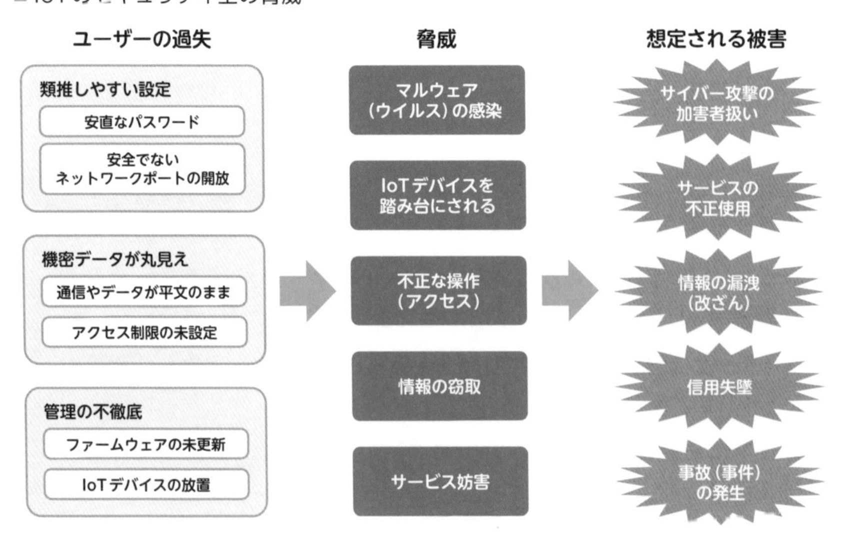

・**類推しやすい設定**

OSへのログイン用に「**安直なパスワード**」を設定してしまうと、クラッカーがIoTデバイスに容易に侵入できてしまいます。特に、Linuxの場合は管理者ユーザーの名称が“root”であることが多く、その“root”ユーザーのパスワードを見破られてしまうと、クラッカーに好き放題されてしまう恐れがあります。

「**安全でないネットワークポートの開放**」は、IoTデバイスと外部との通信の接点となる「ネットワークポート」(network port)の設定を「よく知られたポート番号」(“well-known ports”)のままにしておくことを指します。たとえば、SSH通信の場合、「22番ポート」が標準(デフォルト)の番号になります。標準の番号は誰でも知っているため、クラッカーが標的として真っ先に狙ってきます。

・**機密データが丸見え**

「**通信やデータが平文のまま**」だと、機密情報の漏洩リスクが高まります。通信の暗号化を行うことで通信の盗聴を抑止し、データの暗号化を行うことでIoTデバイスの紛失盗難時に機密を保持することができます。

「**アクセス制限の未設定**」のままでいると、機密度が高いデータを覗き見られたり改ざんされたりする恐れがあります。管理者以外のユーザーには必要最小限のファイル(フォルダ)へのアクセス権限しか与えないのが鉄則です。

・**管理の不徹底**

「**ファームウェアの未更新**」は、セキュリティ上の脆弱性の未対策につながります。脆弱性はファームウェアを更新することで解消することが多くあります。しかしながら、「ファームウェアを遠隔で更新する機能」を備えていないIoTデバイスが多いため、「ファームウェアの最新化」はIoTの大きな課題となっています。

「**IoTデバイスの放置**」は、不要になったIoTデバイスの稼働をそのまま放置してしまうことです。いわゆる「野良デバイス」の問題です。管理の行き届かない「野良デバイス」は、クラッカーにとっては絶好の“踏み台”となります。「野良デバイス」をサイバー攻撃のための拠点とされてしまうのです。

・マルウェア（ウイルス）の感染

IoTの普及に伴い、IoTに特化した「マルウェア」（malicious software「悪意あるソフトウェア」の略）が登場しています。一般的にイメージされる「（コンピュータ）ウイルス」は「マルウェア」の一種です。「ウイルス」は自己増殖（感染）機能を有する「マルウェア」となります。

IoTの「ウイルス」として有名になったのが「**Mirai**」です。「Mirai」が感染したIoTデバイスは「**ボット**」（サイバー攻撃の踏み台）と化して、ほかのコンピュータに「DDoS」（Distributed Denial of Service: 分散型サービス妨害）攻撃を仕掛けてしまいます。

■ ボットウイルスMiraiとDDoS攻撃

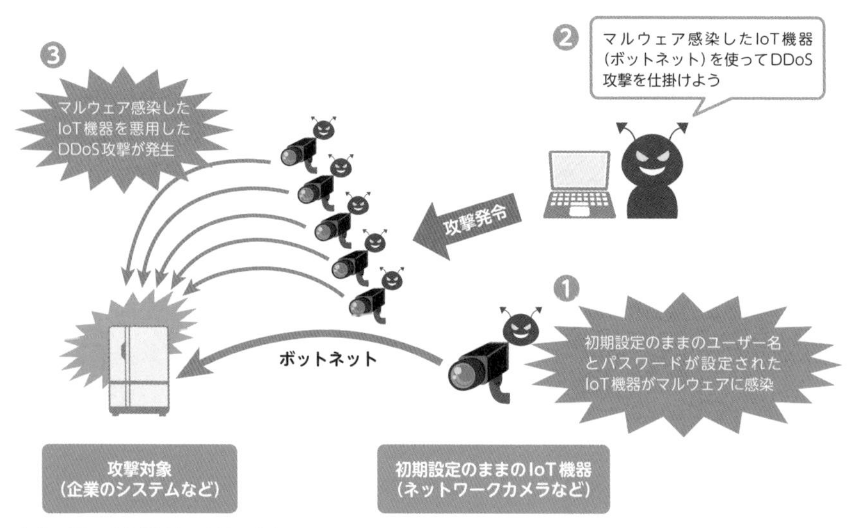

出典：「IPA 安心相談窓口だより」第16-13-359号

「Mirai」はユーザーの過失（安直なパスワード）を狙って、膨大な数のIoTデバイスを乗っ取りました。つまり、「Mirai」の蔓延は、セキュリティ対策が不十分なIoTデバイスが世の中に溢れていることの裏返しでもあるのです。人間が日常使用している「パソコン」と異なり、「野良デバイス」が「Mirai」に感染してしまうと“ゲリラ”化してしまいます。すなわち、攻撃元が特定しづらくなるのです。まさに「Mirai」はIoT時代に登場した“ゲリラ”です。

IoTのセキュリティ対策

攻められやすく守りにくいIoTデバイスは、セキュリティ上の脅威から防衛する必要があります。ですが、残念ながら、セキュリティ対策の特効薬はありません。

IoTのセキュリティ対策の一例を示します。

■ IoTのセキュリティ対策

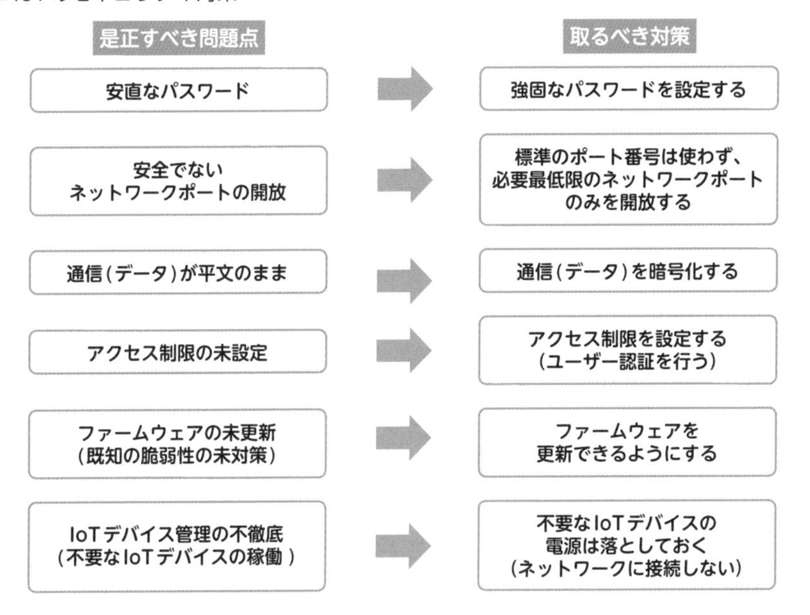

上記に列挙した対策を施せば完璧というわけではありません。せいぜい、風邪予防にたとえれば「うがい手洗い」レベルの話ですし、セキュリティ対策に完全な正解は存在しません。「やらないよりもやる方がずっとマシ」ということです。現実問題として、対策すれば「ずっとマシ」だとわかり切っているのに、未対策のままで放置し続けているからこそ、「Mirai」のような脅威にいったん晒されてしまうと大惨事が起きてしまうのです。「Mirai」の事例の場合、「安直なパスワード」の対策ができていれば、「Mirai」に感染せずに済んでいたことが判明しています。要するに「うがい手洗い」レベルの話がセキュリティ対策の決め手だったわけです。

◎ IoTシステムの運用・保守の注意点

IoTデバイスは「広範囲にわたって、膨大な台数が散在する」運用が多いことから、運用・保守が一筋縄にはいきません。

IoTシステムの運用・保守の注意点をまとめてみましょう。

■ IoTシステムの運用・保守の注意点

注意点	説明
「野良デバイス」を放置しない	「野良デバイス」は"クラッカー"の踏み台にされる恐れがある。セキュリティ対策（ファームウェア更新など）やデバイス管理を一元的に行えるように、IoTデバイスは遠隔操作機能を備えることが望ましい
障害発生時のトラブルシュート	障害発生時に対応するための手段を事前に検討しておくべきである。検討すべき事項の例として下記が挙げられる ・障害発生の通知手段（クラウドへのアラート送信など） ・障害の原因調査の手段（ログ出力など） ・システムのリカバリ手段（データの自動バックアップなど）
運用・保守の体制（責任範囲）の明確化	IoTシステムは多数の企業（センサの製造企業、コンピュータの製造企業、通信装置の製造企業、無線ネットワーク回線の事業者、クラウドサービス事業者など）が横断的に関係し合うことになる。よって、IoTシステム全体としての運用・保守の体制（換言すれば、各社が担うべき「責任範囲」）を明確にすべきである。さもないと、障害発生時に「責任のなすり合い」が生じて、問題解消が遅れる恐れがある
ヒートランテスト（エージングテスト）の実施	IoTデバイスはいったん本番稼働（本格運用）に突入すると「リコール」（回収）が困難なので、本番稼働の前に「ヒートランテスト」（エージングテスト）を入念に行うべきである。「ヒートランテスト」は、IoTデバイスを長時間連続で駆動させても問題が出ないことを確認するためのテストである IoTデバイスは電源オンした後に「24時間365日」ずっと稼働し続ける運用が多いことから、IoTデバイスが動作途中で異常終了しないことを確認する。短時間稼働では問題ないのに、長時間稼働になると、下記のような不具合が顕在化することがあるので要注意である ・プログラムのバグ（メモリリークなど） ・OSの不具合（常駐サービスの異常終了など） ・ストレージの空き容量の逼迫
フェイルソフト（fail soft）	障害発生時に機能縮小（性能低下）してでも、システムの動作を継続する「縮退運転」を指す たとえば、通信障害時に、IoTデバイスがクラウド連携できない場合にはスタンドアロン動作に切り替わるようにする

フェイルセーフ (fail safe)	障害発生時に、システムを「安全側」に制御することを指す。たとえば、下記のしくみが該当する ・バッテリー残量逼迫時に、システムを自動的にシャットダウンする（「電源ブチ切り」によるデータ破損を抑止するため） ・プログラムの暴走を検知するために、「ウォッチドッグタイマー」を設定する（システムがフリーズしたらリセットをかけられるようにするため）
天変地異への対応	IoTデバイスは過酷な環境の野外で稼働することが多いことから、天変地異の影響を受けやすい。たとえば、川沿いに設置したIoTデバイスが洪水で流失することが考えられる。端的に言うと、IoTデバイスは「固定資産ではなく消耗品である」ことを前提にすべきである
「悪意の第三者」への対応	IoTデバイスは不特定多数の目に晒されることが多いため、「悪意の第三者」（“クラッカー”）に狙われやすい。ハッキングされたり、マルウェア（ウイルス）をばらまかれたりするリスクが一般的な情報システム以上に大きいことを肝に銘じる必要がある

上記を見るとやるべきことや留意すべきことが多いので、IoTシステムの運用・保守を行う気が失せてしまうかもしれません。大事なポイントを突き詰めると「転ばぬ先の杖」を心がけようということです。IoTシステムはいったん障害発生してしまうと、一般的な情報システムよりも復旧が難しくなりがちです。転んだ後に杖（予防策や復旧策）を準備するのでは遅すぎるでしょう。絶対に転ばないのは不可能ですが、転ぶ前に「杖」を準備しておけば、転びにくくなる、あるいは、転んだとしても起き上がりやすくなるのは確実です。

まとめ

- **セキュリティ事故のほとんどは「ユーザーの過失」に起因する**
- **セキュリティ対策に「100点満点」はあり得ないが「合格最低点」は目指す必要がある**
- **IoTシステムの運用・保守の鉄則は「転ばぬ先の杖」を心がけることである**

参考文献

(本書全体を通じて)

- Raspberry Piの画像は、Raspbian財団の公式サイト
  https://www.raspberrypi.org
- Arduinoの画像は、Arduinoの公式サイト
  https://www.arduino.cc
- 「ケータイWatch」
  https://k-tai.watch.impress.co.jp
- 総務省 ICTスキル総合習得プログラム
  https://www.soumu.go.jp/ict_skill/

1章　IoT開発とは

- 「国内IoTインフラストラクチャ市場予測を発表」
  https://www.idc.com/getdoc.jsp?containerId=prJPJ45972020
- Industrie 4.0 - 国立研究開発法人 科学技術振興機構
  https://www.jst.go.jp/crds/pdf/2014/FU/DE20140917.pdf
- 「IPA 独立行政法人 情報処理推進機構」
  https://www.ipa.go.jp
- 「OODA LOOP(ウーダループ)―次世代の最強組織に進化する意思決定スキル」
  チェット リチャーズ (著), 原田 勉 (翻訳) 東洋経済新報社
- ISO9241-210
  https://www.iso.org/standard/77520.html
- 「The Definition of User Experience (UX)」
  https://www.nngroup.com/articles/definition-user-experience/
- スマートロックに締め出され、東京で朝までスマホも財布もなしでサバイバルした話
  https://www.gizmodo.jp/2019/06/smartlock-lock-out-goodby-gafam.html
- イメージセンサ「Raspberry Pi Camera Module V2」
  https://www.amazon.co.jp/dp/B01ER2SKFS/
- 音センサ「The Grove - Loudness Sensor」
  https://www.amazon.co.jp/dp/B00VYA0OPQ/
- 圧力センサ「Interlink Electronics 1.5″ Square 20N FSR」
  https://www.phidgets.com/?tier=3&catid=6&pcid=4&prodid=209
- 「においセンサ　TGS2450」
  http://akizukidenshi.com/catalog/g/gP-00989/
- FPGAボード「Xilinx Spartan-6 FGG484 FPGAボード (XCM-019-LX45)」
  https://www.amazon.co.jp/dp/B00N3LJBSK
- 無線設計ガイダンス：ネットワークトポロジーの検討
  https://techweb.rohm.co.jp/iot/knowledge/iot03/s-iot03/02-s-iot03/3251
- 総務省｜平成29年版 情報通信白書｜LPWA
  https://www.soumu.go.jp/johotsusintokei/whitepaper/ja/h29/html/nc133220.html
- 手作りIoTからの脱却！IoT専業ベンダーによる、
  IoT技術者を目指す方のためのテクノロジーセミナー、開催決定！
  https://iotnews.jp/archives/92394
- IoT & Consulting
  https://www.executive-link.co.jp/column/735/
- アップル型垂直統合の次は「シェア型水平分業」が来る？
  https://diamond.jp/articles/-/137729
- Architectural Styles and the Design of Network-based Software Architectures
  https://www.ics.uci.edu/~fielding/pubs/dissertation/top.htm
- 「一般社団法人 データサイエンティスト協会」
  https://www.datascientist.or.jp
- 「Google Cloud MSPイニシアチブ」
  https://cloud.google.com/partners/msp-initiative/?hl=ja
- Microsoft Azure マネージドサービス | SBテクノロジー (SBT)
  https://www.softbanktech.co.jp/service/list/microsoft-azure/managed-service/
- GCP総合支援サービス「カスタマーサービス」
  https://www.cloud-ace.jp/service/support/
- 「電波法 - 総務省 電波利用ホームページ」
  https://www.tele.soumu.go.jp/horei/reiki_honbun/a720010001.html
- 「総務省 HOME＞無線基準認証制度＞制度の概要」
  https://www.tele.soumu.go.jp/j/sys/equ/tech/index.htm
- 「Bluetooth公式サイト Bluetoothで開発＞製品の品質保証」
  https://www.bluetooth.com/ja-jp/develop-with-bluetooth/qualification-listing/
- 「IoT推進コンソーシアム」
  http://www.iotac.jp

2章　IoTデバイスとセンサ

- 「Cisco The Internet of Everything」
  https://www.cisco.com/c/dam/global/en_my/assets/ciscoinnovate/pdfs/IoE.pdf
- 「加速度＆ジャイロセンサー MPU6050」
  https://makers-with-myson.blog.ss-blog.jp/2016-04-04
- 「GPS受信機キット　1PPS出力付き　「みちびき」3機受信対応」
  http://akizukidenshi.com/catalog/g/gK-09991/
- 「超音波距離センサー　HC-SR04」
  http://akizukidenshi.com/catalog/g/gM-11009/
- 「土壌湿度センサ　YL-69」
  http://yamada.daiji.ro/blog/?p=953
- 「3軸加速度センサモジュール　KXR94-2050」
  http://akizukidenshi.com/catalog/g/gM-05153/
- SPI通信の使い方
  http://www.picfun.com/f1/f05.html
- UARTの仕様
  https://mono-wireless.com/jp/tech/Hardware_guide/QA_UART.html
- 「いろいろなマイコンの低消費電力モードを理解する」
  https://ednjapan.com/edn/articles/1607/21/news009_2.html
- 「Microchip PIC16F87/88 Data Sheet」
  http://akizukidenshi.com/download/ds/microchip/PIC16F88.pdf
- 「ソフトバンク傘下のプロセッサ企業、英ARMもファーウェイとの取引停止か」
  https://www.newsweekjapan.jp/stories/world/2019/05/arm.php
- より進化したマイコンボード「BeagleBone Black」
  https://www.rs-online.com/designspark/picavrno-1
- 最新のAIパワーを無数のデバイスへ - NVIDIA Jetson Nano
  https://www.nvidia.com/ja-jp/autonomous-machines/embedded-systems/jetson-nano/
- Teach, Learn, and Make with Raspberry Pi – Raspberry Pi
  https://www.raspberrypi.org
- Intel Neural Compute Stick 2 | Intel Software
  https://software.intel.com/en-us/neural-compute-stick
- 「SparkFun GPS Logger Shield」
  https://www.sparkfun.com/products/9487?
- 「CANDY Pi Lite」
  https://www.candy-line.io/製品一覧/candy-pi-lite/
- エッジコンピューティングとは - 日本 | IBM
  https://www.ibm.com/jp-ja/cloud/what-is-edge-computing
- 「今学ぶべきプログラミング言語ランキング【2020年最新版】」
  https://blog.codecamp.jp/programming-ranking
- ISO/IEC 9899:2011 Information technology — Programming languages — C
  https://www.iso.org/standard/57853.html
- ISO/IEC 14882:2017 Programming languages — C++
  https://www.iso.org/standard/68564.html
- C# 関連のドキュメント
  https://docs.microsoft.com/ja-jp/dotnet/csharp/csharp
- あなたとJava
  https://www.java.com/ja/

- JavaScriptとは
  https://developer.mozilla.org/ja/docs/Learn/JavaScript/First_steps/What_is_JavaScript

3章 通信技術とネットワーク環境

- 固定IPアドレスMVNO「イプシム」- グローバルIP固定割当の格安SIM
  https://ipsim.net
- sakura.io
  https://sakura.io
- データ通信サービス SORACOM Air
  https://soracom.jp/services/air/
- 5分で絶対に分かるZigBee ー @IT
  https://www.atmarkit.co.jp/frfid/special/5minzb/01.html
- ICTをささえる近距離無線通信技術 - 総務省
  https://www.soumu.go.jp/soutsu/hokuriku/img/resarch/children/houkokusho/section2.pdf
- 第648回：Wi-SUNとは - ケータイWatch
  https://k-tai.watch.impress.co.jp/docs/column/keyword/632876.html
- みまもりほっとライン | 象印マホービン株式会社
  https://www.mimamori.net/
- ZEH（ネット・ゼロ・エネルギー・ハウス）に関する情報公開について
  https://www.enecho.meti.go.jp/category/saving_and_new/saving/general/housing/index03.html
- ECHONET
  https://echonet.jp
- 第95回「LTE」の話
  https://www.hitachi-systems-ns.co.jp/column/95.html
- いまさら聞けない「LTE」っていったい何？
  https://www.au.com/mobile/area/4glte/800mhz/whatlte/
- LTE-Advanced
  https://www.nttdocomo.co.jp/corporate/technology/rd/tech/4g/
- 「LTE-Advanced」ってどこが進化するの
  https://xtech.nikkei.com/dm/article/COLUMN/20130402/274611/
- 5G（第5世代移動通信システム）| 企業情報 | NTTドコモ
  https://www.nttdocomo.co.jp/corporate/technology/rd/tech/5g/
- 5G | エリア：スマートフォン | au
  https://www.au.com/mobile/area/5g/
- SoftBank 5G | スマートフォン・携帯電話 | ソフトバンク
  https://www.softbank.jp/mobile/special/softbank-5g/
- ローカル5G導入に関するガイドライン - 総務省
  https://www.soumu.go.jp/main_content/000659870.pdf
- LPWAの概要
  https://www.soumu.go.jp/main_content/000531436.pdf
- ブルートゥース テクノロジーウェブサイト
  https://www.bluetooth.com/ja-jp/
- Bluetooth Low Energy（BLE）入門――なぜBLEは世界で愛用されるのか
  https://eetimes.jp/ee/articles/1703/01/news005.html
- iBeaconとは
  https://techweb.rohm.co.jp/iot/knowledge/iot02/s-iot02/04-s-iot02/3896
- WebSockets - MDN - Mozilla
  https://developer.mozilla.org/ja/docs/Web/API/WebSockets_API
- IPA 独立行政法人 情報処理推進機構：情報セキュリティ
  https://www.ipa.go.jp/security/

4章 IoTデータの処理と活用

- Extensible Markup Language (XML) 1.0 (Fifth Edition)
  https://www.w3.org/TR/xml/
- JSONの紹介
  https://www.json.org/json-ja.html
- The JavaScript Object Notation (JSON) Data Interchange Format
  https://tools.ietf.org/html/rfc8259
- NoSQLとは？（NoSQLデータベースの解説とSQLとの比較）| AWS
  https://aws.amazon.com/jp/nosql/
- CAP定理 - IBM Cloud
  https://cloud.ibm.com/docs/services/Cloudant/guides?topic=cloudant-cap-theorem&locale=ja
- Graph Databases for Beginners: ACID vs. BASE Explained
  https://neo4j.com/blog/acid-vs-base-consistency-models-explained/
- ACID versus BASE for database transactions - John D. Cook
  https://www.johndcook.com/blog/2009/07/06/brewer-cap-theorem-base/
- Memcached - a distributed memory object caching system
  https://memcached.org
- Amazon DynamoDB（マネージドNoSQLデータベース）| AWS
  https://aws.amazon.com/jp/dynamodb/
- Neo4j Graph Platform – The Leader in Graph Databases
  https://neo4j.com
- 3. Cassandraの概要　Cassandra管理者ガイド 第15版
  2018-12-01 intra-mart Accel Platform
  https://www.intra-mart.jp/document/library/iap/public/imbox/cassandra_administrator_guide/texts/about/index.html
- HBaseを触ってみよう(1/5)：CodeZine（コードジン）
  https://codezine.jp/article/detail/6940
- Investing In Big Data: Apache HBase
  https://blogs.apache.org/hbase/entry/investing_in_big_data_apache
- MongoDB: The most popular database for modern apps
  https://www.mongodb.com
- Couchbase: Best NoSQL Cloud Database Service
  https://www.couchbase.com
- The Four V's of Big Data
  https://www.ibmbigdatahub.com/infographic/four-vs-big-data
- Apache Sparkとは何か――使い方や基礎知識を徹底解説
  https://www.atmarkit.co.jp/ait/articles/1608/24/news014.html
- 人工知能学会(The Japanese Society for Artificial Intelligence)
  https://www.ai-gakkai.or.jp
- AlphaGo | DeepMind
  https://deepmind.com/research/case-studies/alphago-the-story-so-far
- 「ドロップアウト」の図の引用元の論文
  http://jmlr.org/papers/volume15/srivastava14a/srivastava14a.pdf
- Using large-scale brain simulations for machine learning and A.I.
  https://googleblog.blogspot.com/2012/06/using-large-scale-brain-simulations-for.html
- オートエンコーダ/自己符号化器 - MATLAB & Simulink
  https://jp.mathworks.com/discovery/autoencoder.html
- Keras Documentation
  https://keras.io/ja/
- 柔軟性の高いディープラーニングのために簡単に使用できるプログラミングインターフェイスGluonのご紹介
  https://aws.amazon.com/jp/blogs/news/introducing-gluon-an-easy-to-use-programming-interface-for-flexible-deep-learning/
- The Microsoft Cognitive Toolkit - Microsoft Research
  https://www.microsoft.com/en-us/research/product/cognitive-toolkit/?lang=fr_ca
- scikit-learn: machine learning in Python.
  https://scikit-learn.org/stable/
- ONNX
  https://onnx.ai
- 統計・機械学習の専門用語
  https://www.iwass.co.jp/column/column-10.html

5章 クラウドの活用

- The NIST Definition of Cloud Computing - NIST Page
  https://nvlpubs.nist.gov/nistpubs/Legacy/SP/nistspecialpublication800-145.pdf

- AWS IoT Core（デバイスをクラウドに接続）| AWS
https://aws.amazon.com/jp/iot-core/
- AWS IoT Device Management
（IoTデバイスのオンボード、編成、リモート管理）| AWS
https://aws.amazon.com/jp/iot-device-management/
- AWS IoT Device Defender（IoTデバイスのセキュリティ管理）| AWS
https://aws.amazon.com/jp/iot-device-defender/
- AWS Lambda（イベント発生時にコードを実行）| AWS
https://aws.amazon.com/jp/lambda/
- Amazon API Gateway（規模に応じたAPIの作成、維持、保護）| AWS
https://aws.amazon.com/jp/api-gateway/
- 昨今注目される新たなクラウドアーキテクチャ「FaaS」とは
https://knowledge.sakura.ad.jp/15940/
- コレ1枚で分かる「サーバレスとFaaS」
https://www.itmedia.co.jp/enterprise/articles/1701/16/news026.html
- サーバーレスにするとアプリ開発が大変に！？
https://xtech.nikkei.com/it/atcl/column/17/062000249/062000002/
- なぜサーバーレスが注目されているのか？
ゼロから学ぶサーバーレスアーキテクチャ（FaaS）入門
https://mmmcorp.co.jp/column/serverless/
- AWS IoT Analytics（IoTデバイスの分析）| AWS
https://aws.amazon.com/jp/iot-analytics/
- Amazon QuickSight
（あらゆるデバイスからアクセス可能な高速BIサービス）| AWS
https://aws.amazon.com/jp/quicksight/
- Amazon 深層学習 AMI - Amazon Web Services
https://aws.amazon.com/jp/machine-learning/amis/
- Jupyter Notebook
https://jupyter.org
- Google Colaboratory
https://colab.research.google.com/
- AWS DeepLens（深層学習に対応したビデオカメラ）| AWS
https://aws.amazon.com/jp/deeplens/
- Amazon SageMaker
（機械学習モデルを大規模に構築、トレーニング、デプロイ）| AWS
https://aws.amazon.com/jp/sagemaker/
- AWS IoT Greengrass
（AWSをエッジデバイスへシームレスに拡張）| AWS
https://aws.amazon.com/jp/greengrass/

6章　IoT開発の事例

- ザイリンクス - Adaptable. Intelligent.
https://japan.xilinx.com
- 1076-2008 - IEEE Standard VHDL Language Reference Manual
https://standards.ieee.org/standard/1076-2008.html
- 1364-2005 - IEEE Standard for Verilog Hardware Description Language
https://standards.ieee.org/standard/1364-2005.html
- 62530-2011 - SystemVerilog Unified Hardware Design, Specification, and Verification Language
https://ieeexplore.ieee.org/servlet/opac?punumber=5944938
- 1666.1-2016 - IEEE Standard for Standard SystemC(R) Analog/Mixed-Signal Extensions Language Reference Manual
https://standards.ieee.org/standard/1666_1-2016.html
- AIコンピューティングカンパニー - NVIDIA
https://www.nvidia.com/ja-jp/about-nvidia/ai-computing/
- Hardware-Software Codesign
https://www.sciencedirect.com/topics/computer-science/software-codesign
- Requirements for Internet Hosts -- Communication Layers
https://tools.ietf.org/html/rfc1122
- Internet Protocol, Version 6 (IPv6) Specification
https://tools.ietf.org/html/rfc2460
- Transmission of IPv6 Packets over IEEE 802.15.4 Networks
https://tools.ietf.org/html/rfc4944
- RPL: IPv6 Routing Protocol for Low-Power and Lossy Networks
https://tools.ietf.org/html/rfc6550
- SOAP Version 1.2 Part 0: Primer (Second Edition)
https://www.w3.org/TR/soap12-part0/
- The Constrained Application Protocol (CoAP)
https://tools.ietf.org/html/rfc7252
- AMQP: Home
https://www.amqp.org
- XMPP | XMPP Main
https://xmpp.org
- ActiveMQ
https://activemq.apache.org
- Messaging that just works — RabbitMQ
https://www.rabbitmq.com
- AWS Cloud9（Cloud IDEでコードを記述、実行、デバッグ）
https://aws.amazon.com/jp/cloud9/
- Eclipse Che | Eclipse Next-Generation IDE for developer teams
https://www.eclipse.org/che/
- GitHub Codespaces
https://visualstudio.microsoft.com/ja/services/visual-studio-codespaces/
- Monaca - HTML5ハイブリッドアプリ開発プラットフォーム
https://ja.monaca.io
- クラウド開発環境PaizaCloudクラウドIDE - クラウドIDEでWeb開発!
https://paiza.cloud/ja/
- MPLAB PICkit 4インサーキットデバッガユーザガイド
http://ww1.microchip.com/downloads/jp/DeviceDoc/50002751C_JP.pdf
- HTML5
https://www.w3.org/TR/2018/SPSD-html5-20180327/
- ISO 8601 DATE AND TIME FORMAT
https://www.iso.org/iso-8601-date-and-time-format.html
- IoTの発達がまねいた史上最悪のDDoS
https://japan.zdnet.com/extra/arbornetworks_201805/35119509/

索引 Index

数字・アルファベット

あ行

か行

さ行

た行

な行・は行

ま行

ら行・わ行

著者紹介

坂東大輔（ばんどうだいすけ）

坂東技術士事務所 代表
(https://www.bando-ipeo.com/)
連絡先 daisuke@bando-ipeo.com

生　年：1978年生まれ。徳島県（阿南市）生まれの神戸市育ち。
学　歴：神戸大学経営学部卒 → 信州大学大学院工学系研究科（情報工学の修士号を取得）
職　歴：サラリーマン（日立ソリューションズ）→ 会社役員（ITベンチャー）→ 個人事業主（ITコンサルタント）
資　格：計24種保持。技術士（情報工学部門）、中小企業診断士、通訳案内士（英語）、情報処理安全確保支援士など。
著　書：「UX（ユーザー・エクスペリエンス）虎の巻」、「2時間でざっくりつかむ！ 中小企業の「システム外注」はじめに読む本」、「英語嫌いのエンジニアのための技術英語」
趣　味：パワースポット巡り（日本全国一の宮102社完拝など）
自己PR：「技術士 = 技術（Engineering）+ 士（SAMURAI）」ということで、"Engineering SAMURAI"と名乗りを上げている。社会人大学院で情報工学の修士号を取得し、ベンチャー企業の取締役CTOの経験もあり、アカデミックとビジネスの双方に通じる。

- 装丁 ……… 井上新八
- 本文デザイン ……… BUCH+
- 本文イラスト ……… リンクアップ
- 編集／DTP ……… リンクアップ
- 担当 ……… 矢野俊博

■お問い合わせについて
- ご質問は本書に記載されている内容に関するものに限定させていただきます。本書の内容と関係のないご質問には一切お答えできませんので、あらかじめご了承ください。
- 電話でのご質問は一切受け付けておりませんので、FAXまたは書面にて下記問い合わせ先までお送りください。また、ご質問の際には書名と該当ページ、返信先を明記してくださいますようお願いいたします。
- お送りいただいたご質問には、できる限り迅速にお答えできるよう努力いたしておりますが、お答えするまでに時間がかかる場合がございます。また、回答の期日をご指定いただいた場合でも、ご希望にお応えできるとは限りませんので、あらかじめご了承ください。
- ご質問の際に記載された個人情報は、ご質問への回答以外の目的には使用しません。また、回答後は速やかに破棄いたします。

■問い合わせ先
〒162-0846
東京都新宿区市谷左内町21-13
株式会社技術評論社 書籍編集部
「図解即戦力　IoT開発がこれ1冊でしっかりわかる教科書」係
FAX：03-3513-6167
技術評論社ホームページ
https://book.gihyo.jp/116/

図解即戦力
IoT開発がこれ1冊でしっかりわかる教科書

2020年12月3日　初版　第1刷発行

著　者　坂東　大輔
発行者　片岡　巌
発行所　株式会社技術評論社
東京都新宿区市谷左内町21-13
電話　03-3513-6150　販売促進部
　　　03-3513-6160　書籍編集部
印刷／製本　株式会社加藤文明社

ISBN978-4-297-11692-7 C3055　　Printed in Japan